孫子兵法與
三十六計

時空史地學大師

王晴天 /著

官渡之戰

時間：西元199年
地點：河南官渡　　雙方：曹操、袁紹

D 袁紹大舉渡過黃河

C 延津之戰

E 袁紹進攻陽武

④

③

G 曹操官渡陣營

　　官渡之戰是史上著名以少勝多的戰役，也是三國時期，曹操與袁紹爭奪北方霸權的轉捩點。官渡一戰之後，曹操終於一反之前的劣勢，為自己日後統一北方奠定基礎。曹操在戰事初期處於劣勢，後期靠著曹營三人──劉曄、荀攸、許攸，扭轉困局。

　　袁紹與曹操在白馬僵持時，劉曄獻上霹靂車之計，大破袁紹弓弩兵，使曹操獲得據守之地。曹操於黎陽與袁紹對戰時，荀攸獻計：「今兵少不敵，分其勢乃可。公到延津，

A 袁紹集結於黎陽

⑥

① B 白馬之戰

⑤

F 曹操奇襲烏巢

若將渡兵向其後者，紹必西應之，然後輕兵襲白馬，掩其不備，顏良可禽也。」最終，曹操大破袁軍。建安5年8月，兩軍再度於官渡相對，雙方互有勝負。此時，許攸獻計火燒袁紹軍糧，使袁紹不戰自敗。

① 白馬城
② 袁紹軍渡河地點：延津
③ 曹操本營：官渡
④ 袁紹進攻官渡據點：陽武
⑤ 袁紹軍倉庫：烏巢
⑥ 黃河

赤壁之戰

時間：西元208年
地點：湖北赤壁　雙方：孫劉聯軍、曹魏

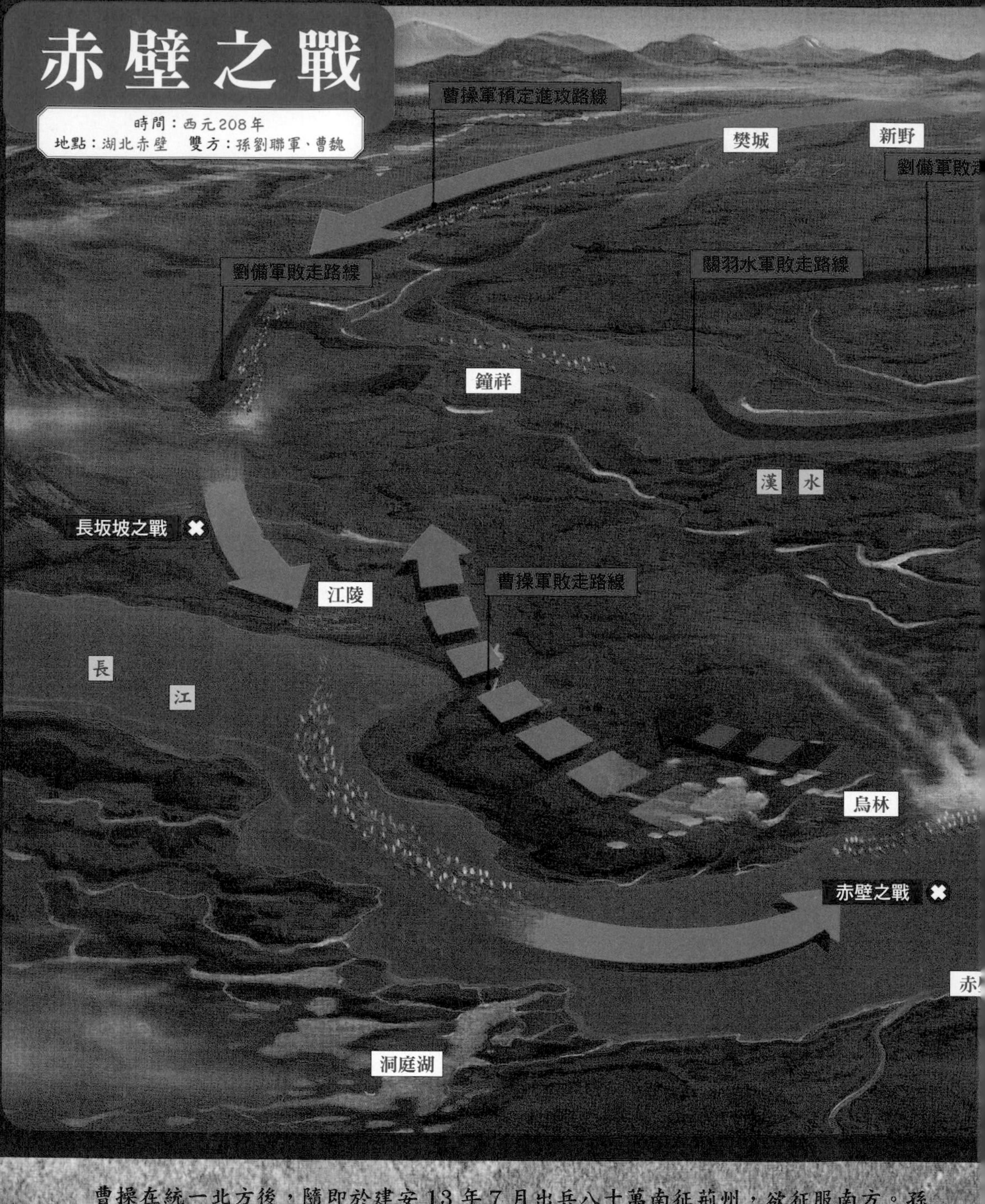

曹操軍預定進攻路線

樊城

新野

劉備軍敗走

劉備軍敗走路線

關羽水軍敗走路線

鐘祥

漢　水

長坂坡之戰 ✖

曹操軍敗走路線

江陵

長

江

烏林

赤壁之戰 ✖

赤

洞庭湖

　　曹操在統一北方後，隨即於建安13年7月出兵八十萬南征荊州，欲征服南方。孫劉聯軍在夏口部署後，溯江迎擊曹軍，雙方遇於赤壁。曹軍的步騎面對大江，無所適從，而新編的荊州水兵戰鬥力差，又逢疾疫流行，以致初戰失利，慌忙退向北岸，屯兵烏林，與聯軍隔江對峙。

　　曹操下令將戰船相連，減弱風浪顛簸，利於習慣陸戰的兵士上船，欲加緊演練，待機攻戰。而周瑜鑑於敵眾己寡，久持不利，決意尋機速戰。部將黃蓋建議火攻，得到讚許。而後，黃蓋立即遣人送偽降書給曹操，隨後帶船數十艘出發，前面十艘滿載浸油的

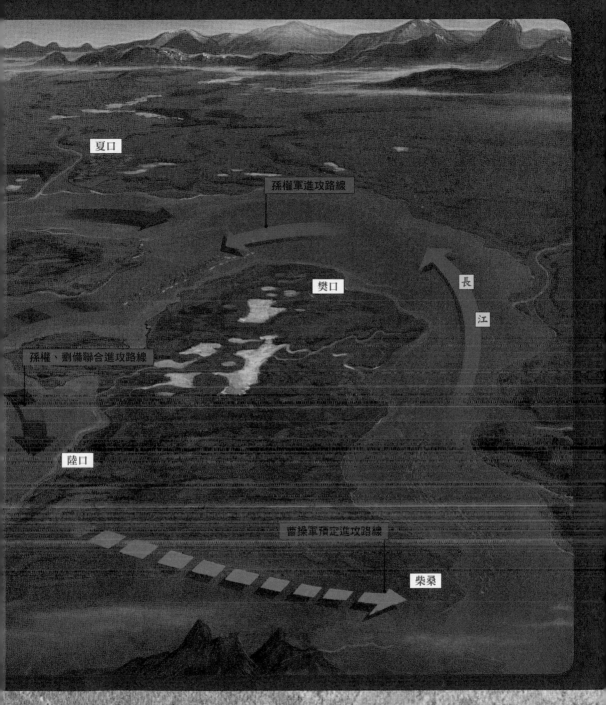

夏口

孫權軍進攻路線

樊口

長

江

孫權、劉備聯合進攻路線

陸口

曹操軍預定進攻路線

柴桑

柴草，以布遮掩，並繫輕快小艇於船後，駛向烏林。接近對岸時，戒備鬆懈的曹軍皆爭相觀看黃蓋來降。此時，黃蓋下令點燃柴草，換乘小艇退走。火船乘風闖入曹軍船陣，頓時一片火海，迅速延及岸邊營屯。聯軍乘勢攻擊，曹軍傷亡慘重。曹操深知已無法挽回敗局，下令燒餘船，引軍敗走。

赤壁之戰，曹操自負輕敵，指揮失誤，加之水軍不強，且軍中瘟疫蔓延，終致戰敗。孫權、劉備在強敵面前，冷靜分析形勢，結盟抗戰，揚水戰之長，巧用火攻，大敗曹操軍隊，奠定三國鼎立的基礎。

陳倉之戰

時間：西元228年
地點：陝西陳倉　　雙方：曹魏、蜀漢

　　西元228年12月，諸葛亮在第一次北伐失敗後，經過半年多的休整，出兵陳倉，而曹魏則對諸葛亮出兵陳倉早有預料，並提前準備。諸葛亮命人架起雲梯，可陳倉軍用火攻，雲梯被燒壞，梯上的士兵也被燒死。陳倉軍用繩子繫上石磨，衝向諸葛亮的沖車，沖車被擊毀。諸葛亮又製作了百尺高的井字形木欄，向城中射箭，用土塊填塞護城的壕溝，企圖直接攀登城牆；陳倉軍又在城內築起一道城牆；諸葛亮又挖地道，試圖從地道進入城裡；陳倉軍又在城內挖橫向地道攔截。雙方激戰二十多天後，諸葛亮無計可施，只好退兵。此戰最終，諸葛亮未能攻下陳倉，糧草耗盡不得不退回蜀中。

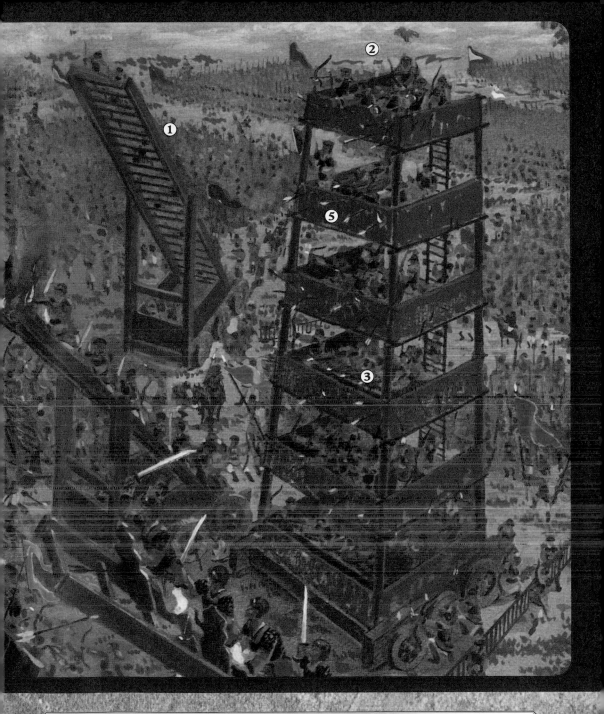

① **雲梯**：古代戰爭用以攀登城牆的攻城器械。雲梯由三部分構成，底部裝有車輪，可以移動；
梯身可上下仰俯，靠人力扛抬；梯頂端裝有鉤狀物，用以攀緣城牆，並可保護梯首免
遭守軍推拒或破壞。

② **井欄**：百尺高的攻城武器，用以攻擊城牆上的守軍，並保護正在爬越城牆的己方士兵。

③ **弩**：也被稱為窩弓或十字弓，古代用以射箭的一種兵器。

④ **沖車**：也被稱為臨沖或對樓，是一種以衝撞力量破壞城牆或城門的攻城兵器。

⑤ 攻擊敵方的火箭。　　⑥ 敵方射擊的帶火箭。　　⑦ **滾石**：用以壓倒攻城的士兵。　　⑧ **壕溝**。

運籌帷幄之中，決勝千里之外

　　二〇一七年四月，我的「新絲路視頻——歷史真相系列」正式開播，至今已獲無數迴響，各界閱聽者都可以透過網路，不受時間與地域的限制收看節目。在歷史真相系列中，我已主講許多中國史相關主題，希望能讓觀眾在片段時間內，汲取有別於傳統主流的歷史思考觀點，以及富有知性與理性的內容。

　　而在二〇一八年開始，我開啟了全新的「說書系列」，其中解析《孫子兵法》一書的節目，帶領讀者將兵法應用於商業、生活之中。讓眾多閱聽者在飽覽歷史之後，更群覽古今中外經典，將歷史與經典相結合。有鑑於此視頻迴響無數，因此我決定以畢生研究兵法之精髓付之於此本《圖解孫子兵法與三十六計》，希望藉由書本的傳遞，讓更多讀者得以在競爭激烈、錯綜複雜的當代世界裡，運籌帷幄之中，決勝千里之外。

　　華夏五千年文明史為人類的知識寶庫留下極其珍貴的財富，傳習久遠、博大精深而又為今人所皆知的《孫子兵法》和《三十六計》，便是寶庫中的兩顆璀璨明珠。這兩本書是古典典籍中的經典之作，又並稱為軍事史上之「雙璧」。故古書中稱：「用兵如孫子，策謀三十六。」

　　《孫子兵法》又稱作《武經》、《兵經》、《孫武兵法》、《吳孫子兵法》，是現存最早的兵書，約成書於春秋戰國之交，共計十三篇。全書以謀略為經，以戰爭進程為緯，兩相交織而成，系統而全面地論述作戰理論，其中既有對戰爭規律的總結，也有對具體軍事謀略的闡釋。全書脈絡清晰、結構嚴謹，不僅是一部不朽的軍事著作，更是一部不可多得的文學作品，對後世影響甚深。

春秋戰國時期，《孫子兵法》就已在中原地區廣為流傳。而且，在《戰國策》、《尉繚子》、《呂氏春秋》、《荀子》、《淮南子》等典籍中，皆多處引用《孫子兵法》的段落。三國時期的諸葛亮、曹操更是對這部兵書愛不釋手，曹操的許多兵法策略皆是源自於《孫子兵法》，而他本人也曾親自為《孫子兵法》作注。唐太宗李世民亦十分推崇《孫子兵法》，他曾說：「觀諸兵書，無出孫武。」後來的宋、明、清代之武將，也都十分重視《孫子兵法》。

另外，《三十六計》則是千年兵家計謀的總結，更是軍事謀略學的寶貴遺產。所謂「三十六計」，指的就是對戰的策略，六六三十六；每六計為一套，依次分別為勝戰計、敵戰計、攻戰計、混戰計、並戰計、敗戰計。每套皆有起始與結尾，順序相接，作戰謀略盡在其中。《三十六計》雖說是一部軍事著作，但其中所蘊含的深刻哲理，在政治、軍事、商場等領域皆得到廣泛應用，是歷代政治家、軍事家和商業鉅子都潛心研究的著作之一。

本書以當代新視角重新解讀《孫子兵法》和《三十六計》之思想精髓，在忠於原書原解的基礎上，力求使譯文通俗易懂，對每條計策皆有詳細解析，並分別闡述妙趣橫生的謀略案例。另外，更附有 120 張全新彩色精美圖表，讓讀者以圖搭配文，加深對計謀的感受和思悟。本書融知識性、哲理性、故事性和趣味性於一體，不僅開闊讀者視野，更啟迪智慧，讓你讀完此書後，能將書中計謀靈活運用於現實生活並為己所用，在競爭激烈與錯綜複雜的當代世界裡，縱橫捭闔、遊刃有餘。

作者　謹識

目錄

孫子兵法

三十六計

孫子兵法

The art of war & Thirty-Six Stratagems

第1章

始 計

孫子曰：兵者，國之大事，死生之地，存亡之道，不可不察也。故經之以五事，校之以計而索其情：一曰道，二曰天，三曰地，四曰將，五曰法。

道者，令民與上同意也，故可以與之死，可以與之生，而不畏危。天者，陰陽、寒暑、時制也。地者，遠近、險易、廣狹、死生也。將者，智、信、仁、勇、嚴也。法者，曲制、官道、主用也。凡此五者，將莫不聞，知之者勝，不知者不勝。故校之以計而索其情，曰：主孰有道？將孰有能？天地孰得？法令孰行？兵眾孰強？士卒孰練？賞罰孰明？吾以此知勝負矣。

將聽吾計，用之必勝，留之；將不聽吾計，用之必敗，去之。

計利以聽，乃為之勢，以佐其外。勢者，因利而制權也。

兵者，詭道也。故能而示之不能，用而示之不用，近而示之遠，遠而示之近；利而誘之，亂而取之，實而備之，強而避之，怒而撓之，卑而驕之，佚而勞之，親而離之。攻其無備，出其不意。此兵家之勝，不可先傳也。

夫未戰而廟算勝者，得算多也；未戰而廟算不勝者，得算少也。多算勝，少算不勝，而況於無算乎！吾以此觀之，勝負見矣。

➤ 譯 文 →

孫子曰：軍事是國家的大事，是關係百姓生死安危的領域，也是國家存亡的根本，不可不深入探究。

在征戰之時，必須審度敵我以下五個方面，比較雙方的謀畫，以瞭解敵我雙方的形勢。一是道，二是天時，三是地利，四是將帥，五是法制。所謂「道」，就是百姓與君主同心同德，使得人民能為國家而死，為國家而生，且不懼怕危險。所謂「天時」，就是用兵時的晝夜晴雨、寒冷酷熱、四時氣候。所謂「地利」，就是征戰路途的遠近、地勢的險峻或平坦、作戰區域的寬廣或狹窄、地形對於攻守的益處或弊端。所謂「將領」，就是將帥是否足智多謀、賞罰有信、愛護部屬、勇敢果斷、治軍嚴明。所謂「法制」，就是軍隊體制的組織、各級將吏的管理、軍需物資的掌管。以上五個部分，將帥都必須充分瞭解。在充分瞭解這些情況後，就能獲得勝利；若不瞭解這些情況，就無法勝利。所以在征戰之時，必須透過比較敵我雙方的情況，以掌握戰爭的形勢。像是敵我雙方哪一方君主的政治較為清明？哪一方的將帥更有才能？哪一方擁有天時地利？哪一方的法令能夠貫徹執行？哪一方的武器堅利精良？哪一方的士卒訓練有素？哪一方的將帥賞罰公正嚴明？根據這一些條件，我就可以於戰前判斷誰勝誰負。

若能聽從我的話語，行軍打仗就一定勝利，我就留下；若不聽從我的話語，行軍打仗就必定失敗，我就離去。

除了採納有利的作戰方略之外，還要設法為己方塑造有利的態勢，以輔助戰事順利進行。所謂「勢」，是指根據有利於自己的條件，靈活機動地採取相應的對策，掌握戰場的主導權。

用兵打仗是一種詭詐之術。能打，卻要假裝不能打；要打，卻要假裝不想打；近處進攻，卻要假裝攻打遠處；進攻遠處，卻要假裝攻打近處；敵人貪利，就用利引誘他；敵人混亂，就乘機攻打他；敵人力量雄厚，就注意防備他；敵人兵勢強盛，就暫時避其鋒芒；敵人暴

躁易怒，就挑起他的怒氣；敵人膽怯，就設法使之驕橫；敵人正在休息，就設法使之疲勞；敵人團結，就設法使之離間。要在敵人沒有防備之處發起進攻，在敵人意料不到之時採取行動。這些就是戰事勝利的奧妙，是不能事先傳授的。

在開戰之前，於廟堂宗祠之上就預計能夠取勝者，是因為籌畫周密，勝利條件充分；開戰之前，就預計無法取勝者，是因為籌畫不周，缺乏勝利條件。所以，籌畫周密、條件具備就能取勝；籌畫不周、條件缺乏就無法取勝，更不用說那些在戰前根本沒有謀畫的軍隊了。根據敵對雙方的戰前謀畫，勝負的結果也就顯而易見了。

賞析

《孫子兵法》第一章〈始計〉，是全面總結《孫子兵法》的篇章。孫子在這一章中提出「五事」、「七計」，從軍事謀略的角度論述作戰的基本要領。

〈始計〉是《孫子兵法》十三篇的總綱，主要論述在開戰之前以及在戰爭中如何籌畫戰略的問題，闡述「謀畫」在戰爭中的重要性，並且探討決定戰爭勝敗的各項基本條件。

孫子開宗明義地指出：「兵者，國之大事，死生之地，存亡之道，不可不察也。」強調戰爭是關係國家存亡、百姓生死的大事，必須認真分析開戰之前的謀畫，其中蘊含著對社稷安危的戰爭問題必須謹慎處之，以及沒有認真準備和周密部署，不能隨意興師開戰的「慎戰」思想。古往今來，這些軍事理論一直被人們當做至理名言，世代尊奉。

孫子在本篇中還強調，作戰前對於敵我雙方的客觀條件，必須周密研究、明智判斷、認真謀畫，以便在此基礎上制定正確的作戰計畫。

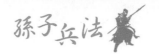

他指出決定戰爭勝負的基本條件即「五事」──「道」、「天」、「地」、「將」、「法」，和「七計」──主孰有道？將孰有能？天地孰得？法令孰行？兵眾孰強？士卒孰練？賞罰孰明？唯有認真研究、考核比較這些條件，並且分析敵我雙方的強弱優劣，才能正確預測和判斷戰爭的勝敗。

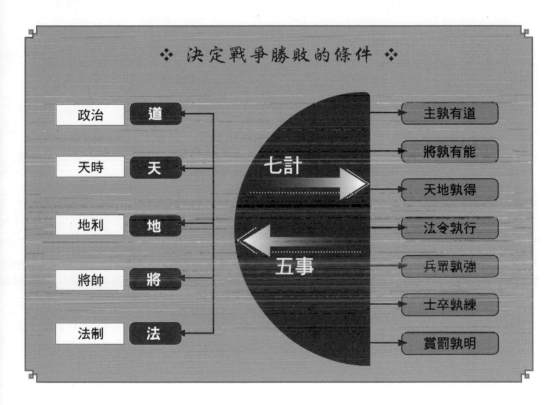

❖ 決定戰爭勝敗的條件 ❖

政治	道		主孰有道
天時	天	七計	將孰有能
地利	地		天地孰得
將帥	將	五事	法令孰行
法制	法		兵眾孰強
			士卒孰練
			賞罰孰明

01
兵者，國之大事

兵者，國之大事，死生之地，存亡之道，不可不察也。

｜ 實戰 ｜

　　歷史上因為不重視戰爭，最後招致國破家亡的事例屢見不鮮。戰國末年，逐漸崛起的秦國開始了歷史上最為著名的秦滅六國之戰。秦國大軍東進，開始兼併諸侯各國，各方小國、弱國都被強大的秦國一掃而空。但是，當時位居山東、國力最為強盛的齊國為何也難逃被兼併的命運呢？當時，齊國的君王，也是最後一任國君，名為田建。他不修戰事，荒於朝政。齊王建年少時，國事取決於母親齊襄王后（又被稱為「君王后」）。君王后對於中原如火如荼的兼併戰爭置若罔聞，只奉行「謹事秦，與諸侯信」的外交策略，並不為將來的戰爭做準備，君王后以為這樣便可以安國保民。後來，君王后去世，齊王建當政，他依然渾渾噩噩，奉行君王后的政策。朝中謀臣勸告齊王建應加強武備，援助趙國，共同抵禦強秦，但齊王建並沒有採納。直到秦國陸續吞併各國，掃除入主山東的門戶——趙國之後，齊王建才突然驚覺事態嚴重，開始在西部邊境設防，斷絕與秦國的往來，收編韓、趙、魏、燕、楚等國的流亡軍隊，企圖抗禦秦國，但為時已晚。西元前221年，秦國大軍避開齊國的西部防線，從齊國防禦最薄弱的北面——燕國南部進攻，直抵齊國都城臨淄。最終，齊王建被擒，齊國滅亡，齊王建死於流放之地。

　　齊國的滅亡，雖然是戰國末年統一戰爭大勢所趨的必然結果，但齊國如此不堪一擊，則是因為齊王建長年不修戰事、安於現狀、苟且偷安。在不斷發動強大攻勢的秦國面前，齊王建竟然將關係國家生死安危的「國之大事」置於腦後，最終才落得「國破，人亡，山河易主」的悲劇。

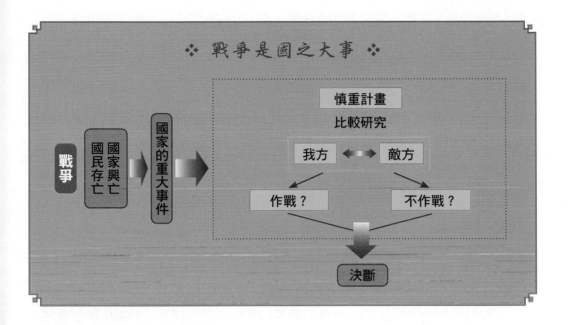

❖ 戰爭是國之大事 ❖

戰爭 → 國家興亡 國民存亡 → 國家的重大事件 →

慎重計畫
比較研究

我方 ⟷ 敵方

作戰？ | 不作戰？

決斷

02
經之以五事

　　故經之以五事，校之以計而索其情：一曰道，二曰天，三曰地，四曰將，五曰法。道者，令民與上同意也，故可以與之死，可以與之生，而不畏危。天者，陰陽、寒暑、時制也。地者，遠近、險易、廣狹、死生也。將者，智、信、仁、勇、嚴也。法者，曲制、官道、主用也。

｜ 實戰 ｜

　　《孫子兵法》第一篇首先強調戰爭是國之大事，接著又提出「五事」、「七計」，以作為戰爭決策中重要的謀畫原則。就「五事」而

言，孫子要求用兵之前必須從這五個方面分析勝敗的情況，包括軍事政策是否符合人心？氣候條件是否適宜？地理環境是否對我軍有利？軍隊將領是否德才兼備？軍隊組織編制是否合理？軍隊賞罰制度是否嚴明？這五個部分是判斷戰爭勝敗的基本條件，也是謀畫戰爭必須考慮的基本因素。

　　若領導者能重視這五個因素，並且在這五個部分之上，將軍隊調整至最好的狀態，那就有可能獲勝；反之，若忽略這五個因素，就有可能導致失敗。尤其是對於軍隊的將領來說，「智、信、仁、勇、嚴」是最為重要的五種品行，如果軍隊將領具備這五個優秀素質，那這支軍隊就會在戰爭中立於不敗之地。

　　春秋時期的齊國，在齊景公時期（西元前 547 －前 490 年）曾經遭到晉國和燕國討伐。一時間，齊國形勢危急，齊景公對此深感憂慮。這時，謀臣晏嬰向齊景公推薦了一位不可多得的文武全才──司馬穰苴，齊景公立刻召見司馬穰苴，並與他談論當時的戰事，隨後任命他為將軍，領兵反擊晉國和燕國。

　　但是，司馬穰苴出身低微，無法獲得軍隊將士的信任。於是，他請求齊景公在出兵之前，委派一名寵臣作為監軍。齊景公答應他的請求，並將寵臣莊賈指派給他。而後，司馬穰苴遂與莊賈約定──次日中午在軍營大門相見。

　　第二天早晨，司馬穰苴早早來到軍營，等待莊賈到來。但莊賈倚仗齊景公的寵信，素來驕橫，對於與司馬穰苴的約定不以為然，最後沒有如約來到軍營。傍晚時分，莊賈才終於姍姍來遲，司馬穰苴依軍中律令對其責罰，依律當斬。這時，齊景公忙為其說情，但司馬穰苴依然砍下莊賈的人頭，並向全軍巡行示眾。三軍將士見國君的寵臣因

為違約而被殺頭，上下震驚，深感司馬穰苴軍紀嚴明。後來，齊景公所派使者在軍中馳車飛奔，按律亦應處死，但由於國君使者不可輕易斬殺，所以司馬穰苴就將其僕從和拉車的馬匹殺死，同樣巡示全軍。

司馬穰苴不僅軍紀嚴明，而且十分愛護士卒。在行軍路上，士兵的衣食住行，司馬穰苴都親自過問。他更以身作則，將自己的糧食與全軍士兵分享。司馬穰苴的這些行為令軍隊士氣大振，晉國軍隊聽到這一情況後，連忙退兵，燕國軍隊也越過黃河北去。此時，齊國軍隊乘勢追擊，一舉收復境內失地。司馬穰苴治軍嚴明，言而有信，關心士兵，愛兵如子，贏得所有士兵的支持，終於擊敗來犯之敵。

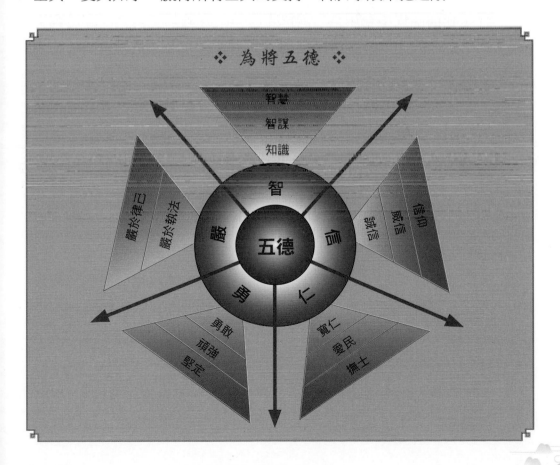

❖ 為將五德 ❖

智慧
智謀
知識

信仰
威信
誠信

嚴於律己
嚴於執法

勇敢
頑強
堅定

寬仁
愛民
撫士

五德

智
信
嚴
仁
勇

03
主孰有道

主孰有道？將孰有能？天地孰得？法令孰行？兵眾
孰強？士卒孰練？賞罰孰明？吾以此知勝負矣。

｜ 實戰 ｜

孫子認為作戰之前一定要周密謀畫，這樣才有取勝的可能性，否
則就會失敗。

孫子在前面提出在用兵之前決定勝負的五個基本因素，亦是戰爭
取勝的決定性因素。這五個因素是從己方能否取勝的角度來看，若站
在戰爭全域的角度判斷哪一方能取得勝利，則需要從「七計」推斷。
首先，要觀察國君的政策是否順應民意、能否上下齊心；其二，要觀
察雙方將帥的素質、才能；其三，要觀察哪一方占據有利的氣候條件
和優越的地理環境；其四，要觀察軍隊紀律是否嚴明；其五，要觀察
武器裝備的情況；其六，要觀察軍隊是否訓練有素；最後，則要觀察
獎懲制度是否公平。綜合考慮以上七個方面的因素，方能知道哪一方
能在戰爭中獲勝。

在戰爭中，利用「七計」取得勝利的例子比比皆是。春秋戰國時
期，晉王曾聽說吳國宮殿金碧輝煌，吳王縱情酒樂。晉王觀察到吳王
的荒淫無道、眾叛親離後，隨即發兵，一舉滅吳。吳王無道，自取滅亡，
可見君主的賢明與否關係著國家的存亡。

而楚漢相爭最後的勝利者劉邦，在奪取政權後也曾洋洋得意地說：
「夫運籌帷幄之中，決勝千里之外，吾不如子房；鎮國家，撫百姓，

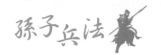

給糧餉，不絕糧道，吾不如蕭何；連百萬之軍，戰必勝，攻必取，吾不如韓信。此三者皆人傑也，吾能用之，此吾所以取天下也！項羽有范增而不能用，此所以為我所擒也。」（漢代司馬遷《史記·高祖本紀》）劉邦任用張良、蕭何、韓信而得天下，項羽有賢臣良將而不願加以重用，因此失去天下。

另外，天時、地利、嚴明紀律、優良裝備、善戰士兵、嚴明的賞罰制度，在戰爭中同樣舉足輕重。

東漢大將馬援，奉漢光武帝之命率部攻打五溪。由於不熟悉地形，又逢酷暑，瘴氣蔓延，所以士兵疲憊不堪，甚至還有人中暑死去。但是馬援並未就此放棄攻打五溪的計畫，反而堅守陣地，結果大敗而歸。馬援正是犯了不得天時、地利的錯誤，才導致如此結局。若想取得勝利，不僅要占據天時、地利，而且還要治軍嚴明。三國時代的曹操注重論功行賞，而且賞罰分明。他將每次作戰得來的財物都賞賜給有功

❖ 五事與七計 ❖

五事	七計
道	主孰有道（哪一方君主的政治清明）
天	天地孰得（哪一方擁有更好的天時）
地	天地孰得（哪一方擁有更好的地利）
將	將孰有能（哪一方的將帥更有才能）
法	法令孰行，兵眾孰強，士卒孰練，賞罰孰明（哪一方的法令能夠貫徹執行，哪一方的武器裝備精良，哪一方的士兵訓練有素，哪一方的賞罰公正嚴明）

的將士，對於沒有功勞的人從不濫加獎賞，所以將士都爭著建功立業。有一次，曹操領兵出征，行軍經過麥田時，他下令士兵不得損壞麥苗，違者處斬。此時，他的坐騎恰巧受驚，躍入麥田，踏壞麥苗，按規定當斬。但是，曹操作為軍隊主帥無法自殺，最後他仍然割髮代罪，以儆全軍。曹操的賞罰分明，使士兵和謀臣們深受鼓舞。

 ## 04
計利以聽，乃為之勢，以佐其外

計利以聽，乃為之勢，以佐其外。勢者，因利而制權也。

｜ 實戰 ｜

在戰爭中，執行有利的計策是取勝的關鍵，然而，計策必須在相應的環境和適當的條件下才能發生作用。因此，作戰應根據戰爭的實際情況採取靈活多變的對策，以塑造對我軍有利的態勢，化不利為有利，變被動為主動，如此一來，才能使計策順利進行，從而獲得勝利。

楚漢相爭之初，漢高祖劉邦在與項羽的爭奪中，遭受一連串挫敗。大將韓信在此番形勢之下，向劉邦提出他的軍事策略：韓信請求劉邦給他一支軍隊，由他親自率領北取燕趙、東向攻齊，然後再率軍轉向南方阻斷楚軍的糧道，最後與劉邦會師於滎陽。劉邦採納韓信的建議，調撥三萬人馬給韓信，讓他與手下張耳實現這一軍事大計。

而後，韓信與張耳以三萬人馬殲滅趙國二十萬大軍，俘獲趙王及其謀士李左車。在戰爭之初，趙國謀士李左車曾建議趙國大將陳餘調

兵阻斷韓信的糧道，但並沒有被採納。而韓信在俘獲李左車後，不僅沒有立即將其殺死，反而以禮相待，將之奉為座上賓，李左車因此深受感動。之後，韓信請李左車分析當前的軍事形勢，面對複雜多變的戰勢，李左車針對當時韓信所面臨的具體形勢，提出一連串軍事策略，並且獲得韓信採納。由於韓信在消滅趙國之後，人困馬乏，不宜再興師燕國，所以李左車奉勸韓信應當安撫趙國民心，然後再派出能言善辯的使臣向燕國表明自己的優勢，燕國一定不敢不從。在說服燕國之後，再派遣使者向東說服齊國，齊國也一定聞風歸降。這樣一來，天下便大勢可定。韓信認為言之有理，於是便聽從李左車的建議，先派使者到燕國，燕國果然立刻歸順，後又用同樣的辦法說服齊國，最終成為劉邦統一天下的重要基石。

楚漢相爭之初，劉邦出師不利，大將韓信勇於獻策，而劉邦也果斷採納他的計策，最終扭轉戰爭的局勢。這也應證了孫子的「計利以聽」，也就是說，韓信的有利計策在劉邦的軍事行動中被有效執行，這也是楚漢相爭中，劉邦獲勝的重要關鍵之一。

另外，對韓信來說，他在滅掉趙國之後，本來按原計畫應出師燕國、東向攻齊，但趙國一個謀士的建議卻讓他不費一兵一卒，輕而易舉就說服了燕齊，使之歸順。韓信聽從趙國謀士李左車的建議，同樣也應證了孫子的「計利以聽」。

對於謀士李左車來說，他在效命韓信之初，並沒有一味推崇韓信原本的軍事計畫，而是根據當時所處的軍事形勢，靈活多變地制定了一個更為合理的軍事策略，為漢軍營造極為有利的軍事態勢，從而輕而易舉使燕齊歸順。這就是「勢者，因利而制權也」。

兵者，詭道也

兵者，詭道也。故能而示之不能，用而示之不用，近而示之遠，遠而示之近。

| 實戰 |

用兵作戰是一種詭道之術，這亦是《孫子兵法》中極為重要的戰略思想。《孫子兵法》全書以「奇襲」為經，以「詭道」為緯，交織而成孫子戰略思想的始終。而為了在軍事行動中有效地運用這種觀念，孫子接著提出，在戰爭中應於敵方面前做出與自己真實作戰意圖相反的動作：能戰卻假裝不戰；想攻卻假裝不攻；想攻打近處，卻假裝攻打遠處；想攻打遠處，卻假裝攻打近處。如此一來，就能在戰事中掌握主導權。

兵需用詐，兵不厭詐。在戰爭中，敵我雙方為了掩蓋各自的真實目的和作戰意圖，想千方設百計，製造各種假象誘騙對方、迷惑敵人，就是為了造成對方的錯覺，創造對自己有利的條件，以最小的代價奪取最大的勝利。

清朝康熙皇帝就曾在平息準噶爾汗國的噶爾丹叛亂時，巧用「兵行詭道」這一計策擺脫困境。西元 1696 年，康熙親率九萬大軍遠征昭莫多，但清軍在經過沙漠地帶的長途跋涉後，人困馬乏，糧草將盡，若此時與噶爾丹決戰，恐怕難有勝算，於是康熙準備下令撤退。但此時，噶爾丹的大軍已與清軍相距不遠，若倉促撤兵恐怕會受到敵軍襲擊，康熙一籌莫展。這時，他突然想起噶爾丹派出的使者還在清軍營

中，於是心生一計，召來使者，大聲訓斥，命他回去告知噶爾丹速來歸降，否則將以大軍征討，到時噶爾丹將死無葬身之地，更表明全軍將與噶爾丹決一死戰，不平叛亂，絕不回朝。使者聽後，速回營中告知噶爾丹，噶爾丹隨即下令大軍向後撤退。待敵人撤退後，康熙才突然下令班師，脫離險境。

其實，康熙大軍在經過一番長途跋涉後，肯定疲憊不堪，但噶爾丹並未準確掌握這一事實。康熙大軍因為疲勞而無法迎戰，只好撤退，而想要撤退這一事實不能讓敵方得知，但倉促撤退又容易引起敵人的懷疑，於是康熙便巧妙利用敵方使者，欺騙噶爾丹，促使噶爾丹大軍撤退，而自己則乘機脫離險境。

這正是「兵者，詭道也」這一軍事思想的精妙運用。

曾經雄踞塞外、令漢室大為頭痛的冒頓單于也深諳此道。劉邦建立漢王朝之始，曾經分封諸侯王族，以鞏固漢室天下。但在不久之後，這些諸侯便紛紛起兵反抗中央，其中就包括大將韓信。韓信起兵後，其餘同姓諸侯也起兵與中央對抗，甚至企圖勾結匈奴，合力抗擊劉邦。這時，劉邦意識到問題的嚴重性，便派人出使匈奴，希望探聽對方的虛實，以做好出擊匈奴的準備。但冒頓單于早有準備，他們得知漢使即將來訪的消息後，隨即隱藏精兵強將，只留下一些老弱病殘之士作為障眼法。漢使先後至匈奴探查十多次，皆是如此，於是漢使者便認為匈奴國虛兵弱，不堪一擊，建議漢高祖出兵攻打匈奴。劉邦為了慎重起見，又派遣謀臣劉敬前往匈奴復探。劉敬來到匈奴後的所見所聞與前一位使者並沒有差別，但他並沒有被假象所迷惑，而是提醒劉邦，匈奴歷來兵強馬壯，但此次我們卻只看到老弱病殘之士，其中必然有詐，還是不要輕易出兵為好。最終，劉邦沒有聽從劉敬的建議，反而

親自率兵出征，結果被匈奴大軍圍困於平城白登山七天七夜，險些全軍覆沒。

　　孫子認為，戰爭是一種詭道之術，要「能而示之不能，用而示之不用」。冒頓單于正是運用了這一「詭道」，隱藏自己的軍事實力，能打而裝作不能打，想打而裝作不想打，才使劉邦做出了錯誤的決定。雖然劉敬識破了假象，無奈劉邦不聽勸告，一意孤行，最終使得劉氏大軍被困白登山，後突圍才得以保命。

　　明成祖朱棣也曾使用詭道之術。西元 1398 年，明太祖朱元璋病逝，皇太孫朱允炆繼位，是為建文帝。建文帝生性懦弱，使得各地諸侯紛紛擁兵自重，一些同姓諸侯甚至企圖篡奪皇位，尤其是朱元璋四子燕王朱棣，他聲稱應誅討奸臣逆賊，公開與中央敵對。西元 1400 年 9 月，建文帝命大將軍盛庸率軍駐守山東德州、定州、滄州等地，然後出擊北京，平定朱棣叛亂。朱棣得知消息後，便欲乘機攻取滄州，但他擔心滄州守軍有所防備，於是放出風聲說要北上攻打遼東。滄州守將徐凱得知此事後，放鬆戒備，而燕王朱棣則率軍抵達天津，擺出進攻遼東的姿態。徐凱見朱棣真的要遠攻遼東，更加放鬆戒備。此時，朱棣突然率大軍急轉南下，直逼滄州，當滄州守將徐凱得知此事時，朱棣的大軍早已兵臨城下，徐凱這才急令士兵拼死守城，但為時已晚，燕王大軍四面圍攻，滄州城迅速陷落。

　　本來，滄州固若金湯，牢不可破，但燕王朱棣利用《孫子兵法》「近而示之遠，遠而示之近」的兵法策略，迷惑滄州守將。他原本就計畫奪取近在咫尺的滄州，卻聲稱要攻打遠在天涯的遼東，使滄州守將失去警惕，最後使得徐凱被燕王大軍打了個措手不及，滄州也隨之陷落。這場戰役除了說明燕王朱棣用兵如神之外，同時也應證孫子的謀略之高超。

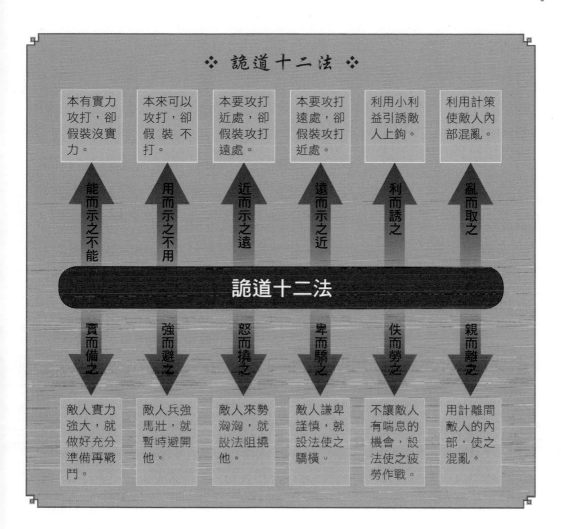

❖ 詭道十二法 ❖

本有實力攻打，卻假裝沒實力。	本來可以攻打，卻假裝不打。	本要攻打近處，卻假裝攻打遠處。	本要攻打遠處，卻假裝攻打近處。	利用小利益引誘敵人上鉤。	利用計策使敵人內部混亂。
能而示之不能	用而示之不用	近而示之遠	遠而示之近	利而誘之	亂而取之

詭道十二法

實而備之	強而避之	怒而撓之	卑而驕之	佚而勞之	親而離之
敵人實力強大，就做好充分準備再戰鬥。	敵人兵強馬壯，就暫時避開他。	敵人來勢洶洶，就設法阻撓他。	敵人謙卑謹慎，就設法使之驕橫。	不讓敵人有喘息的機會，設法使之疲勞作戰。	用計離間敵人的內部，使之混亂。

06
利而誘之，亂而取之

利而誘之，亂而取之，實而備之，強而避之，怒而撓之，卑而驕之，佚而勞之，親而離之。

｜ 實戰 ｜

前述所列的四種隱蔽自己之法，與此處的八種利用敵人之對策，組成了孫子著名的「詭道十二法」，也就是前面所說「兵不厭詐」的具體實踐方法。

詭道，是一種欺騙行為，千變萬化，因時、因地、因敵而異。但它的目的只有一個，那就是「迷惑敵人，利用敵人」。敵人貪利就想辦法引誘他；敵人處於混亂狀態就乘虛而入；敵人強大就加強防備、避其優勢；敵人易怒就激怒他，使其喪失理智；敵人謙卑謹慎就使其驕傲自大；敵人安逸就使之疲勞；敵人內部團結就分化離間。如此一來，便能化劣勢為優勢，變被動為主動。

戰國時期，趙國大將李牧駐守趙國北部邊防，常年於代郡、雁門郡一帶防禦北方強敵匈奴的入侵。匈奴大軍生性多疑，且出兵迅速，常令趙國守將摸不著頭緒。為了誘殲匈奴單于，李牧特地向軍中兵士下令：凡發現匈奴來犯，要立刻回營自保，不得戀戰，如有違反一律處斬。匈奴得知這一消息後，認為這是李牧怯懦，趙國已然不堪一擊，於是準備大舉進攻。

西元前 233 年，李牧故意讓邊防百姓四處放牧，成群牛羊遍布山野，匈奴見機會難得，隨即派遣騎兵入侵，李牧佯裝戰力不濟，敗退而去。匈奴單于見天賜良機，於是親率大軍南下，企圖一舉消滅趙國北部重兵，但李牧早已事先做好準備，他採取靈活多變的陣勢，出奇兵包抄匈奴大軍，一舉殲滅十幾萬匈奴騎兵。

「人為財死，鳥為食亡」，「財」對人來說是利，「食」對鳥來說也是利，所以人和鳥都會為「利」而置生死於不顧。在戰爭中，敵我雙方也都時時刻刻圍繞著「利」而展開較量。從上面的戰例來看，

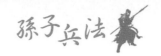

對匈奴單于來說，他無時無刻不想揮師南下、掠奪財物，這是匈奴的大利。而對趙國守將李牧來說，他也有自己的利，但他的高明之處在於利用敵人想得到的利益，而沒有向敵人暴露自己想要的利益。最終成功誘使匈奴大軍南下，將其一舉殲滅，這正體現「利而誘之」的戰略思想。

戰爭中不僅要「利而誘之」，還可運用「亂而取之」。戰國後期，燕國政局動盪，將軍市被和燕太子平勾結，準備反抗燕相國子之及其餘大臣官吏，全國上下頓時陷入一片混亂。地處燕國東南的齊國看到燕國內亂不止，於是乘機出兵，從中牟利。為了消滅燕國，齊王決定加劇燕國的內亂，於是他派人向燕太子平表示，齊國願意追隨其左右，幫助太子整飭朝政。燕太子平信以為真，於是放鬆對齊國的戒備，放手發兵圍攻燕相國子之，但卻未能迅速取勝，而此時將軍市被又臨陣倒戈，導致雙方傷亡慘重。齊王見伐燕時機成熟，於是派兵大舉攻燕。此時的燕軍歷經長期戰亂，毫無鬥志，懈於防備，使得齊軍得以長驅直入。最後，燕王戰死，相國子之被殺，齊軍不費吹灰之力就消滅了燕國。

齊國趁火打劫，「亂而取之」，最終輕而易舉地滅掉燕國，以最小的代價獲得最大的利益。「亂」就會削弱國家內部的力量，瓦解己方鬥志，從而喪失對外的抵禦能力，這對敵方來說正是一個不可多得的進攻機會。齊國正是巧妙地運用這一計謀，才得以輕鬆取得勝利。

在戰爭之中，根據形勢變化，有時需要「利而誘之」，有時則需要「亂而取之」，面對易怒的敵人還要「怒而撓之」。在太平天國與曾國藩湘軍的激戰中，太平天國大將石達開就曾經對湘軍「怒而撓之」，從而獲得勝利。

西元 1854 年 8 月，太平軍在湖南戰場連連受挫，只好撤退江西，但湘軍卻窮追不捨，兵分三路將太平軍逼向長江下游。太平軍將領石達開奉命率軍逆流而上，西進馳援。石達開分析敵我形勢後，認為湘軍乘勝而來，士氣旺盛，不可與之正面交戰，於是決定築壘堅守，對敵人「怒而撓之」，然後再待機出兵。他命令士兵白天進攻，晚上則派遣人馬在江邊擂鼓吶喊，不斷向江中敵船拋擲火球，擾亂敵軍。湘軍因此寢食不安，疲憊不堪，銳氣大挫。這時，石達開認為時機成熟，決定與湘軍決一死戰，他率軍乘虛而入，結果湘軍潰不成軍，連曾國藩也險些被俘。

　　石達開面對銳氣十足、實力強大的敵人，認為如果立即與之交戰，定會損失慘重，所以他決定激怒敵人，首先挫傷其銳氣，然後再乘虛進攻。

07
攻其無備，出其不意

攻其無備，出其不意。此兵家之勝，不可先傳也。

｜ 實戰 ｜

　　《孫子兵法》認為，在敵人尚未做好充分戰爭準備前，乘機向其發動進攻，那麼勝算便成竹在胸，這就是歷代兵家所極力推崇的「攻其無備，出其不意」。在敵人沒有準備時發動襲擊，便會使敵人手足無措，計畫失誤，以致倉促迎戰，兵敗連連，這是歷史上許多戰例都

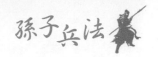

曾證明過的戰爭制勝法寶。

　　西晉末年，各諸侯爭權奪利，最終爆發「八王之亂」。趙王司馬倫廢晉惠帝自立，成都王司馬穎藉機興師討伐，雙方軍隊在黃橋相遇，司馬倫兵力強大，司馬穎出師不利，死傷萬餘人，全軍為之震動，於是司馬穎遂準備退守朝歌。此時，軍中謀士盧志、王彥進言：「我軍失利之後，敵人必生輕我之心。此時遇難而退，勢必令全軍士氣不振。而現在敵人剛剛取勝，一定疏於防守，不如乘機挑選精兵，乘夜出擊，說不定可以反敗為勝。」司馬穎認為言之有理，因此採納他們的建議。當時，司馬倫及其部下正歡喜慶功，陶醉於黃橋大捷，司馬穎於此時突然向他們發起進攻，司馬倫只能匆忙逃脫，其部下群龍無首，最終潰不成軍。

　　本來，弱者遇到強敵，幾乎沒有勝算的把握，加之士氣受挫，司馬穎幾乎兵敗無疑，但謀士們分析敵我雙方優勢和劣勢後，用「我之優勢」出其不意攻「敵之弱勢」，竟然迅速扭轉戰爭局勢，反敗為勝，不得不令人稱奇。可見，「攻其無備，出其不意」這一戰術，如果運用得當，幾乎戰無不勝，難怪被兵家奉為至寶。

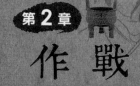

第 2 章

作 戰

孫子曰：凡用兵之法，馳車千駟，革車千乘，帶甲十萬，千里饋糧；則內外之費，賓客之用，膠漆之材，車甲之奉，日費千金，然後十萬之師舉矣。

其用戰也勝，久則鈍兵挫銳，攻城則力屈，久暴師則國用不足。夫鈍兵挫銳、屈力殫貨，則諸侯乘其弊而起，雖有智者，不能善其後矣。故兵聞拙速，未睹巧之久也。夫兵久而國利者，未之有也。故不盡知用兵之害者，則不能盡知用兵之利也。

善用兵者，役不再籍，糧不三載；取用於國，因糧於敵，故軍食可足也。

國之貧於師者遠輸，遠輸則百姓貧。近於師者貴賣，貴賣則百姓財竭，財竭則急於丘役。力屈、財殫，中原內虛於家。百姓之費，十去其七；公家之費，破車罷馬，甲冑矢弩，戟楯蔽櫓，丘牛大車，十去其六。

故智將務食於敵。食敵一鍾，當吾二十鍾；𥹃一石，當吾二十石。

故殺敵者，怒也；取敵之利者，貨也。故車戰得車十乘以上，賞其先得者，而更其旌旗，車雜而乘之，卒善而養之，是謂勝敵而益強。

故兵貴勝，不貴久。

故知兵之將，民之司命，國家安危之主也。

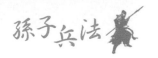

➤ 譯 文 →

　　孫子曰：用兵作戰的準則是，動用千輛輕車，千輛輜重車，徵召十萬將士，同時還要遠道千里運送糧草。至於其他費用，諸如招待來賓使節、補充維修兵器、供給各種車輛和盔甲等，每天都得付出千金之巨，十萬大軍方可出動。

　　所以，十萬大軍出征作戰，貴在「速勝」。戰爭曠日廢時，就會導致士卒疲憊，銳氣受挫。攻打城池會使兵力耗盡，軍隊長期在外作戰會使國家財力難以為繼。士卒疲憊，銳氣挫傷，實力耗盡，財力枯竭，就會招致其他諸侯乘機入侵。到了那個時候，即使是再足智多謀的人，也無法挽回危局了。所以，在用兵之上，只聽說指揮拙笨但要求速戰速決，從未見過指揮靈巧但要求戰事持久，也從沒有過長久對外用兵，而對國家有利的例子。不完全瞭解用兵之害的人，也不可能完全瞭解用兵之利。

　　善於用兵的人，他們不會多次徵兵，也不會多次從國內徵收軍糧。善於用兵的人，從本國取用軍用器材物資，在敵國就近籌集糧食補給，如此一來，軍隊的糧食就夠用了。

　　國家之所以因為用兵而導致貧困，就是因為從遠方運輸糧食和物資。遠道運輸就會使百姓陷入貧困，在靠近大軍集結之處，物價必定上漲；物價上漲就會造成國家財力枯竭；國家財力枯竭就會使得中央向百姓徵收賦役。人力耗盡，財力枯竭，國家將會十室九空，而百姓的收入則會耗去十分之七，國家的財產也會因為車輛的損壞、馬匹的疲憊，盔甲、箭弩、戟盾、大櫓的補充，以及大車的徵調，而耗去國家財力的十分之六。

　　所以，明智的將帥總是務求在敵國境內籌集糧草。消耗敵國一鍾

糧食，相當於從本國運送二十鍾；消耗敵國一石草料，相當於從本國運送二十石。

為了使將士們英勇殺敵，必須激發他們同仇敵愾的士氣；為了使士卒勇於奪取敵軍的物資，必須借助物質獎勵。在車戰中，凡奪得敵方十輛戰車以上者，應獎賞率先奪取戰車的人，並且更換我軍戰車上的旗幟，混合編入自己的行列。同時還要善待俘虜，保證他們的生活。如此一來，就能戰勝敵人，又增強自己軍隊的戰鬥力。

所以，用兵作戰必須速戰速決，而不可曠日廢時。

所以，懂得用兵的將領，是百姓生死的掌握者，亦是國家安危的主宰者。

賞析

本章從戰爭對人力、物力、財力等物質條件的需求出發，指出曠日廢時的戰爭對國家所造成的危害，強調速戰速決的重要性。

因為出兵打仗必會耗損國家大量人力、物力、財力，拖延戰事會使軍隊疲憊、銳氣挫傷、財貨枯竭，其餘諸侯也會乘機進攻。所以，孫子反對以當時簡陋的作戰武器攻克堅固的城寨，也反對在國內多次徵集兵員、調運軍用物資。他主張在敵國解決糧草問題，用財貨厚賞士兵，優待俘虜，用繳獲的物資補充已方。唯有這樣做，才能保持自己的實力，迅速克敵制勝。

01
其用戰也勝，久則鈍兵挫銳

其用戰也勝，久則鈍兵挫銳，攻城則力屈，久暴師則國用不足。夫鈍兵挫銳、屈力殫貨，則諸侯乘其弊而起，雖有智者，不能善其後矣。故兵聞拙速，未睹巧之久也。夫兵久而國利者，未之有也。故不盡知用兵之害者，則不能盡知用兵之利也。

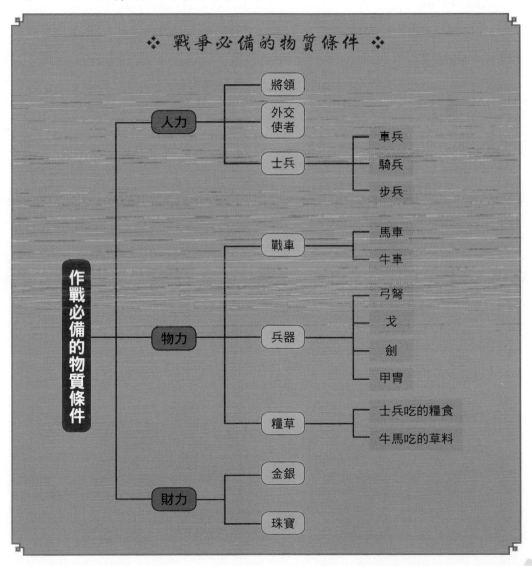

❖ 戰爭必備的物質條件 ❖

作戰必備的物質條件

- 人力
  - 將領
  - 外交使者
  - 士兵
    - 車兵
    - 騎兵
    - 步兵
- 物力
  - 戰車
    - 馬車
    - 牛車
  - 兵器
    - 弓弩
    - 戈
    - 劍
    - 甲胄
  - 糧草
    - 士兵吃的糧食
    - 牛馬吃的草料
- 財力
  - 金銀
  - 珠寶

｜ 實戰 ｜

三國時期，蜀漢丞相諸葛亮曾以「戰無不勝」的智慧著稱，但是誰曾想，他也曾經吃過敗仗。諸葛亮打敗仗的原因並不是因為他的智謀不夠，而是因為他違背了《孫子兵法》中的一個基本軍事原則——久則鈍兵挫銳。

西元 228 年，吳國軍隊在石亭大敗魏將曹休的部隊，鎮守關中的魏國大將張部等人因此被調往該地支援，整個關中兵力空虛。諸葛亮聽說此事後，便乘機率軍數萬人出散關，進入關中西部，圍攻戰略要地——陳倉。此時，陳倉守軍不過千餘人，但在守將郝昭的率領下，堅持抵抗，誓死不降。諸葛亮認為魏國援軍短期內難以抵達，於是便下令蜀軍用雲梯、衝車迅速攻城，但卻久攻不下。諸葛亮並沒有因此

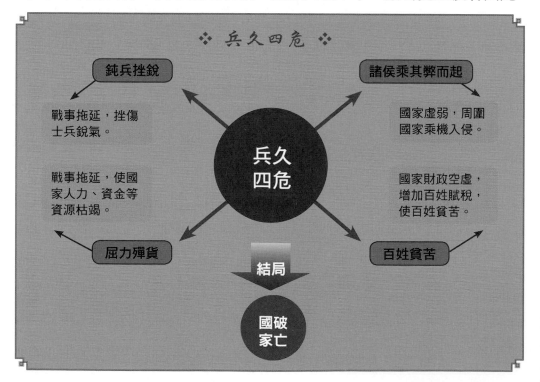

＊ 兵久四危 ＊

鈍兵挫銳
戰事拖延，挫傷士兵銳氣。

諸侯乘其弊而起
國家虛弱，周圍國家乘機入侵。

戰事拖延，使國家人力、資金等資源枯竭。

國家財政空虛，增加百姓賦稅，使百姓貧苦。

屈力殫貨

百姓貧苦

兵久四危

結局

國破家亡

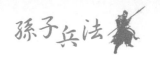

撤退，反而極盡智謀，想盡各種辦法攻城，但依舊收效甚微。蜀軍有計策，魏軍當然也有對策，最終蜀軍死傷甚眾，在僵持二十餘日後，蜀軍仍未攻下陳倉，而此時糧草將盡，魏國援軍亦將抵達，蜀軍只好無功而返。

在此場戰役中，諸葛亮違背了戰爭的基本原則，所以吃下敗仗。幸虧諸葛亮及時撤退，否則，一旦魏國援軍抵達，蜀軍將會腹背受敵，那時就算諸葛亮再聰明，也只能束手就擒。

02
取用於國，因糧於敵

善用兵者，役不再籍，糧不三載；取用於國，因糧於敵，故軍食可足也。國之貧於師者遠輸，遠輸則百姓貧。近於師者貴賣，貴賣則百姓財竭，財竭則急於丘役。力屈、財殫，中原內虛於家。

｜ 實戰 ｜

前面主要論述戰略戰術，而此段落則論述後勤保障和糧草供應的問題，提出「因糧於敵」的軍事思想。眾所周知，在古代戰爭中，糧草是最主要的軍需物資，若糧草供應出了問題，必定人困馬乏、軍心大亂，如此一來，戰爭就幾乎沒有勝算了。這也是歷代兵家一貫主張「兵馬未動，糧草先行」的根本原因。既然糧草這麼重要，那糧草的運輸也必定成了一大問題。對此，孫子明確提出運糧和用糧的原則，

「國之貧於師者遠輸，遠輸則百姓貧」，在古代交通運輸條件落後的情況下，遠道運輸不僅勞民傷財，導致兵饑民疲，而且還會加重國家的經濟負擔，最後「中原內虛於家」。因此，解決糧草問題的最好辦法就是「因糧於敵」。

秦朝末年，劉邦攻昌邑而取陳留，正是利用這一原則。西元前208 年，劉邦率兵西進，深入秦軍領地作戰，但孤軍深入，糧草後勤補給成了一大難題，令劉邦一籌莫展。有一天，他率軍路過高陽的時候，謀士酈食其求見。他一語道破劉邦的煩惱，並獻上「因糧於敵」的計策。他告訴劉邦，附近的陳留縣城就是現成的大糧倉，建議劉邦發兵陳留。而且陳留位處交通要道，軍需物資豐饒，「進可戰、退可守」。最後，劉邦採納酈食其的建議，一舉攻下陳留，解決糧草等軍需物資的供應問題。劉邦因此解除後顧之憂，迅速攻克咸陽，最終，子嬰請降，秦朝滅亡。

劉邦起家之初，兵力相對弱小，而要滅掉曾強大一時的秦國，又必須深入其腹地作戰。這時，糧草的供應和運輸便成為當務之急。劉邦正在一籌莫展之際，酈食其勸其「因糧於敵」，從而使軍隊掌握充實的後勤保障，而且節省大量人力、物力，可謂一舉兩得，絕妙至極。

03
智將務食於敵

故智將務食於敵。食敵一鍾，當吾二十鍾；秆一石，當吾二十石。

| 實戰 |

　　古代軍隊運輸糧草，往往所費不貲，還必須派兵保護糧道。不僅造成國家巨大的經濟負擔，而且還會分散作戰精力。因此，歷代兵家都明白「因糧於敵」的道理，唯有從敵人處獲取糧食，以戰養戰，才能減輕本國沉重的經濟負擔，減少運輸的資源耗損，而且還能削弱敵國實力，一舉多得。

　　西元231年2月，諸葛亮率十萬大軍攻伐魏國，司馬懿率將迎戰。諸葛亮兵至祁山，見魏軍早有防備，便祕密派兵搶割隴上的麥子，而自己則率軍攻打另一戰略要地。司馬懿率軍趕往祁山，不見蜀軍出戰，心中生疑，後識破諸葛亮的計謀，立刻派兵前往增援。而諸葛亮藉此計調開司馬懿的大軍，又派精兵三萬將隴上的新麥一掃而光。司馬懿得知上當後，企圖回頭搶奪，但諸葛亮早有防備，司馬懿只能困守。司馬懿突圍後，堅守險要、拒不出戰，蜀軍無奈，諸葛亮見搶來的糧草將盡，最後只好下令退兵。

　　此戰雖未取得勝利，但諸葛亮「因糧於敵」，搶割魏國的小麥，不僅避免斷糧，更造成魏國經濟損失，不失為一次有意義的戰事。

04

殺敵者，怒也

　　故殺敵者，怒也；取敵之利者，貨也。

| 實戰 |

前面提出軍需供應的問題，接著，此段落又提出鼓舞士氣的方法。孫子主張用「怒」、「貨」激發士兵的士氣，讓他們能在戰爭中英勇作戰，繳獲敵人的物資。其實，這也是「因糧於敵」的延伸。因為取敵之貨，得敵戰車，亦是用敵人的軍需物資壯大己方、削弱敵人。

優秀的將領不僅要善於激發士兵對敵人的仇恨，使大家同仇敵愾，在戰場上勇往直前，而且還要利用敵軍物資獎賞立功者，以激發鬥志，提高戰鬥力。不僅如此，孫子更主張善待俘虜，對他們「善而養之」，不僅要消除他們的敵對心理，還要瓦解敵方鬥志，藉此壯大己方實力。以上皆是「因敵而制勝」的觀念延伸。

春秋戰國時期的「田單復國」就是一個很好的例子。西元前284年，燕王以樂毅為將，命樂毅率領韓、趙、魏、秦、燕五國聯軍進攻齊國，在擊破齊軍主力之後，深入齊國，連續攻克七十多座城池，最後集中兵力包圍齊國僅剩的莒和即墨兩座城池。

在隨後展開的城邑攻防戰中，即墨的守城將領戰死，但城中官兵百姓寧死不降，紛紛推舉頗有軍事才能的田單為將軍，堅守城池。田單用反間計使燕王召回大將樂毅，轉而派出一名無能將軍前來指揮五國聯軍。接下來，田單又散播謠言：「齊國士兵最怕割鼻子、挖祖墳。」燕國軍士中計，紛紛割去被俘齊兵的鼻子，齊國軍民見到被俘同胞受此大辱，個個義憤填膺，要求與五國聯軍決一死戰，報仇雪恥。田單見時機成熟，使用「火牛陣」，藉著旺盛的士氣揮師出擊，大敗燕軍，收復失地。

燕國派大將率五國聯軍攻打齊國，以軍事實力而言，齊國唯有滅亡的結局，更不用說收復失地了。但是，齊國守將田單在敵國大軍兵

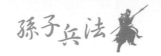

臨城下的危險處境中，還能充分運用《孫子兵法》的「殺敵者，怒也」，
化不利為有利，激勵守城將士的士氣，最終扭轉戰爭局勢，創造奇蹟。

 05
兵貴勝，不貴久

故兵貴勝，不貴久。故知兵之將，民之司命，國家
安危之主也。

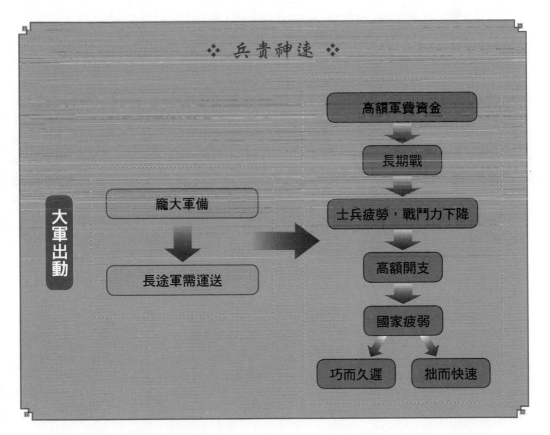

❖ 兵貴神速 ❖

大軍出動

龐大軍備 → 長途軍需運送 →

高額軍費資金
↓
長期戰
↓
士兵疲勞，戰鬥力下降
↓
高額開支
↓
國家疲弱
↓
巧而久遲　拙而快速

| 實戰 |

清朝末年，各方勢力自立為王，風起雲湧。當時，清朝新任雲貴總督張凱嵩、新任雲南巡撫劉岳昭分別滯留四川、貴州等地，鎮壓雲南回變。西元 1868 年，雲南回變的領導者杜文秀見清軍兵力分散，乘機領兵十萬分路並進，圍攻昆明。此時，叛軍明顯較城內清軍占據優勢，但杜文秀等人卻做出錯誤決策。他們列兵城下，挖壕築堡，準備「坐困」昆明城的清軍。實行持久作戰的後果就是，清軍得以喘息，他們藉機調整並且調派援軍向叛軍反撲。

3 月，雲南布政使岑毓英帶著三萬清軍增援昆明，並且以最快速度為昆明城內清軍疏通糧道。另一路清軍則配合抄襲叛軍的後路。5 月，清朝新任雲貴總督劉岳昭又率二萬清軍解昆明之圍，城內清軍也乘機殺出。雲南叛軍四面受敵，陷入重圍，在清軍的內外夾擊下，於 1869 年 9 月全軍敗退。

雲南回變攻城之始，兵力與城內清軍相比占有優勢，但他們卻沒有掌握有利戰機，傾力攻城，而是企圖以持久戰將清軍困死城中。這一點正違背了《孫子兵法》的「兵貴勝，不貴久」。此時，城內清軍見叛軍沒有馬上攻城，便火速請求各地支援，結果叛軍腹背受敵，陷入重重包圍，不但沒有困死城內清軍，反而全軍覆沒。

第3章
謀攻

孫子曰：凡用兵之法，全國為上，破國次之；全軍為上，破軍次之；全旅為上，破旅次之；全卒為上，破卒次之；全伍為上，破伍次之。是故百戰百勝，非善之善者也；不戰而屈人之兵，善之善者也。

故上兵伐謀，其次伐交，其次伐兵，其下攻城。攻城之法為不得已。修櫓轒輼，具器械，三月而後成，距闉，又三月而後已。將不勝其忿而蟻附之，殺士三分之一而城不拔者，此攻之災也。

故善用兵者，屈人之兵而非戰也，拔人之城而非攻也，毀人之國而非久也，必以全爭於天下，故兵不頓而利可全，此謀攻之法也。故用兵之法，十則圍之，五則攻之，倍則分之，敵則能戰之，少則能逃之，不若則能避之。故小敵之堅，大敵之擒也。

夫將者，國之輔也，輔周則國必強，輔隙則國必弱。故君之所以患於軍者三：不知軍之不可以進而謂之進，不知軍之不可以退而謂之退，是謂縻軍。不知三軍之事而同三軍之政者，則軍士惑矣。不知三軍之權而同三軍之任，則軍士疑矣。三軍既惑且疑，則諸侯之難至矣，是謂亂軍引勝。

故知勝有五：知可以戰與不可以戰者勝；識眾寡之用者勝；上下同欲者勝；以虞待不虞者勝；將能而君不禦者勝。此五者，知勝之道也。故曰：知彼知己者，百戰不殆；不知彼而知己，一勝一負；不知彼，不知己，每戰必殆。

孫子曰：用兵作戰以使敵人舉國降服為上策，而擊潰敵國就略遜一籌；以使敵人全軍降服為上策，而擊潰敵人全軍就略遜一籌；以使敵人全旅降服為上策，而擊潰敵人全旅就略遜一籌；以使敵人士卒降服為上策，而擊潰敵人士卒就略遜一籌；以使敵人全伍降服為上策，而擊潰敵人全伍就略遜一籌。

所以，百戰百勝並不是最高明的，不交戰就使敵人屈服，這才算是最厲害的。用兵的上策是用謀略戰勝敵人；其次是用外交手段取勝；再次就是直接與敵人交戰，擊敗敵人的軍隊；下下策是攻打敵人的城池，選擇攻城應是迫不得已才為之。因為製造攻城大盾和四輪大車、準備攻城的器械，皆需要數個月才得以完成，而製作用於攻城的土山，又需要耗費幾個月才得以完工。如果將帥難以克制憤怒與焦躁的情緒，如同驅使螞蟻一般驅使士卒，使他們一個接一個地爬梯攻城，結果將導致損失三分之一的士卒，而城池也未能攻克，這就是攻城所造成的災難啊！

善於用兵之人，使敵人屈服而不交戰；攻占敵人城池而不強攻；毀滅敵人國家而不和敵人久戰。以全勝的戰略爭勝於天下，如此一來，自己的軍隊沒有疲憊受挫，且又可以取得圓滿而全面的勝利，這就是以謀略勝敵的方法。用兵的原則是，擁有十倍於敵人的兵力就包圍敵人；擁有五倍於敵人的兵力就進攻敵人；擁有兩倍於敵人的兵力就設法使敵人分散；兵力與敵人相等就努力抗擊敵人；兵力少於敵人就撤退；兵力弱於敵人就避免正面決戰。弱小的軍隊若一直堅守硬拼，勢必會被強大的敵人所俘虜。

將帥是國君的助手，如果輔助周密，國家就一定強盛；輔助有所

疏漏，國家就一定衰弱。國君危害軍事的情況有以下三種：不瞭解軍隊的情況而強迫軍隊向前進攻，不瞭解軍隊的情況而強迫軍隊向後撤退，這就是束縛軍隊的行為；不瞭解軍隊的內部事務，而干預軍隊的行政，這就會使將士迷惑；不懂得作戰的靈活與權變，而干涉軍隊指揮，這就會使將士疑慮。軍隊既迷惑又心存疑慮，那就會使得諸侯乘機進犯，災難也隨之降臨。這就是自亂其軍、自取滅亡。

能知曉此軍隊一定會勝利的情況有以下五種：知道什麼時候可以打或不可以打；瞭解兵多和兵少的不同作戰方法；全軍上下同心同德；對敵人來犯早有準備；將帥有才能而國君不加掣肘。上面這五種，就是軍隊必勝的原則。

在戰爭時，應瞭解敵人且瞭解自己，那每次作戰就不會有危險；不瞭解敵人而只瞭解自己，那麼勝負各半；既不瞭解敵人又不瞭解自己，那麼每次用兵都將失敗。

本章節論述用計謀征服敵人的方法。孫子認為「不戰而屈人之兵」是「善中之善者」，「全國」、「全軍」、「全旅」、「全卒」、「全伍」地強迫敵人屈服投降，是最理想的作戰方法；「破國」、「破軍」、「破旅」、「破卒」、「破伍」地用武力擊破敵人，則次一等，「非善之善者」。

如何能「不戰而屈人之兵」呢？孫子認為，上策是「伐謀」，其次是「伐交」，再次是「伐兵」，他主張透過政治、外交等手段征服敵人。在與敵人作戰時，如果敵強我弱，則應集中兵力戰勝敵人，「十則圍之，五則攻之，倍則分之，敵則能戰之，少則能逃之，不若則能

避之」。孫子在此章節提出「知彼知己，百戰不殆」的思想，認為謀略必須建立在瞭解敵我雙方的基礎上。

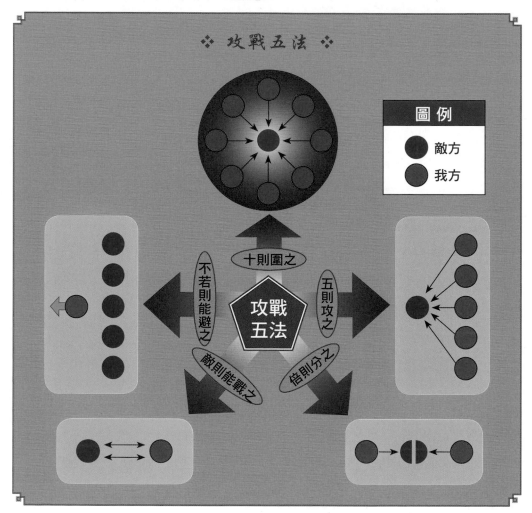

01
不戰而屈人之兵，善之善者也

孫子曰：凡用兵之法，全國為上，破國次之；全軍為上，破軍次之；全旅為上，破旅次之；全卒為上，破卒次之；全伍為上，破伍次之。是故百戰百勝，非善之善者也；不戰而屈人之兵，善之善者也。

| 實戰 |

孫子在此段落提出全勝的戰略思想——「不戰而屈人之兵」，亦是戰爭的最高境界。打仗不是最終的目的，發動戰爭的最終目的是為了安國保民，當然這以正義的戰爭來說；若是非正義的戰爭或侵略戰爭，其目的就是為了掠奪他國資財以滿足本國需要；而統治者與被統治者之間的戰爭，則是為了獲取政治利益或基本生存權利。但無論哪一種性質的戰爭、哪一種形式的戰爭，最後都必然以犧牲財物與付出生命為代價，即使百戰百勝，這些犧牲也終究無法避免。正是因為孫子深刻體會到了這一點，才提出「百戰百勝，非善之善者也；不戰而屈人之兵，善之善者也」的主張。他認為大至敵國、敵軍，小至敵之卒、伍，都能不戰而使其屈服。就如同歷代戰爭中的許多謀臣良將，他們都將心力放在戰場之外，主張以謀略取勝，以武力威脅與政策攻心相結合，或施之以恩惠，或曉之以大義，或說以利害，或以敵制敵，或大張聲威，或大軍壓境，或斷其歸路，或絕其糧草，這些都是「不戰而屈人之兵」的實際應用戰例。

西元 219 年，曹操統率大軍攻擊劉備布設在漢水的營寨，劉備手

下將領趙雲領兵退守漢水西岸，與曹軍對峙紮營，兩軍相距極近。此時，諸葛亮見漢水上游有一片土山，可以埋伏千餘人，便令趙雲帶兵到山上埋伏，聽令擂鼓放炮，但不許出戰。當夜，諸葛亮見曹營燈熄後，立即燃放號炮，趙雲即令部眾在山上擂鼓、放炮。曹軍以為敵軍前來劫寨，急忙披掛出陣，卻不見敵方人馬。在曹軍回營休息不久後，又聽到炮聲連天，鼓角齊鳴，殺聲不斷，導致曹兵徹夜不安。一連三夜如此，曹操驚疑不定，只好拔寨退兵三十里。諸葛亮面臨大敵，不向曹軍發一兵一卒，反而採取擾敵、惑敵、疲敵之計，「不戰而屈人之兵」，讓曹操退兵三十里，真可謂神機妙算。

　　唐代宗時期，叛臣僕固懷恩與上蕃、回紇、黨項、羌等少數民族，率軍三十萬包圍涇陽。當時涇陽守將郭子儀只有精兵一萬，情況萬分危急。但是，郭子儀臨危不懼，利用回紇曾與唐軍一同平叛安史之亂、幫助大唐帝國收復兩京的情誼，決心親自前往回紇營中勸說其首領。而後，由於郭子儀在回紇人中享有一定威望，再加上郭子儀對回紇首領曉以大義，致使回紇首領回心轉意，遂令士兵放下武器，雙方以禮相待、和睦如初。

　　敵方有三十萬聯軍，而郭子儀只有精兵一萬，如果兩軍交戰，無異於以卵擊石，必敗無疑。但是郭子儀畢竟是馳騁戰場多年的大將，他深知此時唯有以「不戰而屈人之兵」方能解圍，因此他從唐朝與回紇的舊情入手，瓦解僕固懷恩的聯軍，最終得以脫困。

02

上兵伐謀，其次伐交

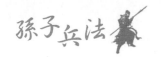

故上兵伐謀，其次伐交，其次伐兵，其下攻城。攻城之法為不得已。

| 實戰 |

兩軍交戰不僅是雙方士兵戰鬥力的較量，更重要的還是兩軍首領智謀的較量。智慧高明的一方常常會出奇制勝，令敵人措手不及。孫子在此段落提出的「上兵伐謀」，便是以「智勝」和「力勝」兩種方式讓敵人屈服。「智勝」對方，我方付出的代價較小，有助於保存實力；「力勝」對方，我方則會付出較大的代價，而且有可能兩敗俱傷、損失慘重。所以能智取對方為上策，力勝對方只能勉強為其次。

西元前627年春天，秦國派遣軍隊偷襲鄭國。恰逢一位名叫弦高的鄭國商人前往東周販牛，走到滑邑時遇到了秦軍。弦高雖是商人，但很愛國，他認為秦軍此次即將襲擊鄭國，於是當機立斷，一方面派人趕回鄭國報信，一方面準備牛皮、牛肉，冒充鄭國使者慰勞秦軍。弦高對秦將孟明視說：「鄭國國君聽說秦軍光臨鄭國，願意為秦軍效勞，特前來慰問。」秦軍看到鄭國送了牛皮、牛肉慰問，心中以為鄭國已得知他們的偷襲意圖，因此不敢輕舉妄動。而此時，鄭穆公也已得知秦國入侵的消息，並做好迎戰準備。秦將孟明視得知鄭國的情況後，認為此次孤軍攻打鄭國實難取勝，遂取消攻打鄭國的計畫。

上述的商人弦高既不是一名大將，也不是一位謀臣，但有勇有謀。如果不是憑藉他的謀略，那秦鄭之間肯定將發生一場激戰。到那時，雙方損失慘重不說，鄭國倉促迎戰，還可能有亡國的危險。由此可見，謀略在戰爭中的作用非同一般。

雖然「伐謀」重要，但在無法「伐謀」的情況下，也可以運用「伐

交」解圍。西元 219 年 10 月，東漢孫狼造反作亂，殺死縣主簿，南下投奔關羽，關羽接納孫狼並授其官印，如此一來，孫狼和關羽都各自擴大了自己的勢力。兩人勢力的擴大令曹操深感不安，於是準備遷移許都，抗擊關羽。此時，司馬懿等人勸阻曹操不要輕舉妄動，他們為曹操獻計，表示劉備和孫權表面關係密切，但實際上並不融洽，關羽的勢力擴大，孫權必不情願，所以可派人勸說孫權威脅關羽，然後再答應將江南分封給他。曹操聽後認為此計可行，於是派人說服孫權，最後成功解除心頭大患。

曹操在勢力受到威脅後，準備付諸武力解決，但司馬懿等人卻利

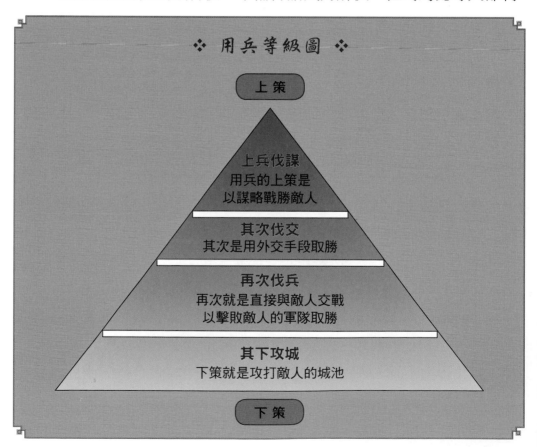

❖ 用兵等級圖 ❖

上 策

上兵伐謀
用兵的上策是
以謀略戰勝敵人

其次伐交
其次是用外交手段取勝

再次伐兵
再次就是直接與敵人交戰
以擊敗敵人的軍隊取勝

其下攻城
下策就是攻打敵人的城池

下 策

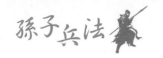

用孫劉之間的微妙關係，勸說曹操以外交手段解除自己的心頭大患，這就是「伐交」的勝利。

03
善用兵者，屈人之兵而非戰也

故善用兵者，屈人之兵而非戰也，拔人之城而非攻也，毀人之國而非久也，必以全爭於天下，故兵不頓而利可全，此謀攻之法也。

｜ 實戰 ｜

古人說：「殺敵三千，自傷八百。」戰爭雙方如果正面交鋒，就不可避免會有傷亡。因此，軍隊領導者應當站在求全勝的角度，充分發揮軍事謀略，創造和利用有利的戰機、合理部署兵力、巧妙運用戰術，以智慧取勝而非以武力與敵人硬拼，這才是最佳的作戰方式。

五胡十六國時期，趙明帝石勒為了拓展疆土，派大將郭敬率軍南下、進占樊城，與駐守襄陽的東晉軍隊對峙。不久，石勒又派人送信給郭敬，命令他約束隊伍，不要大張聲勢，營造兵力薄弱的錯覺。並且還下令，如果東晉派人刺探情報，可以告訴對方駐守樊城的只是趙軍的先遣部隊，再過七、八天後，大軍將至，那時晉軍連逃跑的機會都沒有了。郭敬對石勒的意圖心領神會，但是他沒有遵照石勒的命令，而是技高一籌。郭敬每天派遣士卒將戰馬趕到漢水邊洗浴，夜以繼日，周而復始，讓襄陽城中的東晉士卒看得一清二楚。東晉士卒看到這一

情況，連忙報告襄陽守將周撫，周撫以為趙國援軍已經抵達，慌忙撤離襄陽，退守武昌。

郭敬便兵不血刃、順利地進駐襄陽城。其實他本可遵照石勒命令，等趙軍一到，再與東晉守將決一死戰，這樣自然也能取得勝利。但是郭敬卻巧用計謀，在趙軍未到之前，兵不血刃地令襄陽守將棄城而逃。他能戰而未戰，做到「屈人之兵」，在未攻破城池之前，先攻破敵人的心理防線，不愧為兵家中的「善用兵者」。

04
用兵之法，十則圍之

　　故用兵之法，十則圍之，五則攻之，倍則分之，敵則能戰之，少則能逃之，不若則能避之。故小敵之堅，大敵之擒也。

｜ 實戰 ｜

　　戰爭中，應根據敵我雙方力量的強弱而採取不同的戰術，認真審視、分析敵人的實力，量力用兵，以爭取最大的勝利，從而避免己方遭受損失。如此一來，無論戰與不戰，都會使戰爭形勢有利於我方。孫子一方面主張在具有優勢兵力的條件下，採用進攻策略，集中優勢兵力，以眾擊寡，並運用靈活的指揮和巧妙的兵力部署達到目的。另一方面，他反對以弱小的軍隊迎戰實力強大的敵人，應避其鋒芒，保存實力。總之，無論對待敵人還是自己都應審時度勢，根據不同的情

況採取不同的戰術，不要盲目迎戰，否則將造成不必要的損失。

西元 356 年，前燕慕容恪率軍追擊段龕至廣固城下，段龕閉門固守，慕容恪見狀並沒有急於攻城，而是按兵不動。諸將感到莫名其妙，紛紛請求速攻，但慕容恪卻對諸將說：「用兵打仗不要執著於一種打法，有時要緩行，有時要急攻。如果敵我雙方勢均力敵，且敵人有強大的外援時，就要速戰速決，避免腹背受敵；若我方兵力強大，敵人兵力虛弱且沒有外援時，不如圍困敵人，使其坐以待斃，這就是兵法上所說的『十則圍之，五則攻之』。如果急於圍攻，應該用不到一個月就可以攻破城池，但那勢必會發生一場惡戰，我方士卒也將傷亡眾多。所以，如果圍困敵人能取勝時，就不要急於攻打。」慕容恪向諸將說明這個道理後，命全軍固壘屯田，不久之後，廣固城內糧草斷絕，段龕出城投降，慕容恪不費一兵一卒便拿下廣固城。

當己方兵力遠遠勝過敵人時，便要圍而不攻。但如果己方兵力遠不如敵人，卻仍然堅持迎戰，便可能成為敵人的俘虜。

西元 1858 年 9 月，湘軍大將李續賓率部進攻三河鎮，然後準備再奪取太平軍占領的廬州城。三河鎮為廬州西南的重要屏障，若失去三河鎮，廬州城將難以自保。所以，太平軍在得知湘軍進犯的消息後，命將領陳玉成、李秀成相繼率部馳援三河鎮。當時，太平軍以十倍於湘軍的兵力進攻李續賓。在戰爭之始，李續賓取得了幾次勝利，所以變得驕橫自大，面對十倍於己的太平軍，李續賓拒絕部下提出退守桐城的建議，反而率精兵六千分三路進攻三河鎮，企圖取勝。面對李續賓孤軍深入作戰，太平軍陳玉成決定以少數兵力正面迎敵，率主力從湘軍左翼包抄。第二天，太平軍擊潰了左路湘軍，然後乘勝切斷湘軍中路和右路的退路，這時，其餘太平軍也相繼前來圍攻湘軍。李續賓

陷入重重包圍之中，最後被太平軍擊斃，其他部下也被太平軍殲滅。

　　李續賓可謂湘軍的一名悍將，但面對十倍於己的太平軍，他竟然拼死抵抗，正犯了「小敵之堅，大敵之擒」的兵法大忌。

05
君之所以患於軍者三

　　故君之所以患於軍者三：不知軍之不可以進而謂之進，不知軍之不可以退而謂之退，是謂縻軍。不知三軍之事而同三軍之政者，則軍士惑矣。不知三軍之權而同三軍之任，則軍士疑矣。三軍既惑且疑，則諸侯之難至矣，是謂亂軍引勝。

｜ 實戰 ｜

　　將帥是專業的軍事人才，在軍事謀畫、領兵作戰方面具有不可替代的優勢，這是一般國君所不及的地方。所以，對於國君來說，一旦任命將領，就應該授權於他，不再任意干預軍隊內部的事務。而對於將帥來說，雖然受命於君主，負責安國保民，但在受命之後，也不必處處固守君命，而是應隨機應變。唯有如此，才有可能取得勝利，否則就會指揮錯亂，令士兵無所適從，最終自亂其軍、自取滅亡。

　　西元前 61 年，漢宣帝命令大將趙充國出兵遠征西羌，一開始收效甚微，但漢宣帝仍派遣大軍壓境。將領趙充國認為大軍將耗費糧草無數，長此以往，恐怕鈍兵挫銳、國用不足。所以，他認為征服西羌應

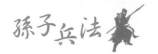
用恩德，不宜用兵，趙充國還願意親自率領步兵屯田防守。但漢宣帝並沒有顧及前線的具體情況，反而強令趙充國進攻，最後不但沒有征服西羌，而且損失慘重。

　　將帥親眼目睹前線的戰事，對實際情況可謂瞭若指掌。因此，唯有將帥才能根據戰場的具體形勢，制定相應的軍事策略，但漢宣帝並不明白這一點，硬要在千里之外插手軍務，結果損兵折將。而唐肅宗也曾犯過相同的錯誤，他不明戰事，亂下軍令，導致軍心不穩、懷州失陷。

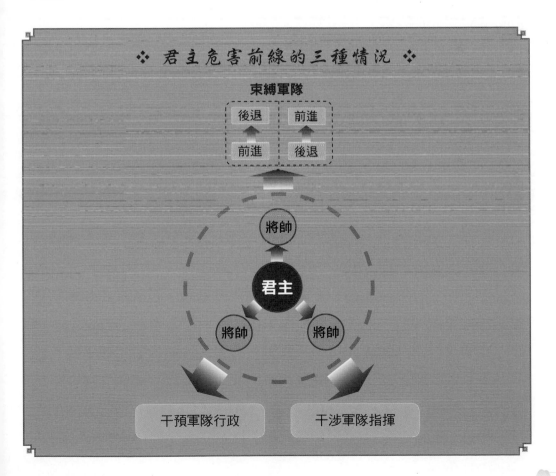

❖ 君主危害前線的三種情況 ❖

束縛軍隊

後退　前進

前進　後退

將帥

君主

將帥　　將帥

干預軍隊行政　　干涉軍隊指揮

西元 760 年，唐朝大將李光弼率兵收復「安史之亂」丟失的懷州，史思明領兵迎戰，李光弼再次將其逐往北方，準備退守懷州。但唐肅宗聽信魚朝恩的上書，下詔要求李光弼繼續追討史思明。當時，史思明的兵力相對強盛，不宜再繼續進攻，但肅宗卻派使者督戰，導致李光弼被迫進軍。最後，李光弼在北邙附近遭史思明埋伏，軍中頓時大亂，李光弼只好返奔懷州城，史思明乘勢進攻，懷州城再度失陷。

06
夫將者，國之輔也

夫將者，國之輔也，輔周則國必強，輔隙則國必弱。

｜ 實戰 ｜

其實，兵法就是為將、用將之法。將帥作為軍事謀略的制定者和執行者，不僅關係到戰爭的勝負，而且還維繫著國家的安危。因此，選擇將帥一定要慎重，如果將帥具備「智、信、仁、勇、嚴」五德，那軍隊將會戰無不勝，國家也得以安定團結。

西元前 204 年，韓信和張耳率大軍攻打趙國。趙王歇和陳餘駐守重兵於井陘關隘口，準備正面迎擊韓張大軍。而李左車通曉兵法，勸趙王不要急於出兵與敵人交戰，要以智取勝。但陳餘卻是個不通兵法的儒者，他對趙王說：「只要是正義之師，那不需要任何計謀也可以獲勝。」趙王沒有採納李左車的建議，反而相信陳餘並任命他為將領，抵禦韓張大軍的進攻。最後，陳餘兵敗，趙王也被活捉，趙國隨之滅亡。

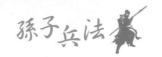
趙王歇有良將李左車不用，反而重用一個不知變通的儒生，結果導致趙國滅亡，實在令人惋惜。這就是君王選擇將帥不當而帶來的嚴重後果：小則打敗仗，大則亡國。

07
此五者，知勝之道也

故知勝有五：知可以戰與不可以戰者勝；識眾寡之用者勝；上下同欲者勝；以虞待不虞者勝；將能而君不禦者勝。此五者，知勝之道也。

｜ 實戰 ｜

孫子在此段落列舉五種取得勝利的方法，這五種取勝方法的原則在於「知己」。在己方具備勝利條件的情況下出兵，才有勝利的把握，這亦呼應孫子「慎戰」的思想。孫子認為，戰前必須準確把握戰爭形勢、根據戰勢採取相應的用兵之法、讓軍隊上下齊心協力、充分做好戰前準備、讓將帥獨立發揮軍事才能，如果可以做到這五點，便能預知這支軍隊有獲勝的可能。

東漢初年，劉秀的部將馬武被敵軍蘇茂、周建擊潰，於是轉而向王霸求救。王霸深知蘇茂、周建剛剛打敗馬武，士氣正旺，如果此時出兵支援，必然難有勝算，於是便故意閉營不出。將士們無法理解，王霸對他們說：「敵人兵精力旺，人多勢眾，不堅守就無法避其鋒芒。此時，若我軍故意不支援，敵人必然輕舉妄動，貿然進攻；而馬武也

會因沒人救援，拼死一戰。待敵人疲困時，我軍再乘機進攻，敵人必敗。」蘇茂、周建見王霸按兵不動，果然出兵攻打馬武。激戰良久後，王霸待蘇、周軍隊疲憊之際，立即開營出戰，蘇周聯軍腹背受敵，遂倉皇敗退。

王霸深諳兵法，乃知兵之將。他分別準確預測敵、我、友三方，「知可以戰與不可以戰」，發揮己方和友方軍隊的最大實力，趨利避害，穩操勝券，真可謂一箭雙雕。

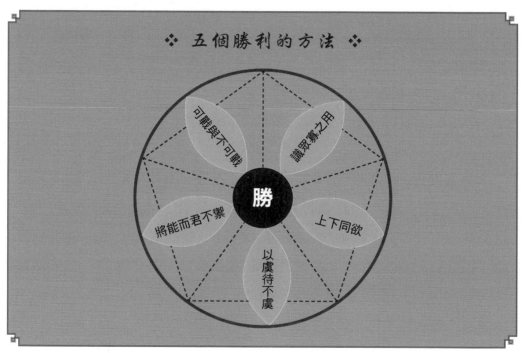

❖ 五個勝利的方法 ❖

第4章
軍　形

孫子曰：昔之善戰者，先為不可勝，以待敵之可勝。不可勝在己，可勝在敵。故善戰者，能為不可勝，不能使敵之可勝。故曰：勝可知而不可為。

不可勝者，守也；可勝者，攻也。守則不足，攻則有餘。善守者，藏於九地之下；善攻者，動於九天之上，故能自保而全勝也。

見勝不過眾人之所知，非善之善者也；戰勝而天下曰善，非善之善者也。故舉秋毫不為多力，見日月不為明目，聞雷霆不為聰耳。古之所謂善戰者，勝於易勝者也。故善戰者之勝也，無智名，無勇功。故其戰勝不忒，不忒者，其所措必勝，勝已敗者也。故善戰者，立於不敗之地，而不失敵之敗也。是故勝兵先勝而後求戰，敗兵先戰而後求勝。善用兵者，修道而保法，故能為勝敗之政。

兵法：一曰度，二曰量，三曰數，四曰稱，五曰勝。地生度，度生量，量生數，數生稱，稱生勝。故勝兵若以鎰稱銖，敗兵若以銖稱鎰。勝者之戰民也，若決積水於千仞之谿者，形也。

➡ 譯文 ➡

孫子曰：善於用兵打仗之人，必先要做到不被敵方戰勝，然後再靜待可以戰勝敵人的時機。不被敵人戰勝，決定於自己；戰勝敵人，則取決於敵人是否有機可乘。所以，善於打仗之人能創造不被敵人戰勝的條件，但卻不可能做到使敵人一定被我軍戰勝。勝利可以預知，

但無法強求。

想要不被敵人戰勝，在於防守；想要戰勝敵人，在於進攻。在兵力不足的時候，防禦；在兵力有餘的時候，進攻。善於防守的軍隊，將自己的兵力隱蔽埋藏，如同深藏於地下；善於進攻的軍隊，展示自己的兵力就像從九霄而降。如此一來，便能保全自己，又取得勝利。

預見勝利時，若不超越一般的常識，就算不上是最高明的。若透過激戰而取得勝利，就算天下人紛紛讚許，那也不算是最高明的。因為，能舉起秋天鳥獸新長的毫毛，稱不上力氣大；能看見日月的光輝，算不上眼睛明亮；能聽到雷霆聲響，算不上耳朵靈敏。古時候所說的善於打仗之人，其實都只是戰勝容易戰勝的敵人。真正的善於打仗之人，就算打了勝仗，也不會顯露智慧的名聲，也不會表現出勇武的戰功，但他們卻總能取得勝利。他們之所以不會有差錯，是因為他們在戰前採取了必勝措施，戰勝那些已經處於失敗地位的敵人。所以，善於打仗之人在確保自己立於不敗之地的同時，也不放過任何擊敗敵人的機會。勝利的軍隊總是先創造獲勝的條件，而後才尋求與敵人決戰的機會；失敗的軍隊，則總是盲目地與敵人交戰，而後乞求僥倖取勝。善於打仗之人注意修明政治、嚴肅法制，從而能成為決定戰爭勝負的主宰者。

用兵的基本原則有五個：一是「度」，二是「量」，三是「數」，四是「稱」，五是「勝」。敵我所處的地域不同，因而產生雙方土地幅員大小不同的「度」；敵我的土地幅員大小不同，產生雙方物質資源豐瘠不同的「量」；敵我的物質資源豐瘠不同，產生雙方兵員多寡不同的「數」；敵我的兵員多寡不同，產生雙方軍事實力強弱不同的「稱」；敵我的軍事實力強弱不同，最終決定戰爭將由何方取勝。失

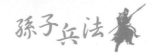
敗的軍隊之於勝利的軍隊，有如「銖」（較小，以二十四銖為一兩）和「鎰」（較大，以二十四兩為一鎰）的區別，處於絕對劣勢。勝利者在指揮軍隊與敵作戰時，就像水從萬丈高的山頂沖刷而下，勢不可當，這就是「形」——軍事實力強大的表現。

❖ 自保而全勝 ❖

勝可知 而不可為	能為不可勝 不能使敵必可勝	先為不可勝 以待敵之可勝
可以預知勝利 但無法強求	創造不被敵人 戰勝的條件，但卻不 可能一定戰勝敵人	不被敵人戰勝， 然後靜待戰勝敵人 的機會
（1）	（2）	（3）

賞析

　　本篇章論述用兵作戰前，要先創造不被敵人戰勝的條件，以靜待敵人可以被我方戰勝的時機，使自己「立於不敗之地」。孫子認為，戰爭的勝負決定於敵我雙方力量的大小，若想戰勝敵人，就必須在力量對比上使自己處於絕對優勢，形成迅猛不可抵擋之勢。除此之外，還要靜待敵人可以被我方戰勝的有利時機，善於抓住敵人的弱點，如此一來，就能輕而易舉地戰勝敵人。若想在作戰中取勝，就必須考慮攻與守的問題。兵力不足就防守，兵力有餘就進攻；防守時要嚴密地隱藏自己，進攻時要殺得敵人措手不及。

01

善戰者，先為不可勝

孫子曰：昔之善戰者，先為不可勝，以待敵之可勝。不可勝在己，可勝在敵。故善戰者，能為不可勝，不能使敵之可勝。故曰：勝可知而不可為。

｜ 實戰 ｜

孫子強調，若想在兩軍交戰時使自己立於不敗之地，首先必須加強自身實力。具體來說，就是重視國內經濟發展，增強國家經濟實力，從而為發動戰爭做充足的物質準備；還要重視軍隊訓練與素養、具備精良裝備、擁有訓練有素的士卒，再任用通曉兵法的將帥等等，在此基礎上強化軍事實力，從而不被敵人所戰勝。

西元 619 年 8 月，隋末群雄之一劉武周攻取太原、龍門，企圖直取關中。10 月，劉武周派大將宋金剛進占澮州，同一時間，群雄也紛紛起兵，整個關中地區形勢危急。

這時，唐高祖李淵擔心無力抵抗，遂打算放棄河東等地，秦王李世民則力諫不可放棄，且表示自願帶領精兵三萬扭轉戰局。李淵遂命李世民率部迎敵，在柏壁與宋金剛相持不下。李世民分析：「宋金剛大軍精兵強將雲集，兵鋒甚銳，但因其數入敵方陣營，所以補給困難，糧草主要倚靠攻城掠地。我方應先穩住陣腳，把守營寨，養精蓄銳，還要想辦法進攻宋金剛的後方腹地。如此一來，宋金剛外有所掠之困，內有失地之憂，必然退兵。那時，我們再重兵出擊，必然可以成功奪取勝利。」次年 4 月，宋金剛已與李世民對峙五個月，糧草將盡，最

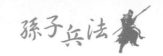

後被迫撤軍。李世民乘勢追擊，連戰連勝，宋金剛、劉武周兵敗投向突厥，先後被殺。

李世民「先為不可勝，以待敵之可勝」，最後以弱勝強，取得大捷。李世民隨著李淵南征北戰，最終建立大唐帝國，可謂一位大智大勇的善戰者。他在敵強我弱的情況下，避免與敵人作戰，採取守營備戰的策略，先保存己方的實力和士氣，然後等到敵人兵疲馬困時，再全線出擊，從而一舉奪得勝利。

02
不可勝者，守也

不可勝者，守也，可勝者，攻也。守則不足，攻則有餘。善守者，藏於九地之下；善攻者，動於九天之上，故能自保而全勝也。

｜ 實戰 ｜

孫子在此段落論述「善攻」和「善守」兩種策略，「攻」就要像「動於九天之上」，迅猛出擊，讓敵人措手不及；「守」就要「藏於九地之下」，蓄勢待發，以不變應萬變，從而達到「自保而全勝」的目的。在戰爭中應採取「攻勢」或「守勢」，這必須根據將領按照己方實力和戰爭具體情況所分析的結果，選擇相應的對策。若己方實力強大，具備勝利條件，就應果斷進攻；若實力不足，不具備取勝條件，就應嚴陣以待，尋求戰機。但無論是攻、是守，其最終目的只有一個，

那就是保護自己並且戰勝敵人。

西元 430 年 11 月，宋國派兵北上伐魏，諸軍受挫，相繼南撤，魏軍乘勢南下，兵臨歷城。防守歷城的是太守蕭承之，當時他的手下僅有幾百人，面對強大的魏軍，守城官兵不禁大驚失色。但太守蕭承之卻從容不迫，下令偃旗息鼓，大開城門。部下對此大惑不解，蕭承之解釋：「因為敵眾我寡，情勢危急，如果這時向敵人示弱，敵人勢必乘勢攻城，後果將不堪設想。所以，唯一的辦法就是向敵人示強，或許還有一線生機。」在蕭承之大開城門後，魏軍見歷城城門大開，以為宋人設有埋伏，不敢貿然入城，猶豫一番後，引兵退去。

歷城守將蕭承之在大軍攻城之際，臨危不懼，權衡利弊，果斷下令大開城門，上演一場名副其實的「空城計」，不僅保全自己，而且也戰勝了敵人。

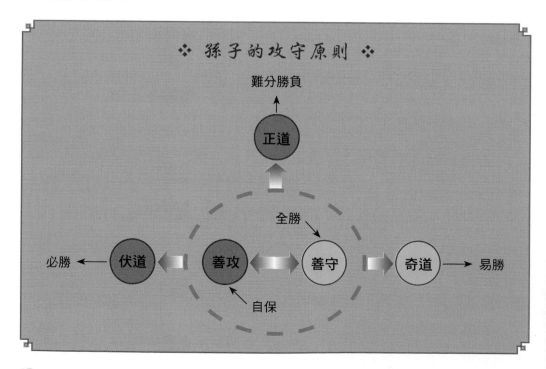

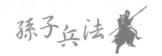

當然，他這樣做是十分冒險的，但在當時的情況下，這已是最好的出路。事實證明，蕭承之的做法使他與全體將士「自保而全勝」。

03

善戰者之勝也，無智名，無勇功

故善戰者之勝也，無智名，無勇功。故其戰勝不忒，不忒者，其所措必勝，勝已敗者也。

| 實戰 |

善戰者之所以戰無不勝，是因為他們掌握有利戰機，時時把握戰爭主導權。他們的勝利既不彰顯功名，也不表現勇武。他們所取得的勝利是不會有差錯的，因為他們的勝利有著切實可靠的必勝基礎。他們高瞻遠矚，絕不好大喜功，他們是真正的大智大勇者。

春秋時期，楚懷王準備攻打宋國，墨子勸其打消念頭。他認為楚國進攻宋國不過是幼稚之舉，宋國對於楚國來說只是「殺不足而爭有餘」，不必為此大動干戈，但楚王不服。於是墨子拿了一條帶子作為城池以作示範，與楚國將領在帶子上進行攻防戰，最後楚國將領九攻九敗。墨子提到，自己的學生已掌握此守城方法，並在宋國等待楚國進攻。楚懷王聽了墨子的辯駁，看了他的示範，最後不得不放棄攻打宋國。這看似只是墨子稍費口舌，就說服楚王放棄攻宋，但其實墨子的勸說是以宋國的實力作為後盾。唯有在有充分把握取勝的基礎上，墨子對楚王的勸說才更加有效。

善戰者，立於不敗之地，而不失敵之敗也

故善戰者，立於不敗之地，而不失敵之敗也。是故
勝兵先勝而後求戰，敗兵先戰而後求勝。

| 實戰 |

春秋時期，齊國與魯國之間的長勺之戰，是解釋此段落的一個絕佳例子。

齊國是春秋時期最強的國家之一。西元 686 年，公孫無知殺死齊襄公篡位，但在即位不久後，大臣們又殺死了公孫無知，導致齊國無人繼承。而逃亡在外的齊國貴族們紛紛趕回來即位，在經過一番爭鬥後，公子小白回到齊國即位，也就是後來的齊桓公。

這時，逃亡於魯國的公子糾與其導師管仲並不甘心，齊國與魯國之間的關係亦日漸惡化。而後，魯莊公在齊桓公的要脅下，被迫殺死公子糾，交出管仲。管仲回到齊國後，齊桓公不念舊惡，拜管仲為相。當時，齊桓公正急於對外擴張，管仲勸其首先要改革軍政、發展經濟，待實力強大後再擴張勢力。但齊桓公並未採納管仲的建議，而是決定發兵攻打魯國。魯莊公面對齊國大軍，手足無措。這時，謀士曹劌請求隨魯莊公一起出戰，率軍抗齊。在這場大戰中，齊軍倚仗兵強馬壯，連續出擊，深入魯國。魯國兵少國弱，避開齊軍鋒芒，採取守勢，退至利於反攻的長勺，準備決戰。齊將鮑叔牙一時得勝，便輕視敵人，攻至長勺後，向魯軍發動猛攻。面對此種情況，魯莊公準備正面迎戰齊軍，曹劌卻勸其等待齊軍三次擊鼓之後，再正面迎戰。待齊軍三次

擊鼓之後，魯莊公便下令魯軍衝向齊軍陣營，果然齊軍大亂。魯軍乘勝追擊，最後終於把齊軍趕出國境。

長勺之戰是一個以少勝多的戰例。魯國作為一個弱小之國，之所以能夠打敗強大的齊國，原因就在於魯國在戰前做了充分準備，創造必勝的條件，這正驗證「勝兵先勝而後求戰」。

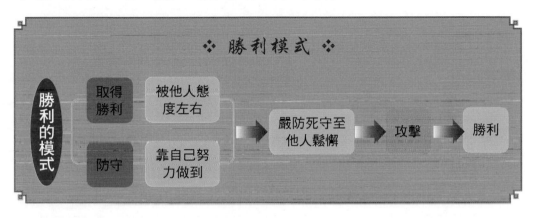

❖ 勝利模式 ❖

05

 善用兵者，修道而保法

善用兵者，修道而保法，故能為勝敗之政。

| 實戰 |

孫子在此段落提出「修道而保法」的觀念，強調軍隊若想取勝，必須修明政治、嚴肅軍紀。如果一個國家政治腐敗、軍紀廢弛，那麼很難想像軍隊能取得勝利。孫子將修明政治的「道」放在首位，認為它是決定戰爭勝敗的關鍵因素。「修道」代表國家政治清明、經濟強

盛、君民上下同心、士兵上下同欲。而「保法」也是決定戰爭勝負的因素之一，有了嚴格的軍紀，才能使軍隊運作有章可循，才能發揮軍隊的最大戰鬥力。

西元 1053 年，宋朝將領狄青奉命遠征南方的儂智高。狄青向前方將士下令，不得輕率出兵。當時，另一位將領陳曙擔心狄青獨得戰功，於是乘著狄青未到之前，搶先發兵進擊昆侖關，但隨即被打敗。狄青抵達賓州後，得知陳曙兵敗的消息，決心嚴申軍紀。次日，待諸將到齊後，狄青斥責陳曙違反號令，按軍法當斬，其他將領遇敵即逃，罪也當斬，遂令衛士一一捆綁，推出轅門，斬首示眾。從此之後，狄青麾下將士再無違令者，而狄青所率大軍也以軍紀嚴明著稱，戰鬥力大大增強。

如果狄青縱容部將陳曙擅自出兵，不「修道保法」，那麼不但陳曙本人將重蹈覆轍、一再犯錯，其他部將也會紛紛模仿，最終將引起士兵不滿，從而導致軍心渙散，戰鬥力降低。那麼，狄青也只能成為一個敗軍之將。

 06
兵法：一曰度，二曰量，三曰數

兵法：一曰度，二曰量，三曰數，四曰稱，五曰勝。地生度，度生量，量生數，數生稱，稱生勝。

| 實戰 |

從諸葛亮輔佐劉備兵定益州，直到劉備去世，蜀國共有整整十年的時間，用兵不斷。而諸葛亮之所以能夠運籌帷幄之中，決勝千里之外，不僅是因為他具備超常的軍事謀略，還在於他重視發展農業。眾所周知，農業是古代社會的根本，在古代社會的經濟發展中占據重要地位。諸葛亮深刻瞭解經濟對軍事的影響，所以在治理蜀國時，提出了以下幾個重要經濟措施：注重輕徭薄賦；重視水利建設；統一錢幣；發展鹽鐵；重視商業。

正是因為諸葛亮重視綜合國力，發展農業，繁榮經濟，弱小的蜀國才有能力支持連年不斷的戰爭，也才具備北伐中原的實力。這些都充分應證孫子「五環相生」、「地生度，度生量，量生數」的作戰觀念。

07
若決積水於千仞之谿者，形也

故勝兵若以鎰稱銖，敗兵若以銖稱鎰。勝者之戰民也，若決積水於千仞之谿者，形也。

| 實戰 |

明朝後期，後金逐漸強大，屢次騷擾明朝邊境。西元 1618 年，明神宗派大將楊鎬率兵十一萬進攻後金都城赫圖阿拉，企圖消滅後金，以除心腹大患。楊鎬兵分四路，而後金努爾哈赤則採取各個擊破的策略，集中八旗全部兵力攻擊明軍西路，一舉殲敵三萬餘人。在消滅西

路後，努爾哈赤又兵擊北路，北路統帥馬林不戰而逃。先後滅掉西路、北路後，又設法圍殲劉為。四路大軍被滅掉了三路，使得楊鎬急忙撤軍。努爾哈赤採取的各個擊破策略，最終以六萬大勝十一萬，取得薩爾滸大戰的勝利。

一般來說，若以六萬兵力對十一萬大軍，無異於「以銖稱鎰」。但努爾哈赤面對明軍的圍攻，並沒有全線出擊，反而集中兵力，各個擊破，相當於以六萬兵力對三萬兵力，「以鎰稱銖」。最後，努爾哈赤大軍「若決積水於千仞之谿」，所向披靡，戰無不勝。

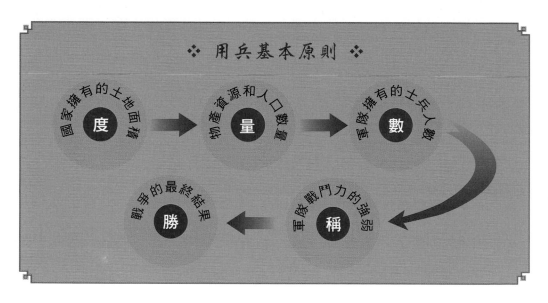

❖ 用兵基本原則 ❖

度 國家擁有的土地面積 → 量 達產資源和人口數量 → 數 軍隊擁有的士兵人數

稱 軍隊戰鬥力的強弱 → 勝 戰爭的最終結果

第5章

兵　勢

孫子曰：凡治眾如治寡，分數是也；鬥眾如鬥寡，形名是也；三軍之眾，可使必受敵而無敗者，奇正是也；兵之所加，如以碫投卵者，虛實是也。

凡戰者，以正合，以奇勝。故善出奇者，無窮如天地，不竭如江河。終而復始，日月是也。死而復生，四時是也。聲不過五，五聲之變，不可勝聽也。色不過五，五色之變，不可勝觀也。味不過五，五味之變，不可勝嘗也。戰勢不過奇正，奇正之變，不可勝窮也。奇正相生，如迴圈之無端，孰能窮之？

激水之疾，至於漂石者，勢也；鷙鳥之疾，至於毀折者，節也。是故善戰者，其勢險，其節短。勢如弩，節如發機。

紛紛紜紜，鬥亂而不可亂也；渾渾沌沌，形圓而不可敗也。亂生於治，怯生於勇，弱生於強。治亂，數也；勇怯，勢也；強弱，形也。故善動敵者，形之，敵必從之；予之，敵必取之。以利動之，以卒待之。

故善戰者，求之於勢，不責於人，故能擇人而任勢。任勢者，其戰人也，如轉木石。木石之性，安則靜，危則動，方則止，圓則行。故善戰人之勢，如轉圓石於千仞之山者，勢也。

⇒ 譯文 →

孫子曰：一般來說，管理人數多的軍隊如同管理人數少的軍隊一樣，這是屬於組織編制的問題；指揮人數眾多的部隊作戰如同指揮人

數少的部隊作戰一樣，這是屬於指揮號令的問題；整個部隊遭到敵人進攻而沒有潰敗，這是屬於「奇正」的戰術變化問題；對敵軍的攻勢如同以石擊卵一樣，這是屬於「避實就虛」的原則運用問題。

用兵作戰總是以「正兵」迎戰，以「奇兵」取勝。善於出奇制勝之人，其戰法變化如天地運行一般變化無窮，像江河一般奔流不息，終而復始，就像日月運行；去而復來，如同四季更替。音階不過宮、商、角、徵、羽五個，然而這五個音階的變化卻是聽不盡的；顏色不過青、黃、赤、白、黑五種，然而這五色的變化卻是看不完的；滋味不過酸、辛、鹹、甘、苦五樣，然而這五味的變化卻是嘗不盡的；作戰方法不過「奇」、「正」兩種，但「奇」、「正」的變化卻是永遠無法窮盡的。「奇」、「正」之間相互依存，相互轉化，就像順著圓圈旋繞，無始無終，又有誰能夠窮盡它呢？

湍急的流水水勢猛烈，能夠沖走巨石，這是因為流水的流速飛快所產生的「形勢」；鷙鳥高飛迅疾，能夠捕殺鳥雀，這是因為鷙鳥短促迅猛的「節奏」。善於指揮作戰之人所造成的態勢險峻逼人，進攻的節奏短促有力；他們所造的態勢就像張滿的弓弩，險惡異常；迅疾的節奏猶如用手擊發弩機，瞬間即發。

在戰旗紛亂、人馬混雜的混亂之中作戰，要使自己的軍隊整齊不亂；在兵如潮湧、混沌不清的情況下戰鬥，要使自己的軍隊布陣周密。能夠佯裝己方混亂，是因為己方的軍隊組織編制嚴整；能夠佯裝己方怯懦，是因為己方的軍隊具備勇敢的素質；能夠佯裝己方弱小，是因為己方的軍隊擁有強大實力。嚴整或混亂，是由組織編制決定；勇敢或怯懦，是由作戰態勢造成；強大或弱小，是由軍隊實力決定。善於調動敵人之人，偽裝假象迷惑敵人，敵人便會被假象所惑；以好處引

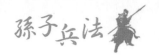

誘敵人，敵人便會前來爭奪。所以，他們總是用利益引誘敵人上當，再準備重兵伺機攻擊。

　　善於用兵打仗之人，總是努力創造有利於己方的態勢，而不輕易責備部下。所以，他能充分利用人才創造有利態勢。善於製造和利用態勢之人，指揮軍隊作戰就如同滾動木石一般，若將木頭和石頭放置在平坦安穩之處，就靜止不動；放置在險峻陡峭之處，就滾動。方的容易停止，圓的滾動靈活。所以，善於指揮作戰之人所造成的有利態勢，就像將圓石從萬丈高山推滾而下，這就是「兵勢」啊！

　　勢是什麼呢？孫子說，「勢」就像可以漂起石頭的激流，就像一觸即發的弓弩，就像從千仞高山上滾落的圓石，是一種不可抵擋的力量。那要如何造成此種勢呢？首先，要為自己創造條件，使自己具有戰勝敵人的強大力量。其次，「擇人而任勢」，選擇熟知軍事、知人善任的將帥。

01
凡治眾如治寡，分數是也

　　孫子曰：凡治眾如治寡，分數是也；鬥眾如鬥寡，形名是也；三軍之眾，可使必受敵而無敗者，奇正是也；兵之所加，如以碬投卵者，虛實是也。

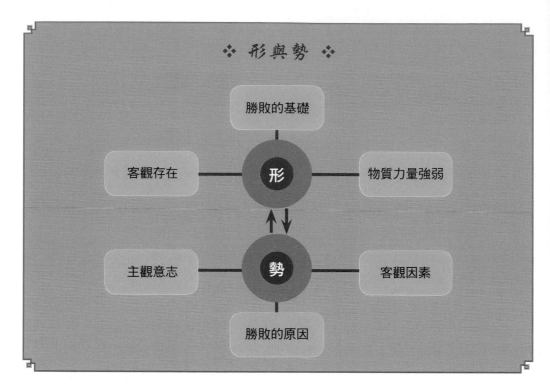

❖ 形與勢 ❖

勝敗的基礎

客觀存在 ——— 形 ——— 物質力量強弱

主觀意志 ——— 勢 ——— 客觀因素

勝敗的原因

｜ 實戰 ｜

　　孫子在此段落提出軍隊的治理和戰術問題。他認為治理軍隊時，首先要具備合理編制，然後才能上下協調一致，從而便於管理；其次，要即時處理軍事號令，讓將帥的命令能迅速準確地傳達，然後才能有效地指揮調動、把握有利戰機；再者，應出奇制勝、以實擊虛，創造必勝條件。總之，將帥在戰爭中應隨機應變，「奇」、「正」並用，「虛」、「實」相間。

　　西元 1643 年 3 月，明末闖王李自成經過南征北戰後，最終在襄陽建立自己的政權。當時，他握有百萬大軍，在建立政權後，當務之急就是整編部隊。李自成將全軍分為中、左、右、前、後五營，各設正、副將軍統轄。而後，他又建立了嚴密的後勤保障系統，包括裁縫隊、

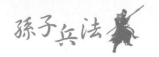

糧草隊等，各司其職。不僅如此，他還將士兵家屬單獨編為「老營」，將士兵子女編入「孩兒軍」，嚴格訓練。經過此番整頓後，李自成全軍上下協調一致，戰鬥力大增，周圍各地反叛軍也紛紛歸順於李自成麾下。

西元1206年4月，宋代將領畢再遇率軍攻打金兵據守的泗州城。金人得知消息後，立即防禦準備。畢再遇得知此事，也隨即採取行動，決定出其不意，命宋軍提前一天抵達泗州城。泗州共分東、西二城，畢再遇調動兵力，佯裝率先攻打西城的假象，然後再親自率領將士，在東城的南角發動奇襲。守城金兵抵禦不力，棄東城而去，而此時，西城金兵仍在頑抗。畢再遇高懸帥旗，令將士向城內大喊，招降敵人，敵軍聽到畢再遇的威名頓時瓦解，紛紛出城投降。畢再遇出兵攻打金兵，果斷採取行動，出奇兵大敗金兵，輕而易舉收復泗州城，他的勝利就勝在一個「奇」字。

西元630年，突厥的頡利可汗戰敗後，佯裝投降大唐，待來年草青馬肥之際，再逃向大漠深處。唐太宗不知實情，遂派唐儉等人前去撫慰，又派李靖等人率軍迎接。此時，李靖識破頡利可汗的詭計，擔心頡利可汗重新逃回漠北，路途遙遠，到時難以追擊。李靖遂與隨行人員商議，連夜出兵襲擊頡利可汗。而頡利可汗見到唐儉等人前來撫慰，以為計謀得逞，心中大喜，果然不加防備。這時，李靖乘虛而入，一舉殲滅頡利可汗軍隊，頡利可汗本人也被俘虜。

李靖識破頡利可汗的企圖，隨機應變，乘頡利可汗沒有防備之時，乘虛而入，大獲全勝。他出其不意，攻其無備，以實擊虛，正所謂「以碫投卵」。

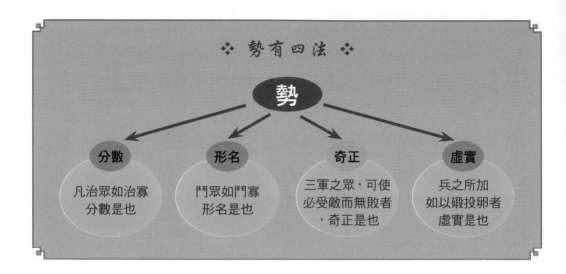

❖ 勢有四法 ❖

勢

分數　　形名　　奇正　　虛實

凡治眾如治寡
分數是也

鬥眾如鬥寡
形名是也

三軍之眾，可使
必受敵而無敗者
，奇正是也

兵之所加
如以碬投卵者
虛實是也

02
凡戰者，以正合，以奇勝

凡戰者，以正合，以奇勝。故善出奇者，無窮如天地，不竭如江河。終而復始，日月是也。死而復生，四時是也。

｜ 實戰 ｜

西元前294年，秦將白起率軍攻打韓國伊闕，韓、魏聯合抗秦，以重兵據守伊闕。伊闕的地形險峻，易守難攻，對秦軍大為不利，而且秦軍兵力也遠不及韓、魏聯軍，所以此戰對秦將來說，絕非易事。但韓、魏聯軍也有劣勢，他們互不統屬，各自為政，雙方相持不下，不分勝負。次年，秦將白起審時度勢，乘韓、魏聯軍猶豫之時，集中兵力急攻兵力較弱的魏軍。魏軍倉促應戰，但隨即瓦解，導致韓軍陷於秦軍兩面夾擊。秦軍乘勝追擊，殲滅韓軍，伊闕隨之陷落。其實，

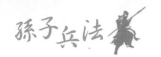

秦軍以弱攻強，勝算把握不大。但秦將白起審時度勢，掌握敵人弱點，正面牽制，側面攻擊。最後，以少勝多，順利攻下伊闕。

西元 617 年，突厥進犯邊塞，隋煬帝下令李淵與馬邑太守王仁恭率軍抵抗，兩軍相持馬邑。王仁恭見突厥人多勢眾，擔心寡不敵眾。李淵卻說：「我軍遠離朝廷，沒有外援，如果不與突厥大軍決一死戰，恐怕全軍性命難保。」於是，李淵便親率四千名精兵，與突厥展開遊擊戰。兩軍相遇時，並不出擊，而是嚴陣以待，使突厥不知其意，更不敢輕舉妄動。與此同時，李淵又出奇兵襲擊突厥，斬敵千餘人。突厥連連受挫，銳氣大減。李淵「以正合，以奇勝」，不僅澆熄突厥的囂張氣焰，更鼓舞己方的士氣。

03
奇正之變，不可勝窮也

戰勢不過奇正，奇正之變，不可勝窮也。奇正相生，如迴圈之無端，孰能窮之？

｜ 實 戰 ｜

《孫子兵法》認為，其實作戰的方法不過「奇」、「正」兩種，但運用得當卻能變化無窮。在戰爭中，沒有一成不變的打法，也沒有千篇一律的戰術，唯有隨機應變、出奇制勝，才能戰勝對方。孫子提出「奇」、「正」戰術，「奇正之變，不可勝窮」，奇正相互輔佐，又相互變化，在相生相輔中創造戰機，使行動天衣無縫、渾然一體。

不僅能有效防禦敵人，還能出其不意，讓敵人措手不及，防不勝防。

西元 431 年，劉宋與北魏交戰。在長期征戰後，宋將檀道濟的軍隊糧食斷絕，無法再戰，因此決定撤兵。但禍不單行，一名投降魏軍的宋軍士卒卻將此消息透露給魏軍。檀道濟知曉後並不驚慌，到了晚上，他命令營中士卒以沙代糧，並故意製造聲音，這一場面被對峙的魏軍看在眼裡。裝完沙子後，檀道濟又令宋軍將營中僅有的剩餘糧食撒在裝滿沙子的糧袋上，然後從容撤退。魏軍隨後追擊，發現道旁盡是宋軍散落的糧食，魏軍見狀，認為宋軍撤退必有設伏，不敢貿然行動。檀道濟談笑自若，緩緩撤退。

起初，檀道濟與魏軍展開正面交戰，可謂「以正合」。但兩軍相持不下，宋軍糧草盡絕，所以宋軍唯有火速撤退，可是撤退的消息又被敵人獲悉，真可謂雪上加霜。如果宋軍與魏軍追兵交戰，必然全軍覆沒，而若想撤退，唯有以奇取勝。檀道濟因勢就計，佯裝糧草充足的假象，乘敵人猶豫不決之際，金蟬脫殼，順利撤退。

04
是故善戰者，其勢險，其節短

激水之疾，至於漂石者，勢也；鷙鳥之疾，至於毀折者，節也。是故善戰者，其勢險，其節短。勢如弩，節如發機。

｜ 實戰 ｜

孫子在此段落以激水和鷙鳥（性情凶猛的鳥）為例，論述「勢」

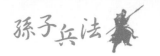
與「節」的特點和優勢，主張在作戰時要善於利用態勢，掌握節奏，抓住稍縱即逝的戰機，以快捷迅猛的態勢擊潰敵人。在戰爭中營造居高臨下的態勢，將使己方的進攻勢不可當；而迅捷的行動將使敵人措手不及。若掌握以上兩種因素，將有利於我軍出其不意地戰勝敵人。

西元 986 年，遼軍大舉攻宋，與宋軍相持於代州城下，代州城知州張齊賢急忙向朝廷求救，但朝廷大軍在趕往代州城的途中，宋太宗又收回成命，大軍只好班師回朝。張齊賢認為遼軍只知宋太宗發兵，而不知其收兵，遂令士卒於代州城西設下少數兵力，又在遼軍退路埋伏精兵二千人。做好準備後，張齊賢再令士兵四處點火，遼軍突見火光滿天，以為大宋援兵已到，於是火速撤退。此時，張齊賢開城率兵出擊，遼軍狼狽逃竄，伏兵藉機斷其後路。最後，遼軍大敗，代州城安然無恙。

代州城知州張齊賢，在大敵圍城、援兵班師的危難之際，臨危不懼，佯裝宋朝大軍前來支援的態勢，誘使遼軍退兵，然後再迅猛出擊，最後以少勝多，扭轉危局。這正是運用《孫子兵法》所言的「勢」與「節」之優勢。

05
亂生於治，怯生於勇

亂生於治，怯生於勇，弱生於強。治亂，數也；勇怯，勢也；強弱，形也。

| 實戰 |

治與亂、勇與怯、強與弱，皆是關係戰爭勝敗的重要因素，同樣不容忽視。孫子將治與亂、勇與怯、強與弱視為可不斷互相變化的條件，戰爭的一切因素皆在不斷的變化之中，因此作戰時必須時時留意戰場形勢，且根據實際情況採取相應措施，把握有利時機，創造制勝條件。

戰國時期，吳國攻打越國，勾踐率軍迎擊，大敗吳軍。吳王闔閭受傷，臨終前命太子夫差侍立床前，令他莫忘殺父之仇。之後，吳王夫差發憤圖強，將國家治理得井井有條。後來，夫差打敗越軍，迫使勾踐臣服。勾踐原想先發制人，結果卻大敗，被圍會稽山。他為了存活，只好派人備上厚禮向吳王夫差求和，吳王答應勾踐的請求，同意原諒勾踐的罪過。會稽山之圍被勾踐認為是奇恥大辱，回到越國後，他臥薪嘗膽、勵精圖治，三年之後，越軍大舉伐吳，吳軍大敗，吳王同樣派人送禮求和。四年之後，勾踐又大舉伐吳，越軍大獲全勝。平定吳國之後，勾踐率軍北渡淮河，使齊、晉兩國歸服，最終成就霸業。

從前後幾次吳越之戰可以看出，沒有永遠強大的國家，也沒有永遠弱小的國家；沒有常勝的將軍，也沒有永遠的敗將。一開始，越王勾踐大敗吳軍，後來吳王夫差發憤圖強，又把勾踐圍困在會稽山，勾踐不忘會稽山之辱，臥薪嘗膽，最終滅掉了吳國。吳、越兩國勝敗的變化，其實反應的正是兩國強弱形勢的轉化，這也說明了孫子的「亂生於治，怯生於勇」。

在三國群雄中，曹操原來的勢力比較弱小。董卓經營隴西多年，官拜并州牧；袁紹家族四世中居三公之位者多達五人，更是權傾天下。而在東漢末年，軍閥混戰之時，曹操還只是一個被通緝的在逃之人。

而後，在眾人的幫助下，他才勉強湊起一支五千人的小隊伍，與擁兵數萬的袁紹、劉岱、橋瑁等人相比，簡直不值一提。

西元 192 年，曹操的命運產生轉機。這一年，他被推舉為兗州太守，在壽張與黃巾賊決戰，最後黃巾賊大敗，士卒等一百餘萬人全部歸順曹操。曹操整編降軍，取其精銳三十餘萬，號為青州兵。之後，曹操實力倍增，甚至躍居群雄前列。從此，他憑藉著這一支軍隊，與群雄逐鹿中原，最終建立魏國。

曹操於亂世中起兵，從一個小逃犯，最終成為魏武帝，其歷程充滿傳奇色彩，這亦充分說明「亂生於治，怯生於勇，弱生於強」的道理。

06
形之，敵必從之

故善動敵者，形之，敵必從之；予之，敵必取之。以利動之，以卒待之。

| 實戰 |

孫子認為，如果可以利用計謀製造假象以迷惑敵人，或使用小利引誘敵人從而影響對方行動，就能創造對自己有利的形勢，進而戰勝敵方。所以，優秀的將帥善於分析敵方心理，利用各種因素影響敵軍行動，破壞敵人的行動計畫，掌握戰爭主導權，最終獲得勝利。

西元前 342 年，魏將龐涓率軍攻打韓國，韓國向齊國求援。第二年，齊威王任命田忌、孫臏率兵援助韓國。孫臏建議田忌不要直接增

援，而是先領兵直取魏國都城。田忌採納此計，率先圍攻魏國都城。魏將龐涓知曉消息後，急忙從韓國調回兵力，魏王令太子申率兵迎戰，與龐涓聯合抗擊齊軍。此時，孫臏利用龐涓輕視齊軍的心理，佯作敗退，並在撤退過程中逐日減少軍中爐灶，造成齊軍士氣低落、官兵大量逃亡的假象。龐涓果然上當，便只率領精銳部隊追擊。而後，齊軍在馬陵夾道設伏，魏軍追至馬陵時，齊軍伏兵殺出。最終，太子申戰死，龐涓自殺，魏軍全軍覆沒。

孫臏在寡不敵眾的情況下，設計誘殲龐涓，而龐涓果然中計，孫臏再設伏兵消滅魏軍。整個過程都在孫臏的意料之中，龐涓好像一直都被孫臏牽著走。孫臏雖不是魏軍的指揮者，但他卻用心理戰術間接指揮魏軍，真可謂用兵如神。

07
擇人而任勢

故善戰者，求之於勢，不責於人，故能擇人而任勢。

｜ 實戰 ｜

孫子認為在戰爭中應創造對我方有利的「勢」，才能確保勝利。而「勢」必須靠人把握和創造，因此選擇適當的將帥便是創造和利用「勢」的關鍵。如果任用不當，不僅不能創造有利的「勢」，更有可能喪失原有的優勢。

歷史上，由於選人不當、用人失策，因而「失勢」的例子不勝枚舉。

西元 221 年，割據一方的馬超、韓遂等人合兵十萬據守潼關，曹操率軍征伐。曹操在潼關與馬超對峙，表面上以大軍牽制馬超，暗中卻派遣精兵悄悄渡過黃河。隨後，曹操主力大軍也順利西渡黃河，向南推進，馬超因而退守渭水。此時，曹操佯裝撤軍，暗中則派人修橋渡過渭河，並且加緊修築營壘。而後，馬超果然率軍乘夜攻營，曹操設伏兵攻擊，導致馬超進退兩難，最終只能向曹操議和。

曹操與馬、韓聯軍會戰之初並不占優勢，但曹操並沒有就此罷兵，而是利用各種計謀創造有利條件，為己方營造有利態勢，待時機成熟時，再全線出擊，大敗馬超。曹操面對不利戰況，「求之於勢」，是一位名副其實的善戰者。

東漢末年，曹操之所以能夠成功崛起，就在於他善於造勢和善於用人。曹操不受董昭之召，從長安東逃，在陳留結識孝廉衛茲。衛茲具有謀略且講究節操，深受曹操看重。曹操曾多次登門拜訪，與之共商天下大事。

衛茲勸說曹操務必及時起兵，並捐獻家財幫助曹操招兵買馬。這時，曹操在譙縣的宗族、賓客、部屬也紛紛前來加盟，其中就有曹仁、曹洪、夏侯惇、夏侯淵等人，後來他們也都成為曹操的心腹將領，跟隨曹操南征北戰，立下赫赫戰功。

08
善戰人之勢，如轉圓石於千仞之山者

任勢者，其戰人也，如轉木石。木石之性，安則靜，

危則動，方則止，圓則行。故善戰人之勢，如轉圓石於千仞之山者，勢也。

｜ 實戰 ｜

西元 1227 年，蒙古成吉思汗病逝，其子窩闊台即位。當時西夏已亡，窩闊台即位後的當務之急便是滅金。在經過一番準備後，窩闊台親率大軍兵分三路伐金。與金軍交戰期間，蒙軍將領拖雷曾請宋朝廷出兵，但未能如願，遂攻下宋朝金州、房州，為滅金大業消除絆腳石。當時，金軍精銳全在前線，後方空虛，拖雷避實擊虛，一路攻破金之泌陽、南陽、方城、襄城等地，金軍與蒙軍在鈞州展開激戰，雙方對峙於雙鋒山。此時，窩闊台率領的大軍以迅雷不及掩耳之勢馳援拖雷，並將金軍重重包圍，金軍好不容易突圍至鈞州，但又在半路遭遇蒙軍伏擊，幾乎全軍覆沒。拖雷的襲金之策雖未能直搗汴京，但已打亂金廷的防禦陣線。防守潼關的金軍倉促赴援，疲於奔命，窩闊台則乘機南下，收降潼關守軍。西元 1234 年，窩闊台率軍聯合南宋圍攻蔡州，金哀宗傳位於完顏承麟，而後，完顏承麟與守城金兵全部戰死，金朝滅亡。

金朝也曾稱霸一時，亦屢次南下攻宋，也曾迫使蒙古臣服。但為什麼在短短幾年內就被蒙古大軍消滅呢？其實，主要原因不在於金國衰弱，而在於後起的蒙古太強大，更何況它還不失時機地利用宋、金之間的矛盾，再聯合南宋為自己造勢，「如轉圓石於千仞之山者」。如此一來，還有金朝的生存之地嗎？

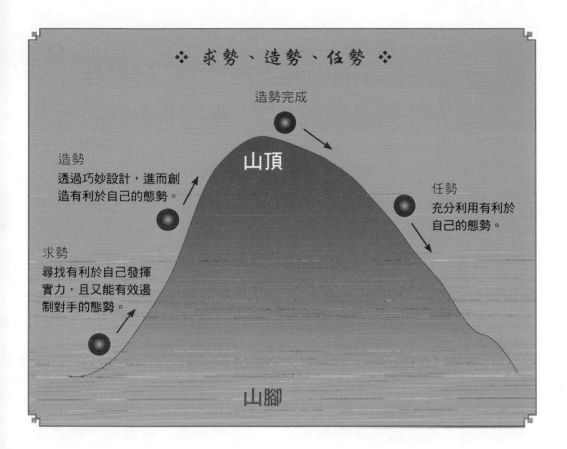

❖ 求勢、造勢、任勢 ❖

造勢完成

山頂

造勢
透過巧妙設計，進而創
造有利於自己的態勢。

任勢
充分利用有利於
自己的態勢。

求勢
尋找有利於自己發揮
實力，且又能有效遏
制對手的態勢。

山腳

第6章

虛 實

孫子曰：凡先處戰地而待敵者佚，後處戰地而趨戰者勞。故善戰者，致人而不致於人。能使敵人自至者，利之也；能使敵人不得至者，害之也。故敵佚能勞之，飽能饑之，安能動之。

出其所不趨，趨其所不意。行千里而不勞者，行於無人之地也。攻而必取者，攻其所不守也；守而必固者，守其所不攻也。故善攻者，敵不知其所守；善守者，敵不知其所攻。微乎微乎，至於無形，神乎神乎，至於無聲，故能為敵之司命。

進而不可禦者，沖其虛也；退而不可追者，速而不可及也。故我欲戰，敵雖高壘深溝，不得不與我戰者，攻其所必救也；我不欲戰，畫地而守之，敵不得與我戰者，乖其所之也。

故形人而我無形，則我專而敵分；我專為一，敵分為十，是以十攻其一也，則我眾而敵寡；能以眾擊寡者，則吾之所與戰者約矣。吾所與戰之地不可知，不可知，則敵所備者多；敵所備者多，則吾所與戰者寡矣。故備前則後寡，備後則前寡；備左則右寡，備右則左寡，無所不備，則無所不寡。寡者，備人者也；眾者，使人備己者也。

故知戰之地，知戰之日，則可千里而會戰。不知戰地，不知戰日，則左不能救右，右不能救左，前不能救後，後不能救前，而況遠者數十里，近者數里乎？以吾度之，越人之兵雖多，亦奚益於勝敗哉？故曰：勝可為也。敵雖眾，可使無鬥。

故策之而知得失之計，作之而知動靜之理，形之而知死生之

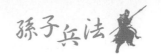
地，角之而知有餘不足之處。故形兵之極，至於無形；無形，則深間不能窺，智者不能謀。因形而錯勝於眾，眾不能知；人皆知我所以勝之形，而莫知吾所以制勝之形。故其戰勝不復，而應形於無窮。

夫兵形象水，水之形，避高而趨下；兵之形，避實而擊虛。水因地而制流，兵因敵而制勝。故兵無常勢，水無常形；能因敵變化而取勝者，謂之神。故五行無常勝，四時無常位；日有短長，月有死生。

➤ 譯文 →

孫子曰：用兵打仗時，凡先占據戰場等待敵人者，就可以從容主動；後抵達戰場倉促應戰者，就只能疲憊被動。所以，善於用兵作戰的人，總是有能力調動敵人，而非被敵人所調動。可以使敵人自動進入我方指定的地域，是因為利誘；使敵人無法抵達其預定地域，則是因為設置重重困難阻撓。所以，若敵人休息，就設法使他們疲勞；若敵人糧食充足，就設法使他們饑餓；若敵人駐紮安穩，就設法使他們移動。

要出擊敵人無法救援之處，要突襲敵人未曾預料之處。行軍千里而不勞累，是因為行進的方向是敵人沒有防備的地方；進攻之所以必定取勝，是因為進攻的方向是敵人不曾防禦的地點；防禦之所以必定穩固，是因為扼守的方向是敵人無力攻取之處。善於進攻者能使敵人不知道該從何處防守；善於防禦者能使敵人不知道該從何處進攻。微妙到使敵人看不出任何跡象，神奇到使敵人聽不見絲毫聲音，所以能夠成為敵人命運的主宰。

進攻且使敵人無法抵禦者，是因為襲擊敵方防守空虛之處；撤退且使敵人無法追擊者，是因為行動迅速而使敵人追趕不及。當我方預備出兵時，因為我方攻擊敵人必須救援的地方，所以敵人即使修築高壘深溝，也不得不出兵與我軍交鋒；當我方只想占據一個地方防守時，因為我軍誘使敵人搞錯進攻的方向，所以敵人無法同我交鋒。

讓敵人暴露行蹤，且我方不露痕跡，那就可以集中我軍兵力且分散敵人兵力。將我軍兵力集中於一處，分散敵人兵力於十處，那就可以十倍於敵人的兵力進攻，形成我眾敵寡的有利形勢。集中優勢兵力攻擊處於劣勢的敵人，那麼能與我軍正面交戰的敵人也就有限了。不能讓敵人知道我方所要進攻的地方，若敵人不知道，那他們就需要防備更多地方，敵人防備的地方愈多，那我方所面對的敵人就愈少。敵人防備了前方，後方的兵力便薄弱；防備了後方，前方的兵力便薄弱；防備了左方，右方的兵力就薄弱；防備了右方，左方的兵力就薄弱。若處處加以防備，那便導致兵力處處薄弱。兵力薄弱，是因為處處分兵防備敵人；兵力充足，是因為迫使敵人處處分兵防備。

若能預知交戰的地點和時間，那就算跋涉千里，也可以前往與敵人會戰；若無法預知地方和時間，那就會導致左翼無法救援右翼，右翼無法救援左翼，前軍無法救援後軍，後軍無法救援前軍，更何況遠達數十里，又怎麼能應付自如呢？依我分析，軍隊數量雖然多，但對於戰爭的勝敗又有什麼幫助呢？所以，勝利是可以努力爭取的。敵軍雖多，也可以使他們無法與我軍較量。

用兵打仗時，必須透過策畫籌算，以分析敵人作戰計畫的優劣和得失；透過挑動敵人，以瞭解敵人的作戰規律；透過佯裝洩漏蹤跡於敵人，以試探敵人生死命脈之所在；透過小規模作戰，以瞭解敵人的

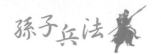

虛實強弱。若能以高超的技巧佯裝洩漏蹤跡於敵人，敵人也看不出形跡。若敵人看不出形跡，那即使是深藏的間諜也無法窺見己方的底細，老謀深算的敵人也想不出對策。若能根據敵情變化而靈活運用戰術並取得勝利，那即便把勝利擺放在眾人面前，眾人也無法看出其中精妙的原因。其他人只知道我軍戰勝敵人的辦法，但卻無從得知我軍如何運用這些方法出奇制勝。因為每一次取得勝利所用的方法，都不是簡單地重複，而是適應不同情況而變化無窮的。

　　用兵規律就像水流一樣，水流的規律是避開高處而流向低處；作戰的規律則是避開敵人主力而攻擊敵人弱點。水因地形高低而決定其流向，作戰則根據不同敵情而決定取勝策略。所以，用兵打仗沒有固定的形態，水的流動也不沒有一成不變的形態。可以根據敵情變化而

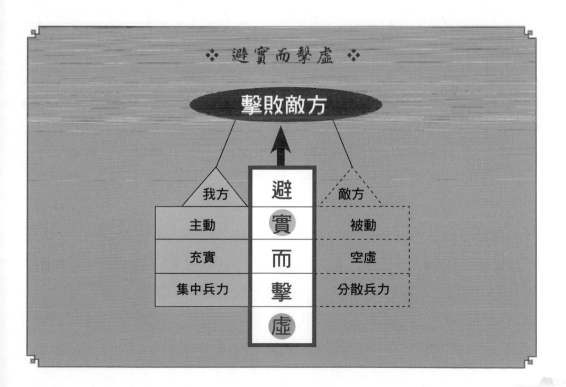

靈活機動取勝者，就可稱為用兵如神。五行相生相剋沒有固定的常勢，四季輪流更替也沒有哪個季節永遠不變，一年之中的白天有長有短，一月之中的月亮有圓有缺。

01
善戰者，致人而不致於人

孫子曰：凡先處戰地而待敵者佚，後處戰地而趨戰者勞。故善戰者，致人而不致於人。

｜ 實戰 ｜

在戰爭之中，誰掌握主導權，誰就容易取得勝利；若誰處於被動位置，那也就離失敗不遠了。因此，孫子在此段落提出爭取戰爭主導權的重要，即「致人而不致於人」，應想辦法使敵人按照我方意願行動，避免己方陷入被動。

西元 1410 年 2 月，明成祖朱棣親率五十萬大軍北伐韃靼，大軍進至興和。當時天氣寒冷，韃靼設計誘使明軍深入，但朱棣不為所動，下令將士休息，待天氣轉暖後再進一步北伐。同年 5 月，朱棣率大軍三千進至臚朐河中游南岸。當時，韃靼兵分兩路，由本雅失里率領一支西逃，阿魯台則率另一支東逃。其實，逃跑只是假象，韃靼兵分兩路的目的仍是想誘明軍深入。但朱棣識破了韃靼的詭計，置東路於不顧，集中兵力向西追殲本雅失里，追至中途時仍未見蹤影，遂留下戰車、糧草等物資，親率二萬輕騎急追本雅失里，終於在斡難河南岸追

上，立即揮師出擊。最後，韃靼軍大敗，本雅失里率數騎僥倖逃脫。朱棣率軍返回臚朐河，乘勝東擊阿魯台。6月初，探馬來報，阿魯台部隱藏在前方山谷中，朱棣遂指揮大軍將其包圍，最後以精騎千餘騎直衝韃靼營地，東路軍頓時潰不成軍，明軍乘勢將其圍殲，阿魯台率家眷北逃。

02
能使敵人自至者，利之也

> 能使敵人自至者，利之也；能使敵人不得至者，害之也。故敵佚能勞之，飽能饑之，安能動之。

| 實戰 |

孫子在此段落提出幾種在戰爭中創造有利條件的方法，但無論採取哪種方法，都是為了掌握戰爭的主導權。如果不想辦法掌握戰爭的主導權，就容易使己方陷入被動，從而處於不利的戰爭態勢。例如，以利益引誘敵人、設置障礙阻撓敵人、使敵人疲勞或饑餓，皆是爭取戰爭主導權的方法。總之，在戰爭中要讓己方處於主動，讓敵人處於被動，才有機會取得勝利。

南宋後期，蒙古高原上的遊牧部落開始崛起，為了兼併其他部落，幾個實力較為強大的部落經常發生戰爭，其中有乃蠻部、鐵木真部等。西元 1204 年，乃蠻部的首領太陽汗準備率兵攻打鐵木真部。當時，鐵木真部的勢力與乃蠻部相比較為弱小，若鐵木真率兵迎戰，根本就不

是太陽汗的對手，因此他採納了部將木華黎所提出的疲敵計：先不與敵人交戰，而是先想辦法使乃蠻部疲憊不堪。

鐵木真乘乃蠻部晚上休息時，命令士兵在其營帳外放火。乃蠻部首領太陽汗正在熟睡之中，部下進帳來報，太陽汗見帳外火光沖天，又聽到一陣驚亂，以為有人劫營，遂命令部眾嚴陣以待。一連數夜，鐵木真都命人在乃蠻部外放火，太陽汗每夜皆無法安寢，士兵也被驚擾得疲憊不堪。不僅如此，鐵木真還命各部將領在乃蠻部落的營地前來回馳騁，太陽汗看到後更不敢掉以輕心，於是加緊調兵備戰。但鐵木真並沒有發動攻勢，而是率部截斷敵人退路。經過連續數天的侵擾，某一天夜裡，乃蠻部全體將士在緊張的一天之後，困乏至極、昏昏入睡，鐵木真見時機成熟，遂率精兵攻入，太陽汗在夢中就迷迷糊糊地被俘獲。乃蠻部群龍無首，軍心大亂，不久之後就被消滅。

乃蠻部實力強大，時時企圖兼併鐵木真部，鐵木真若與其正面作戰，那就很有可能滅亡，於是鐵木真採取疲敵戰術。敵人實力強大，就設法使他疲勞，削弱其戰鬥力。如此一來，鐵木真便將敵人主動的優勢轉化為被動的劣勢，從而為己方贏得戰爭的主導權，這正是「逸能勞之，飽能饑之，安能動之」。

03
出其所不趨，趨其所不意

出其所不趨，趨其所不意。

| 實戰 |

《孫子兵法》中有一個重要思想，那就是「奇」、「正」並用。「出其所不趨，趨其所不意」，也就是一般所說的「攻其無備，出其不意」，這也正是奇、正思想中「奇」的實際運用。若出現於敵人無法救援的地方，就如同戰爭中沒有對手一般，當然每戰必勝；而行動於敵人意想不到之處，也能有同樣的效果。在此種情況之下，不用與敵軍交戰就可以輕而易舉達到自己的目的，這也印證了「不戰而屈人之兵」。

西元 923 年，後唐莊宗李存勗準備攻打後梁，而此時後梁鄆州守將盧順密來降，建議李存勗先攻取鄆州，後唐將領李嗣源也極力贊成先取鄆州。當時，後梁兵力主要集中於西路，對東路沒有戒備，李存勗遂決定派遣李嗣源率精兵五千人攻取鄆州。李嗣源率軍南下直趨鄆州，當部隊抵達楊劉鎮時，驟降大雨，道路泥濘不堪，將士們經過一番急行軍後，身心早已十分疲憊，都不願意再繼續前進。但後唐將領高行周認為這正是天賜良機，南下進攻鄆州必勝無疑，於是命令部隊火速前進。後唐軍在雨夜的掩護下順利渡過黃河，出現在鄆州城下。毫無防備的後梁軍隊看到後唐軍忽然從天而降，頓時大亂，潰不成軍。後唐軍乘勢攻進城內，次日清晨便完全控制了鄆州城。

一場戰爭就是兩軍正面交戰，比較雙方戰鬥力，但在雙方實力相當的情況下，很難判斷誰勝誰負。而「出其所不趨，趨其所不意」的目的就是避免與敵人正面交鋒，或避免與有所準備的敵人交戰，如此一來就避開了雙方的較量，或讓敵方無法發揮其應有的戰鬥力，最後當然勝券在握。而後唐將領高行周正是巧妙利用當時的天氣，出其不意地攻入鄆州城，一舉擊潰鄆州守軍，這正是「出其所不趨，趨其所不意」的巧妙運用。

善攻者，敵不知其所守

　　故善攻者，敵不知其所守；善守者，敵不知其所攻。微乎微乎，至於無形，神乎神乎，至於無聲，故能為敵之司命。

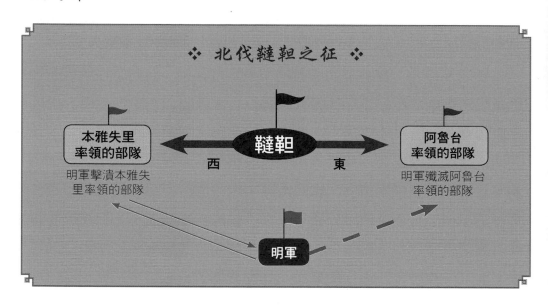

❖ 北伐韃靼之征 ❖

本雅失里率領的部隊
明軍擊潰本雅失里率領的部隊

韃靼

西　　東

阿魯台率領的部隊
明軍殲滅阿魯台率領的部隊

明軍

｜ 實戰 ｜

　　戰爭中的形勢，隨時隨地都有可能發生變化，所以對於雙方來說，應根據戰爭形勢發展採取相應的攻勢或守勢。無論採取哪一種戰略，都應當以達到自己的目的為原則。採取攻勢的目的是擊敗敵人，而它的最高境界是讓敵人不知道該如何防守，這才是善攻者；採取守勢的目的是避免被敵人擊敗，它的最高境界是讓敵人不知道該如何進攻，這才是善守者。

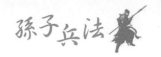
　　西元 1642 年，荷蘭人占領台灣。西元 1661 年 3 月，鄭成功率領兩萬五千人、戰船數百艘準備渡海東征，進占台灣。當時，荷軍只有重兵防守本島西側的鯤鯓島，因為荷蘭人認為南部的鹿耳門，港內航道彎曲，水淺多礁，船隻無法進入，所以沒有設防。鄭成功正是看到了這一點，遂決定以鹿耳門港作為登陸點。雖然在一般情況下，船隻無法進入鹿耳門，但在漲潮時小船卻可以進入，於是鄭成功便出其不意地通過鹿耳門，順利登陸。而後，鄭成功迅速鞏固陣地，充分做好迎戰準備。這時，荷軍才驚慌失措地發現鄭成功已經登陸台灣，於是急忙調動四艘戰艦反撲，但為時已晚，鄭成功集中火力一舉擊沉荷蘭軍艦。最後，荷軍全面投降，鄭成功順利占領台灣。

　　鄭成功不僅渡海作戰，而且島嶼本就易守難攻，若與荷蘭軍隊正面交鋒，不僅無法占領台灣，還有可能損失慘重。所以，鄭成功從敵人幾乎不加防守的鹿耳門入手，出其不意地攻破敵人防線，順利登陸，然後加緊備戰，打了敵人一個措手不及。鄭成功「攻其無備，出其不意」，不愧為一個「善攻者」。

 05
攻其所必救

　　進而不可禦者，沖其虛也；退而不可追者，速而不可及也。故我欲戰，敵雖高壘深溝，不得不與我戰者，攻其所必救也；我不欲戰，畫地而守之，敵不得與我戰者，乖其所之也。

｜ 實 戰 ｜

　　孫子在此段落論述如何於戰爭中牢牢掌握戰與不戰的主導權，這其實仍是前述把握戰爭主控權的延伸。無論進或退，無論戰或不戰，都應掌控於自己手中，讓敵人陷於被動，不得不隨著我們的計畫而行動。攻擊敵人虛弱之處、進攻敵人必救之處、迅速且及時地撤退等等，這些都是掌握戰爭主導權所應遵循的原則。

　　西元前 353 年，魏國攻打趙國，魏王以龐涓為將，率兵八萬伐趙，兵臨趙國首都邯鄲城下，趙國抵擋不住，向齊國求救。齊威王任命田忌為大將，孫臏為軍師，率兵八萬救趙。當時，田忌主張直接進軍邯鄲與魏軍決戰，再配合趙國裡應外合，夾擊魏軍，但孫臏認為不可直接與魏軍交戰，田忌不解。孫臏認為魏國所有精兵強將都已調集至邯鄲城下，國內只剩下老弱病殘，若直接派兵攻打魏國國都大梁，龐涓必然率軍救援，自動撤離邯鄲。屆時，不僅解了邯鄲之圍，還可乘機追擊魏軍救援的疲勞之師。而後，田忌採納孫臏的建議，率軍直撲大梁。龐涓得知消息後，果然心急如焚，立即回師救援。魏軍已長期攻城作戰，此時又長途回奔，人困馬乏，疲勞不堪，在回師途中又遭齊軍伏擊，幾乎全軍覆沒。這就是歷史上著名的「圍魏救趙」。

　　為什麼「圍魏」可以「救趙」呢？因為孫臏「攻其所必救」。試想，對魏國來說究竟是攻下他人的城池重要，還是保住自己的國都重要呢？毋庸置疑，當然是後者。所以龐涓急令回師救援，卻又遭受伏擊，最終幾乎全軍覆沒。孫臏此計近乎完美，可謂登峰造極。

　　曹操曾經是袁紹手下的一名大將，袁紹對曹操既利用又拉攏，為了使他幫自己守住冀州南大門，並利用曹操使己方勢力延伸至黃河以南，他加封曹操為東郡太守。而曹操也巧妙地利用袁紹，他乖巧地接

受袁紹賦予他的職務，成為東郡太守，並將治所從濮陽遷至東武陽，意圖將勢力拓展至兗州、青州。

西元 192 年春天，黑山軍首領于毒率部進兵東武陽，曹操決定立即派兵攻擊于毒的西山本營。眾將不解，東武陽告急，為什麼不馬上救援東武陽呢？曹操解釋：「東武陽和于毒本營，哪一個對他更為重要？」當然是于毒本營更重要。曹操接著說：「他們攻打我們的東武陽，我們攻打他的本營，他必然發兵回救。這樣一來，東武陽之圍不就迎刃而解了嗎？」眾將領皆恍然大悟，於是奮勇向西山進攻，于毒果然回救，東武陽之圍不救自解。

06
形人而我無形，則我專而敵分

故形人而我無形，則我專而敵分；我專為一，敵分為十，是以十攻其一也，則我眾而敵寡；能以眾擊寡者，則吾之所與戰者約矣。

｜ 實戰 ｜

孫子在此段落主張先集中優勢兵力，再殲滅敵人的戰略思想。正面的軍事交鋒，其實較量的就是雙方兵力。作為將帥，應擅長集中兵力，且分散敵人兵力，造成以眾擊寡的態勢，如此一來，敵人就不是我們的對手了。

劉邦攻下咸陽後，項羽開始分封將相為王，劉邦被封為漢王。不

久之後，劉邦統率各路諸侯東伐楚國，雙方相持不下，最後項羽和劉邦約定以鴻溝為界，平分天下。但劉邦並沒有滿足於現狀，在張良、陳平等人的建議下，指揮漢軍向楚軍發動攻勢。西元前 202 年，劉邦採納韓信的計策，調集各路大軍追擊項羽至固陵，一路由固陵向東，將項羽層層圍至垓下。當時，項羽兵少糧盡，處於劣勢，士兵無心應戰突圍，只好築壘固守。入夜，劉邦命人在楚軍四周高唱楚歌，項羽聞之大驚，以為漢軍已攻占楚地，即率八百騎突圍而出。最後漢軍追至烏江，項羽勢單力薄，自刎而死。

　　一代西楚霸王落得無顏面對江東父老，最後自刎而死，造成這個悲慘下場的直接原因是什麼呢？最直接的原因就是，劉邦集中全部兵力圍攻項羽，縱使項羽有再大的本事，也無力回天，更何況項羽正處於兵少糧盡的劣勢呢？所以，劉邦必勝無疑。

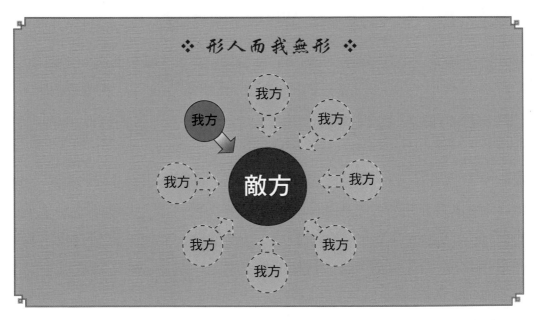

07
無所不備，則無所不寡

故備前則後寡，備後則前寡，備左則右寡，備右則左寡，無所不備，則無所不寡。寡者，備人者也；眾者，使人備己者也。

| 實戰 |

孫子認為在作戰中應使敵人多處防備，藉此分散敵人兵力，相對地也可以擴大己方兵力。若能分散敵人兵力，那即使我方兵力不變，也同樣可以形成敵寡我眾的有利態勢。

蒙古曾被迫向金稱臣，備受金朝壓制，結怨甚深。後來，蒙古逐漸壯大，成吉思汗時期，蒙古已具備相當實力，不再甘於受金國壓迫，但仍無法與金正面決戰。所以，蒙古表面上對金臣服，暗地裡則積極準備對金作戰。隨著蒙古日益強大，金朝亦逐步加強北部邊境防禦，修築堡寨，派兵戍守，金朝處處備邊，以為可以阻止蒙古大軍南下。

金朝邊境守將曾上書金帝完顏永濟，請求集中邊境兵力，以備蒙古來犯，卻被金帝囚禁。如此一來，整個北部邊疆仍然兵力散布、處處設防，既無防禦重點，又沒有彈性兵力可供運用。西元1211年2月，成吉思汗知曉金朝邊防部署不嚴的情況後，率十萬人馬南下。同年7月，蒙軍以眾擊寡，勢如破竹，直逼中都城下，金軍防不勝防，迅速潰敗。

金國曾經稱霸一時，南下攻宋，壓制蒙古，但最終卻是曾向它臣服的蒙古人滅掉了它。究其原因，除了金國日漸衰落和蒙古日益強大

外，其直接原因在於金國防守兵力分散，而蒙古大軍則集中兵力進攻，所以蒙古大軍勢如破竹，金國的悲慘命運也就在可預料之中了。

08
知戰之地，知戰之日，則可千里而會戰

故知戰之地，知戰之日，則可千里而會戰。不知戰地，不知戰日，則左不能救右，右不能救左，前不能救後，後不能救前，而況遠者數十里，近者數里乎？……故曰：勝可為也。敵雖眾，可使無鬥。

｜ 實 戰 ｜

戰爭取勝的因素取決於主觀和客觀兩方面，客觀條件不容易改變，只能想方設法地利用。而主觀條件則可以創造，例如，優秀的將帥可以根據戰爭所面臨的形勢，分析敵我雙方情況，預知交戰時間和地點，並掌握應在何時何地交戰才能掌握主導權，從而獲得勝利。因此，勝敗並不是天定，而是可以人為爭取。

第一次鴉片戰爭後，英國為了掌控更多利益，乘清廷衰落之際，又挑起英法聯軍之役，與法國組成英法聯軍，進犯天津，企圖使清廷再次與之簽訂新約。清軍在大沽口炮台設防，英法聯軍分前後兩路抵達天津白河口處。英法聯軍得知大沽口炮台設有重防，於是首先占領攔砂江，使炮台難以發揮火力。5月19日，八艘艦艇闖入攔砂江，聲稱「各國會晤」，攔砂江守軍並不阻攔，英法聯軍不費一槍一彈就順利占據攔砂江，然後迅速集結進攻兵力。5月28日，英法聯軍向清軍

下最後通牒，要求清軍兩小時之內退出岸上各炮台，否則開戰。而後，英法聯軍向清軍開炮，清軍的南北炮台同時還擊，但清軍大炮多陳舊不堪，而英法聯軍則船堅炮利。而後，北炮台失守，清守將陣亡，聯軍相繼攻占北炮台和南炮台。最後，清政府被迫與英、法、美、俄四國公使簽訂《天津條約》。

　　清朝衰落是一個歷史趨勢，是無法改變的歷史事實，但幾次戰爭的失敗，的確有些可惜。歷史趨勢和歷史事實是無法改變的，英法聯軍的船堅炮利也是無法改變的，但清軍的防守與抵禦難道也無法改變嗎？當英法聯軍闖入攔砂江時，清軍還以為是「各國會晤」，沒有一絲戒備。既「不知戰地」，亦「不知戰日」，而且後備援軍也「後不能救前」，未救而逃。

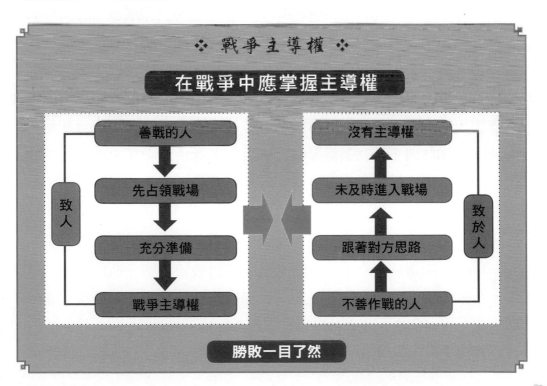

09
策之而知得失之計

故策之而知得失之計，作之而知動靜之理，形之而知死生之地，角之而知有餘不足之處。

| 實戰 |

孫子主張以「策之」、「作之」、「形之」、「角之」等手段探悉敵情，透過分析敵人的作戰計畫，避實擊虛；透過瞭解敵人的作戰規律，制定相應的作戰策略；透過與敵人小規模交鋒，探知敵人兵力虛實。運用這些手段探悉敵情、瞭解敵人，從而「百戰不殆」。

西元 573 年，南陳大將吳明徹進攻北齊，率軍進逼壽陽，北齊遂命王琳前去防守壽陽。吳明徹得知此消息後，連夜率兵攻打壽陽，經過一番激戰，吳明徹攻破壽陽外城，王琳只好退守內城。為解壽陽城之圍，王琳火速遣使向齊朝廷求援。於是，齊帝又派皮景和率十萬大軍救援，但皮景和卻在距離壽陽城三十里的地方，命大軍安營紮寨。南陳軍得知此情，都認為壽陽城還未攻下，北齊的救援大軍又已開到城下，眾將皆不知所措。吳明徹卻認為：救兵如救火，而北齊大軍即將兵臨城下，卻在離城不遠的地方結營不前，顯然是不敢迎戰，所以沒什麼可怕的。而且吳明徹還據此料定，壽陽城必定陷落無疑。第二天一早，吳明徹便命令士兵吃飽喝足，親自披掛上陣。他親自在場督戰，命令士兵四面攻城，全體將士大受鼓舞，拼死攻城。最後，壽陽城陷落，王琳被擒，皮景和得知壽陽城失陷後，慌忙逃走。

南陳攻打北齊壽陽城，壽陽城被圍困，北齊遂調兵增援，南朝大

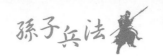

軍面臨危機，將士們不知所措，但南陳大將吳明徹「策之而知得失之計」，仔細分析敵情，察覺敵人意圖，果斷採取應變措施，加緊進攻態勢，最終順利攻下壽陽城。

10
其戰勝不復，而應形於無窮

　　故形兵之極，至於無形；無形，則深間不能窺，智者不能謀。因形而錯勝於眾，眾不能知；人皆知我所以勝之形，而莫知吾所以制勝之形。故其戰勝不復，而應形於無窮。

| 實戰 |

　　漢景帝時，匈奴騎兵入侵上郡，上郡太守李廣率百餘名騎兵迎戰敵軍。匈奴見李廣手下士兵只有百餘騎，以為是對方設計引誘，於是擺開陣勢迎戰。李廣部下見匈奴來勢洶洶，非常害怕，紛紛企圖逃亡。李廣卻警告部下：「現在敵眾我寡，且我們遠離主力大軍，如果逃跑，匈奴必定追趕，到那時沒有一個人能跑掉；如果現在我們不走，匈奴反而以為是誘兵，不敢輕易進攻。」於是，李廣不但不撤退，反而步步逼近匈奴，還讓士兵在陣前解鞍，下馬休息。匈奴派出探馬觀察情況，李廣果斷引弓搭箭射死探子，然後又回到原地休息。兩軍就這樣僵持到黃昏，匈奴一直不敢發動攻勢，半夜時分，匈奴軍擔心漢朝大軍偷襲營帳，匆忙撤退，李廣終於率部平安返回大營。

李廣面對匈奴大敵，處變不驚，令百餘名將士冒險迎敵，造成「誘敵深入的錯覺」。當匈奴派出探馬探悉敵情時，他亦果斷射死探馬，更使匈奴大軍堅信漢軍主力在後，不敢輕易出擊，最後竟匆忙撤退。這就是孫子所言的「形兵之極，至於無形」。

11
兵之形，避實而擊虛

夫兵形象水，水之形，避高而趨下；兵之形，避實而擊虛。水因地而制流，兵因敵而制勝。故兵無常勢，水無常形；能因敵變化而取勝者，謂之神。

｜ 實戰 ｜

西元 684 年 9 月，唐朝將領徐敬業據徐州起兵。10 月，武則天令李孝逸、魏元忠率兵征討。當時，徐敬業駐兵屯守下阿溪，而讓其弟徐敬猷進逼淮陰。魏元忠向李孝逸獻計，先率輕騎兵進攻淮陰，但諸將認為應當先攻下徐敬業，若先進攻淮陰，徐敬業必定前去救援，那時己方恐腹背受敵，難有勝算。魏元忠則認為，徐敬業大軍的精兵良將皆駐紮於下阿溪，若先進攻徐敬業，將難以取勝，到時大勢已去，必難挽回；而徐敬猷不懂兵法，兵力薄弱，己方一定能馬上攻破，徐敬業想救援也來不及，攻下淮陰後再乘勝進攻徐敬業，必能獲勝。最終，李孝逸聽從魏元忠的「避實而擊虛」，果然攻下淮陰，打敗徐敬業。

「兵無常勢，水無常形」，作戰不必拘泥於常規。魏元忠分析徐敬業的具體軍事形勢，採取「避實而擊虛」的戰術，「因敵而制勝」。

❖ 致敵重在出其不意 ❖

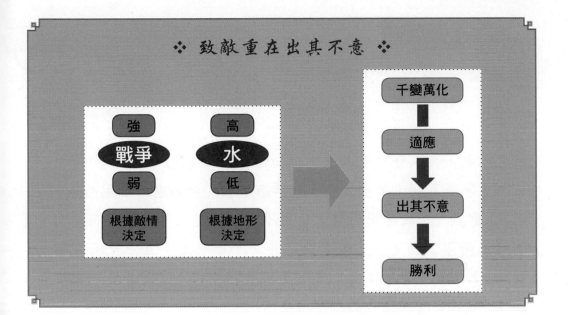

第7章

軍爭

孫子曰：凡用兵之法，將受命於君，合軍聚眾，交和而舍，莫難於軍爭。軍爭之難者，以迂為直，以患為利。故迂其途，而誘之以利，後人發，先人至，此知迂直之計者也。

故軍爭為利，軍爭為危。舉軍而爭利，則不及；委軍而爭利，則輜重捐。是故卷甲而趨，日夜不處，倍道兼行，百里而爭利，則擒三將軍，勁者先，疲者後，其法十一而至；五十里而爭利，則蹶上將軍，其法半至；三十里而爭利，則三分之二至。是故軍無輜重則亡，無糧食則亡，無委積則亡。

故不知諸侯之謀者，不能豫交，不知山林、險阻、沮澤之形者，不能行軍，不用鄉導者，不能得地利；故兵以詐立，以利動，以分合為變者也；故其疾如風，其徐如林，侵掠如火，不動如山，難知如陰，動如雷震；掠鄉分眾，廓地分利，懸權而動。先知迂直之計者勝，此軍爭之法也。

《軍政》曰：「言不相聞，故為金鼓；視不相見，故為旌旗。」夫金鼓旌旗者，所以一人之耳目也；人既專一，則勇者不得獨進，怯者不得獨退，此用眾之法也。故夜戰多火鼓，晝戰多旌旗，所以變人之耳目也。

故三軍可奪氣，將軍可奪心。是故朝氣銳，晝氣惰，暮氣歸。故善用兵者，避其銳氣，擊其惰歸，此治氣者也。以治待亂，以靜待嘩，此治心者也。以近待遠，以佚待勞，以飽待饑，此治力者也。無邀正正之旗，勿擊堂堂之陳，此治變者也。

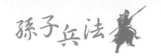

故用兵之法，高陵勿向，背丘勿逆，佯北勿從，銳卒勿攻，餌兵勿食，歸師勿遏，圍師必闕，窮寇勿迫。此用兵之法也。

➤ 譯文 ➤

孫子曰：將帥接受君主命令，從徵集士兵、編成軍隊，到與敵人對陣，最困難的就是爭奪制勝條件。而爭奪制勝條件中，最困難的在於將迂迴的彎路轉變為直路，將不利條件轉化為有利條件。同時，還要使敵人的近直之利轉變為遠迂之患，並用小利引誘敵人，從而使我方比敵人後出發，但卻可以先抵達必爭之地。這便是以迂為直的方法。

軍爭既有有利的一面，也有有害的一面。如果全軍攜帶所有的輜重去爭奪先機之利，就無法按時抵達預定地域；如果丟下部分輜重去爭利，就會損失輜重裝備。如果讓士兵帶著盔甲疾進，日夜兼程，行走百里路去爭利，那三軍將領就可能被敵所俘，健壯的士卒先抵達，疲弱的士卒落後隊伍，這種方法只會有十分之一的兵力到位；若行走五十里去爭利，就會損折前軍主帥，只有一半的兵力到位；若行走三十里去爭利，只有三分之二的兵力能趕到。而且，軍隊沒有輜重就會失敗，沒有糧食就無法生存，沒有物資就難以為繼。

若不瞭解其他諸侯的戰略意圖，便無法與其結交；若不熟悉山林、險阻、沼澤的地形，便無法行軍；若不利用當地嚮導，便無法掌握地利。所以，用兵打仗必須依靠詭詐多變取勝，依據是否有利決定行動，依照分散或集中兵力變換戰術。軍隊行動迅速時，就像疾風一樣迅速；行動舒緩時，就像林木一樣森然不亂；攻擊敵人時像烈火；實施防禦時像山岳；難以揣測時如同濃雲遮蔽日月；衝鋒時如迅雷不及掩耳。分遣兵眾，以擄掠敵方城邑；分兵扼守要地，以擴展己方領土。權衡

利害關係，然後見機行動，懂得以迂為直者就能獲勝，這就是爭奪制勝條件的原則。

《軍政》說：「作戰時，士兵聽不到語言指揮，所以設置金鼓；士兵看不見動作指揮，所以設置旌旗。」金鼓和旌旗是用以統一軍隊上下行動的利器。若全軍上下一致，那勇敢的士兵就不會單獨冒進，怯懦的士兵也不敢單獨後退，這就是指揮部隊作戰的方法。所以，夜間作戰多用火把和鑼鼓，白天作戰多用旌旗，這都是出於士卒的需要。

可以奪取三軍將士的銳氣，可以動搖敵軍將帥的決心。因為軍隊早上投入戰鬥時，士氣飽滿，中午士氣便逐漸懈怠，晚上士氣則完全衰竭。所以，善於用兵者總是避開敵人初來時的銳氣，待敵人士氣懈怠衰竭時再去攻打他們，這就是掌握軍隊士氣的作戰方法。以嚴整對付敵人的混亂，以鎮靜對付敵人的輕躁，這就是掌握敵方心理的作戰手段。以接近己方部隊的戰場對付遠道而來的敵人，以安逸休整對付疲於奔命的敵人，以糧餉充足對付饑餓不堪的敵人，這就是掌握軍隊戰鬥力的用兵方法。不要攔擊旗幟整齊的敵人，不要進攻陣容雄壯的敵人，這就是掌握靈活機動的用兵方法。

所以，用兵的法則是：不要仰攻占領高山的敵人，不要正面迎擊背靠險阻的敵人。敵人假裝敗退時，不要輕易跟蹤追擊。不要進攻敵人的精銳部隊，不要企圖消滅敵人的誘兵，不要阻止退回本國的敵軍。包圍敵人時，一定要留出缺口，不要過分逼迫陷入絕境的敵人。

賞析

本篇講述如何爭奪制勝的有利條件，使己方掌握作戰主控權。首先，孫子認為必須瞭解各諸侯的動向，熟悉地形，使用嚮導，以利己

方掌握情況；其次，軍隊必須行動統一，步調一致，「其疾如風，其徐如林，侵掠如火，不動如山，難知如陰，動如雷震」，「勇者不得獨進，怯者不得獨退」；第三，將領必須指揮正確，機動靈活，「避其銳氣，擊其惰歸」。唯有做到以上幾點，才能在戰爭中處於有利位置。

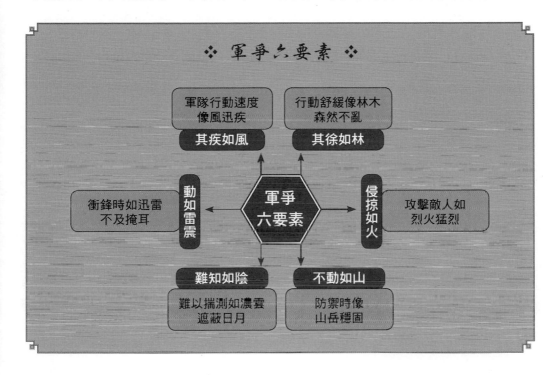

❖ 軍爭六要素 ❖

軍隊行動速度像風迅疾	行動舒緩像林木森然不亂
其疾如風	**其徐如林**

動如雷震　　衝鋒時如迅雷不及掩耳

軍爭六要素

侵掠如火　　攻擊敵人如烈火猛烈

難知如陰	**不動如山**
難以揣測如濃雲遮蔽日月	防禦時像山岳穩固

01
後人發，先人至

　　孫子曰：凡用兵之法，將受命於君，合軍聚眾，交和而舍，莫難於軍爭。軍爭之難者，以迂為直，以患為利。故迂其途，而誘之以利，後人發，先人至，此知迂直之計者也。

| 實 戰 |

戰爭中要創造對自己有利的軍事條件，占領有利地勢，把握有利戰機。若己方處於不利態勢，就要想辦法將其轉化為有利態勢；若敵人處於有利態勢，就要想辦法將其轉化為不利態勢。掌握以上原則，就可以「後發先至」。

西元前 270 年，秦國大軍往中原進攻，包圍了趙國戰略要地，雙方相持不下。廉頗、樂乘皆認為已無法挽救，但趙王依然命趙奢為主將，率領大軍前往救援。

趙奢率軍在離邯鄲三十里處駐紮，而且下令將士不得輕易與秦軍交戰，違令者立即處死。而後，無論秦軍如何叫戰，趙國將士皆堅守不出。過了一月有餘，趙軍又加築了一道防禦工事。此時，秦國派人刺探軍情，趙奢將來者奉為上賓，盛情款待。秦將見趙奢駐軍不前，只是不斷增加防守，沒有絲毫要救援之意，於是便放鬆了戒備。趙奢見時機成熟，立即下令全體將士連夜兼程，巧妙穿越秦軍營地，迅速前往救援。然後又命善射士兵在城外待命伏擊，待秦軍一到，趙軍內外夾攻，秦軍頓時人仰馬翻，傷亡慘重。

趙國戰略要地被秦軍圍攻，趙國大將趙奢率兵前去解圍，但敵強我弱，若直接與秦軍交戰，恐怕難以取勝。於是趙奢採取「以迂為直」之計，安營紮寨，拒不出戰。

秦將認為趙軍不敢言戰，於是便放鬆戒備，結果給了趙軍可乘之機。趙軍能戰而不戰，看似繞了遠路，其實是為自己創造有利戰機，待時機成熟後再一舉殲滅敵人。

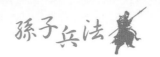

02
軍爭為利，軍爭為危

故軍爭為利，軍爭為危。舉軍而爭利，則不及；委軍而爭利，則輜重捐。

｜ 實戰 ｜

東漢末年，曹操為樹立自己的勢力，「挾天子以令諸侯」，四處征討。西元 208 年，為了爭奪軍事要地江陵，曹操率精兵五千人追趕劉備。為了早日追上劉備，搶先奪下江陵，他的輕騎一天一夜狂奔 300 多里。諸葛亮認為：「曹操的做法犯了兵法大忌，縱使追上劉備，也不過是『強弩之末，力不能入魯縞！』」於是勸說孫權統兵數萬，與劉備協調作戰，必然能一舉打敗曹軍。

孫權遂聽從此計，派遣周瑜率水軍三萬，隨諸葛亮與劉備會合，合力抵抗曹操。曹操大軍連日奔波，果然疲憊不堪，孫劉聯軍採取「火攻」之計，最終大敗曹操於赤壁。

赤壁之戰過後，曹軍退守襄陽，曹、孫、劉三分荊州，奠定東漢末年三國鼎立之勢。

曹操為了爭奪江陵之利，日夜狂奔，追趕劉備，卻被孫劉聯軍大敗於赤壁。曹操應該明白「軍爭為利，軍爭為危」，但卻被眼前小利沖昏腦袋，不顧疲勞地日夜狂奔，結果還未追上劉備就已成了強弩之末。再加上魏軍不習慣水戰，最終只能落得個兵敗赤壁的狼狽下場。

03
軍無輜重則亡，無糧食則亡，無委積則亡

是故軍無輜重則亡，無糧食則亡，無委積則亡。

｜ 實戰 ｜

　　戰爭中最重要的軍需物資是糧食，其次就是輜重等提供後勤補給、後送、保養的必要人員、裝備、車輛。士兵離開糧食就無法生存；士兵離開輜重就無法作戰；離開其他物資，戰爭同樣難以為繼。因此，歷代兵家除了注重基本的兵法謀略之外，也同樣重視戰爭的後方供應。若能截斷敵人的後方供應，同樣能使敵人不戰而敗。

　　西元前 154 年，漢代周亞夫奉命平定吳、楚七國之亂。當時，以吳王劉濞為首的叛軍兵多糧足，正準備發兵西進，攻打都城長安。周亞夫並沒有正面迎戰，而是採納部將趙涉的建議，避開敵人主力，過藍田，出武關，然後抵達洛陽，控制洛陽武庫，最後占據滎陽。之後，他又派趙涉進軍昌邑，截斷吳、楚與齊、趙的聯繫。此時，吳、楚叛軍進攻梁國，梁王向周亞夫求援。但周亞夫並沒有出兵，只是請梁王堅守，吸引叛軍主力，梁王求援不能，只好拼死守城。最後，在漢景帝再三催促下，周亞夫才派出一支輕騎兵切斷叛軍的運糧通道，主力則與叛軍決戰。叛軍攻梁不克，轉而打算攻擊漢軍的主力大軍。但此時的叛軍已人困馬乏，糧草將盡，根本就不是漢軍的對手，只好被迫東撤。周亞夫乘機追殺，大破吳、楚叛軍。

　　「軍無輜重則亡」，這是顯而易見的。面對蓄謀已久的吳、楚七國之亂，周亞夫雖手握漢朝大軍，卻不輕易與敵人交戰，而是利用梁王

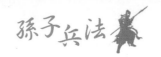
吸引吳、楚聯軍主力，自己則乘機切斷敵軍糧道。在對方糧草斷絕、饑疲不堪時，才發兵出擊，最後大獲全勝。周亞夫能戰而不戰，以極小的消耗獲得最大的勝利，不愧為一代名將。

04

兵以詐立，以利動

故兵以詐立，以利動，以分合為變者也。

｜ 實戰 ｜

「兵以詐立」是《孫子兵法》中的重要觀念，孫子認為若想爭取勝利，就要善於利用各種計謀，以虛虛實實、真真假假的戰術迷惑敵人，使敵人難以瞭解我方的真實想法，從而集中或分散兵力，以爭取戰爭最大的勝利。

東漢光武帝建武年間，公孫述割據蜀地，稱霸一方，威脅漢朝統治。西元 36 年，漢光武帝命吳漢率軍三萬入蜀討伐公孫述。吳漢與副將劉尚在成都城外分兵駐紮，以待有利時機攻打公孫述。公孫述見漢軍分別駐紮於錦江兩岸，不易會合，便決定逐個消滅。他先派謝豐、袁吉率十餘萬人馬進攻吳漢大營，另派萬餘人牽制劉尚，使之不能相救。吳漢這時才意識到分兵的不利，即使隔江駐兵也無法互相支援。於是，吳漢決定集中兵力，一邊部署疑兵迷惑蜀軍，使蜀軍不知其動向；一邊藉夜幕掩護，將主力部隊悄悄轉移至江南與劉尚會合。蜀軍對漢軍的情況全然不知，第二天，謝豐仍按預定計畫進攻劉尚，漢軍卻派出全部主力

迎戰，蜀軍頓時大敗，謝豐、袁吉戰死。公孫述見狀，急忙親率精兵進攻漢軍，激戰半日後，蜀軍饑疲不堪，漢軍又以預伏精兵反擊，最後蜀軍大亂，公孫述戰死，其部眾投降。

漢將吳漢率大軍討伐公孫述，卻因兵分兩岸，使得公孫述有機可乘，幸虧他及時醒悟，迅速調集所有軍隊，導致蜀軍大敗。

政治險惡，從政者不得不想盡一切辦法自保。而其中最行之有效的辦法莫過於「以詐立，以利動」。

三國時代，曹氏後代曹芳繼位，是為魏明帝。曹爽和大臣司馬懿乘機執掌朝政，曹爽聽從手下謀士建議，將司馬懿升為太傅，藉機剝奪司馬懿的兵權。不久之後，司馬懿的兒子司馬師和司馬昭也被奪取實權。自此，曹爽的家族和親信便完全控制了魏國軍政大權。司馬懿見形勢不利於己，只好稱病在家。

而曹爽雖已剝奪司馬懿實權，但依然不放心，於是便藉李勝調任青州刺史之際，讓李勝向司馬懿辭行，藉此探聽虛實。司馬懿知道這是曹爽的詭計，便命兩個兒子退下，只留一侍女在旁。司馬懿更褪去帽子，散開頭髮，坐在床上裝病。李勝拜見過後，說明來由，司馬懿裝聾作啞，故意打岔。侍女悄悄告訴李勝：「太傅已病得耳聾了。」李勝聽其言語，見其情形，以為司馬懿真的病重，於是將司馬懿的情況報告曹爽，曹爽這才放心，從此不再防範司馬懿。不久之後，曹爽陪同魏明帝拜謁先祖。司馬懿立即召集昔日部下，率領家將乘機占領魏國兵器庫，並且威脅太后，又殺掉曹爽及其黨羽，重新控制魏國軍政大權。

司馬懿是歷史上有名的老奸巨猾之徒，他在失勢之後，謊稱重病，使曹爽放鬆警惕，然後再待機發動政變，重新掌握魏國大權，可謂「以詐立，以利動」。

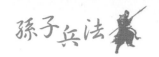

05
先知迂直之計者勝

故其疾如風，其涂如林，侵掠如火，不動如山，難知如陰，動如雷震；掠鄉分眾，廓地分利，懸權而動。先知迂直之計者勝，此軍爭之法也。

| 實戰 |

孫子在此段落強調用兵的數種態勢，但無論採取哪一種態勢，都應分析形勢，權衡利弊，然後再果斷採取行動，以迂為直，以退為進，從而牢牢把握戰爭主導權。

西元 1641 年，皇太極出兵圍困錦州，明朝總督洪承疇親率十三萬人馬馳援。洪承疇見清軍來勢兇猛，遂採取穩攻急救、步步為營的作戰方針。皇太極得知洪承疇增援錦州的消息後，馬上率軍南下。因為皇太極認為若按原計畫攻打錦州，勢必腹背受敵，陷於被動，於是「圍錦打援」，除了留下少數部隊牽制錦州城內的明軍外，其餘部隊全部集中進攻洪承疇的援軍。明朝援軍雖人數眾多，但兵力分散，而且其糧草本營的守備並不多，所以皇太極首先派精兵攻打明軍糧草本營，切斷其糧道，動搖其軍心。明軍糧草本營被攻破後，援軍軍心動搖，洪承疇料定難以堅守，便決定火速撤退，不料又遭清軍伏擊，陣腳大亂，最後除少數人突圍外，幾乎全軍覆沒。

皇太極的最終目的是攻打錦州，但他卻採取「以迂為直」的計策，時時把握戰爭主導權，一舉擊敗明朝援軍。在消滅援軍之後，錦州城也就不在話下了。

06
三軍可奪氣，將軍可奪心

故三軍可奪氣，將軍可奪心。

｜ 實戰 ｜

　　戰爭中的軍隊實力，有一半是由士氣構成，對古代戰爭來說尤其如此。如果部隊軍心潰散，即使武器再精良，也無法發揮相應的戰鬥力。所以，孫子強調應善於利用各種心理攻勢對敵人施加壓力，瓦解其士氣，動搖其軍心，先從心理上打敗它，使其喪失戰鬥力。

　　西元前202年11月，劉邦與韓信、彭越、英布等人將項羽及其部下層層圍困至垓下。當時，楚軍雖然兵少糧盡，處於劣勢，但項羽所部大多是勇猛之士，強悍善戰。為了瓦解楚軍軍心、動搖其意志，韓信建議劉邦每到晚上就在篝火旁高唱楚歌。項羽聽到四面漢營之中唱的都是楚歌，以為漢軍已占領楚國全境，楚人也都投降劉邦，十分吃驚，不禁悲壯高歌。而楚軍屢戰不勝，軍糧將盡，士氣銳減，項羽不想坐以待斃，便率領八百餘名騎兵乘夜向南突圍。劉邦立即命將領灌嬰率五千騎兵追至東城，再次包圍項羽。項羽見大勢已去，身邊僅餘二十八名部下，屬下勸其東渡烏江，項羽卻無顏面見江東父老，最終在江邊自刎而死。

　　項羽本人力能拔山，而其所部也勇猛善戰。雖然劉邦大軍已將其層層圍至垓下，但若依項羽本人個性，仍然會負隅頑抗，於是韓信讓漢軍四面唱起楚歌。項羽聽到歌聲後，大為吃驚，遂絕望悲歌，以至信心受挫、意志瓦解，最終自刎於烏江。若韓信不施此計，項羽將拼死抵抗，甚至還有可能東山再起。到那時，天下還說不定是誰的呢！

三國時期，蜀國南方發生叛亂，蜀相諸葛亮率兵親征。參軍馬謖為之獻策：「南方地勢險要偏遠，以武力征服並非長久之計。況且以後若南方得知丞相舉兵北伐曹魏，便會乘兵力空虛，加緊叛亂。若以武力趕盡殺絕，又非仁者之情。因此，此次用兵應以攻心為上。」諸葛亮遂採納此建議。叛軍首領孟獲是少數民族首領，在南方有其威信和影響力。諸葛亮為解決與西南少數民族的關係，消除南方叛亂根源，決定對孟獲採用「攻心」戰術，下令全軍只能生擒孟獲，而不得傷害他。

經過一番交戰後，孟獲果然中計被擒，但諸葛亮不殺不辱，又順勢將他放了，孟獲回營後，繼續與蜀軍對戰。諸葛亮乘其不備，襲擊孟獲糧倉，再度擒到了孟獲，但諸葛亮又將他放了。就這樣一連七次，擒獲孟獲，又先後釋放。直到最後一次，諸葛亮第七次擒獲孟獲，當諸葛亮又將他放走時，孟獲認為諸葛亮智謀超群，又無心與南方為敵，於是便心悅誠服地率眾投降了。從此之後，蜀國西南安定，諸葛亮北伐再無後顧之憂。

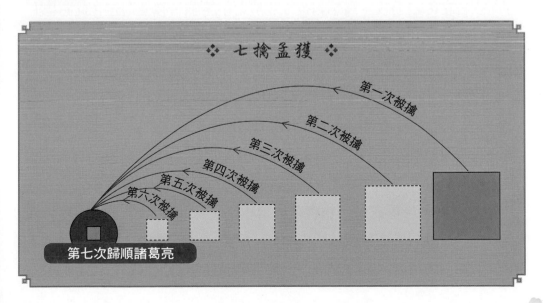

07
善用兵者，避其銳氣，擊其惰歸，此治氣者也

是故朝氣銳，晝氣惰，暮氣歸。故善用兵者，避其銳氣，擊其惰歸，此治氣者也。

｜ 實戰 ｜

既然士氣是一支軍隊精神和意志的象徵，那旺盛的士氣更是提高軍隊戰鬥力的重要因素。避開士氣旺盛的敵人，再與士氣低落的敵方用兵作戰，同樣會使己方處於有利戰勢。因此，孫子提出「避其銳氣，擊其惰歸」的戰術。

西元前 684 年，齊國進犯魯國，兩軍在長勺相遇。齊軍勢力強大，而魯軍兵少力弱。當齊軍擊鼓前進時，魯莊公也命人擊鼓迎戰。這時，謀士曹劌急忙勸阻，命魯軍按兵不動，直到齊軍第三次擊鼓前進，曹劌才允許魯軍擊鼓進攻。沒想到齊軍竟然力不勝戰，戰敗退走。此時魯莊公想乘勝追擊，曹劌再次阻止他，直到確認齊軍不是偽裝敗退，才建議魯莊公下令追擊，結果魯軍大獲全勝。

戰後，魯莊公向曹劌請教獲勝的原因。曹劌說：「齊軍第一次擊鼓時，士氣最為旺盛，我軍不宜出戰。待擊鼓至第三次時，士氣已衰落，這時我軍便能輕鬆取勝。而齊軍撤退時車轍混亂、旗幟倒塌，確實是因為失敗而撤軍，並非佯裝，此時全線追擊，定能大獲全勝。」

若魯軍與齊軍在長勺相會時，魯軍馬上與齊軍對戰，恐怕無法輕易取勝。曹劌洞悉擂擊戰鼓「再而衰，三而竭」的戰機，「避其銳氣，擊其惰歸」，待敵人三次擊鼓、士氣低落時才出擊，最終大獲全勝。

08
以治待亂，以靜待嘩

以治待亂，以靜待嘩，此治心者也。以近待遠，以佚待勞，以飽待饑，此治力者也。無邀正正之旗，勿擊堂堂之陳，此治變者也。

｜ 實戰 ｜

東漢末年，軍閥割據，中原經常處於混戰狀態。當時，袁氏兄弟占據河北，遼東太守公孫康偏安一隅。公孫康心知一旦中原混戰結束，袁紹就會轉而北向，吞併遼東，因此對袁氏久存戒心。官渡之戰，袁紹兵敗，曹操占據了冀、青、幽、并四州。袁氏兄弟逃往遼東依附公孫康，公孫康出於局勢考慮，留下袁氏兄弟。

西元 207 年，曹操攻下烏丸，有人勸曹操進攻遼東，一舉消滅袁氏兄弟，但曹操卻自信滿滿地認為公孫康一定會把二袁的人頭送來，並沒有打算攻打遼東。而公孫康正擔心曹操會以袁氏兄弟落腳遼東為藉口，大舉興師討伐，於是他馬上想到，若除掉二袁不僅可除心頭大患，還可討好曹操。果然不出幾天，公孫康便呈上二袁的首級。曹操不費一兵一卒便消滅二袁、安定遼東。

為什麼曹操能輕而易舉地完成此兩件大事呢？

正因為他巧妙利用二袁與公孫康之間的微妙關係，「以靜待嘩」。若他輕易進攻遼東，公孫康與二袁勢必合力抵抗，而曹操必將成為強弩之末，勝敗難料。

窮寇勿迫，此用兵之法也

　　故用兵之法，高陵勿向，背丘勿逆，佯北勿從，銳卒勿攻，餌兵勿食，歸師勿遏，圍師必闕，窮寇勿迫。此用兵之法也。

｜ 實戰 ｜

　　西元 547 年，東魏權臣高歡去世，長子高澄繼位。部將侯景不想受高澄挾制，遂占據潁川舉兵反叛，為了保留實力免遭討伐，隨後又投降梁朝。侯景投降梁朝後不久，便與梁朝合兵圍攻東魏戰略要地彭城。高澄派大將慕容紹宗率兵討伐，慕容紹宗認為梁軍士氣旺盛，不宜強攻，於是決定採取誘敵之計。當他準備與梁軍交戰時，佯裝敗走，誘梁軍追擊，然後命部將率軍從背後襲擊梁軍。在戰爭之前，侯景便曾預料到這一點，但其前敵將領不聽告誡，依然乘勝追擊，孤軍深入。追至半路時，突然伏兵四起，梁軍頓時亂成一片，大敗而歸。

　　「兵以詐立」，為了獲得勝利，雙方會採取任何手段以迷惑對方。如果中計，將使己方遭受損失，使敵人達到目的。梁軍將領不聽侯景告誡，孤軍深入，違背「餌兵勿食」的作戰原則，最終大敗而歸。

第 8 章

九 變

　　孫子曰：凡用兵之法，將受命於君，合軍聚眾，圮ㄆㄧ地無舍，衢ㄑㄩ地交合，絕地無留，圍地則謀，死地則戰；途有所不由，軍有所不擊，城有所不攻，地有所不爭，君命有所不受。故將通於九變之地利者，知用兵矣；將不通於九變之利者，雖知地形，不能得地之利矣。治兵不知九變之術，雖知五利，不能得人之用矣。

　　是故智者之慮，必雜於利害。雜於利而務可信也；雜於害而患可解也。

　　是故屈諸侯者以害；役諸侯者以業；趨諸侯者以利。

　　故用兵之法，無恃其不來，恃吾有以待也；無恃其不攻，恃吾有所不可攻也。

　　故將有五危：必死，可殺也；必生，可虜也；忿速，可侮也；廉潔，可辱也；愛民，可煩也。凡此五者，將之過也，用兵之災也。覆軍殺將，必以五危，不可不察也。

➤ 譯文 →

　　孫子曰：將帥接受君王命令，然後徵集隊伍、組織軍隊，最後出征討伐。若在出征時遇到沼澤連綿的「圮地」，不可駐紮；若在多國交界四通八達的「衢地」上，應結交鄰國；若遇到「絕地」，不要停留；若遇上「圍地」，則要巧設奇謀，儘快離開；若陷入「死地」，則要殊死戰鬥。有些道路不能通行；有些敵軍不要攻打；有些城邑無法攻取；有些地方不能爭奪；有些來自君王的命令不能執行。如果將帥可以精

通以上九種機變，就是懂得用兵了；如果將帥無法精通以上九種機變，那就算熟悉地形，也無法獲得地利之便。若指揮軍隊卻不知道以上九種機變，那就算知曉五利，也無法充分發揮軍隊戰鬥力。

聰明的將帥在考慮問題時，必須同時兼顧利、害兩方面。若能在不利情況下看見有利條件，便可順利進行；若能在順利情況下看見不利因素，便能預先排除禍患。

要使其他諸侯屈服，就用他們害怕的事情威脅他們；要使各國諸侯聽從己方驅使，就用各種事物煩擾他們；要使各國諸侯奔走，就用小利引誘他們。

用兵的法則是，不要寄希望於敵人不主動襲擊，而是要依靠自己的充分準備；不要寄希望於敵人不主動進攻，而是要依靠自己擁有的力量，使敵人無法進攻。

將帥有五種危險：一味死拼蠻幹，就有可能被敵人誘殺；一味貪生怕死，就有可能被敵人俘虜；急躁易怒，就有可能中了敵人凌辱的奸計；過分重視名譽，就有可能陷入敵人污辱的圈套；不分情況仁愛部屬，就有可能煩勞而不得安寧。以上五點都是將帥的過錯，也是用兵的災難。這五種危險將使軍隊覆滅，將帥被擒殺，不可不重視。

賞析

本篇講述將帥指揮作戰時，應根據各種具體情況靈活機動地處理問題，而不是一味因循守舊。此外，孫子也就戰爭中所面臨的具體問題，對將帥提出數項要求：首先，考慮問題時應兼顧利與害。在有利情況下想到不利因素，在不利情況下想到有利因素。其次，應根據不同目標採取不同手段。第三，應於戰前充分準備，使敵人不可攻破我

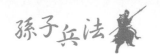
軍，不能心存僥倖。第四，應克服偏激性情，全面、慎重、冷靜地考慮問題。唯有做到以上幾點，方能「得地之利」、「得人之用」。

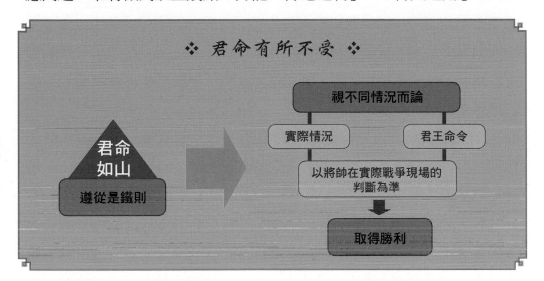

❖ 君命有所不受 ❖

君命
如山
遵從是鐵則

視不同情況而論

實際情況　　　君王命令

以將帥在實際戰爭現場的判斷為準

取得勝利

01
地有所不爭，君命有所不受

　　孫子曰：凡用兵之法，將受命於君，合軍聚眾，圮地無舍，衢地交合，絕地無留，圍地則謀，死地則戰；途有所不由，軍有所不擊，城有所不攻，地有所不爭，君命有所不受。

｜ 實戰 ｜

　　西元前 154 年，吳、楚七國之亂，漢景帝派周亞夫率兵平叛。周亞夫行軍至壩上，準備經崤山、澠池至洛陽。

但他的下屬趙涉提醒：「吳王知道我們的動向，必定會在崤、澠之間設置伏兵，以阻止軍隊前進。建議放棄原路線，改走經藍田出武關，再至洛陽的路線，這樣雖比走原路多用了一天，但卻可以神不知鬼不覺地安然抵達洛陽，提前控制軍械庫。」周亞夫聽從這一建議，改變原行軍路線，迅速由藍田出武關，經南陽至洛陽，並派兵搶占滎陽要地，控制武庫和糧倉。

若周亞夫按原定路線進軍，經崤山、澠池至洛陽，必定遭到敵人伏擊，從而影響大軍計畫。周亞夫聽從趙涉建議，「途有所不由」，最終安然抵達洛陽。

西元前 507 年冬天，吳王夫差親自率其弟夫概與伍子胥、孫子等人，傾全國之兵與楚軍隔江對峙。楚國令尹子常貪功心切，擅自率軍渡過漢水，攻擊吳軍。吳軍由漢水東岸後退，企圖引楚軍至不利地形，然後待機決戰。子常不知是計，緊追不捨，楚軍抵擋不力，屢屢受挫，銳氣大減。

夫差的弟弟夫概得知子常不得人心，而楚軍又連連受挫、士氣低落，於是主張先發制人，一舉擊潰子常軍，然後再率大軍隨後出擊，定能打敗楚軍，但吳王夫差並不贊成。夫概只好見機行事，親率所部五千人猛攻子常，子常軍一觸即潰，楚軍大亂。

吳王夫差之弟夫概，在與楚國子常交戰的過程中，詳細分析戰勢，把握有利戰機，一舉擊敗子常。然而，當他向吳王夫差提出先發制人的策略時，卻遭到夫差反對，但夫概並沒有放棄，而是見機行事，突襲子常，最後獲得勝利。夫概堅持「君命有所不受」，成功打敗敵人，獲得勝利。

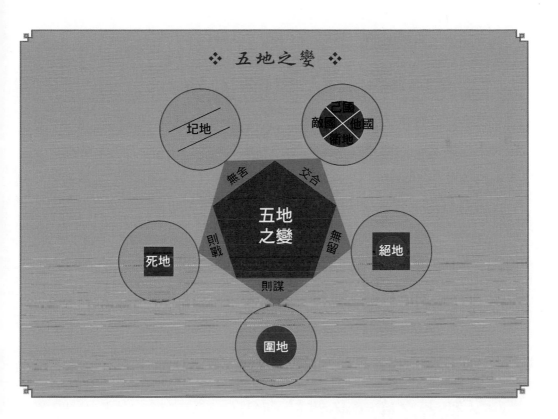

❖ 五地之變 ❖

五地
之變

圮地

亡國
商國 ⊠ 他國
衢地

無舍 交合

則戰 無留

死地

則謀

絕地

圍地

02

通於九變之地利者，知用兵矣

故將通於九變之地利者，知用兵矣；將不通於九變之利者，雖知地形，不能得地之利矣。治兵不知九變之術，雖知五利，不能得人之用矣。

| 實戰 |

西元 1161 年 10 月，宋、金兩軍的船隊於膠西海域相遇，完顏鄭家率金軍停泊於陳家島，李寶率宋軍停泊於石臼島，兩島僅隔一山，相

距三十餘里。金軍的隊伍數倍於宋軍，完顏鄭家覺得自己勝券在握，且兩軍距離尚遠，因此未作臨戰準備。李寶得知金軍軍心不齊，且不習水戰，已有好多兵士昏睡於船艙中，遂決定乘其不備，先發制人。李寶先以部分戰船切斷金軍退路，隨後命前鋒船隊借助風勢，以火藥向金軍猛攻。金軍艦船皆以松木製造，以油絹為帆，頓時火光沖天，多數艦船被烈火吞沒，損失慘重。此時，宋軍乘機進攻，只有少數金軍戰船逃脫，其餘皆被消滅。

起初，金軍船艦人多勢眾，占據天時地利，但其將帥不通九變之利，其將士不習水戰。相反的，宋軍將領李寶審時度勢，詳細偵悉敵情，因勢利導，採取正確的攻擊方式，大敗金軍。

03
智者之慮，必雜於利害

是故智者之慮，必雜於利害。雜於利而務可信也；雜於害而患可解也。

｜ 實戰 ｜

西元 206 年，袁氏兄弟被曹操打敗後，率殘部投靠烏丸。曹操恐留有後患，準備率軍攻打烏丸，一舉消滅袁氏勢力。其部將向曹操勸說：「攻打烏丸的路途遙遠，且劉備還有可能乘我方發兵烏丸之際，乘虛攻打許都，所以不應出兵。」眾人也都認為言之有理，力勸曹操撤回許都。唯有郭嘉主張不能回師，必須乘勝追擊袁氏兄弟，消滅烏丸。郭嘉認為

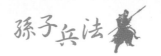

劉備不足為患，且劉備才能高於劉表，投靠劉表乃是出於無奈，劉表嫉
賢妒能，必定不會重用劉備。既然劉備沒有發揮才能的餘地，也就不值
得顧慮，因此，追擊二袁機不可失，乃為上策。曹操聽後，認為郭嘉所
言極是，於是整頓人馬，出兵烏丸。不久之後，烏丸果然兵敗，二袁被
迫逃往遼東。

　　有利必有害，有害必有利。優柔寡斷、顧此失彼，就有可能貽誤
戰機。曹操的部將只看見攻打烏丸帶來的危害，而看不到當時出兵烏丸
的有利戰機。唯有郭嘉既發現劉備投靠劉表所為自己帶來的不利因素，
又看到當時乘勝追擊袁氏兄弟的好處，所以極力勸諫曹操出兵，最終成
功消滅烏丸。

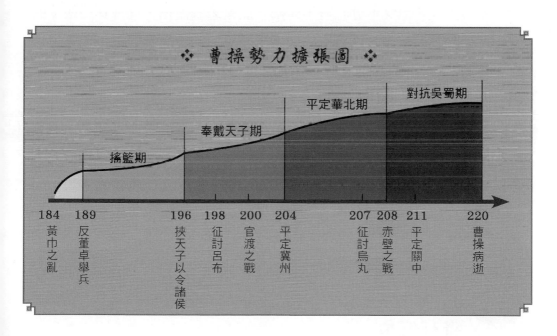

04
用兵之法，無恃其不來

　　故用兵之法，無恃其不來，恃吾有以待也；無恃其不攻，恃吾有所不可攻也。

｜ 實戰 ｜

　　西元 1375 年 12 月，元末太尉納哈出率兵侵擾明朝遼東邊境。朱元璋命遼東都指揮使馬雲堅壁清野、設險阻擊。馬雲派吳立、張良佐在蓋州嚴陣以待，堅守勿戰。納哈出率軍抵達遼東蓋州後，見明軍守備森嚴，不敢進攻，但又不甘心空手而歸，於是越過蓋州，直奔兵力較少的金州。金州兵力較少，城牆也尚未修繕完畢，納哈出本以為可以乘機攻打金州城。但金州守城將士團結一致，奮力抗敵。納哈出在金州失利後，擔心明援軍到來後將腹背受敵，遂迅速撤軍。

　　納哈出連戰連敗，而明軍卻捷報頻傳，原因究竟為何？除了明軍將士奮勇殺敵之外，最重要的原因在於明軍積極防守、嚴陣以待。而納哈出就不同了，他並沒有充分瞭解明軍防守情況，反而希望誤撞誤打、順手牽羊，以撈取利益，撤退後又陷入明軍埋伏，結果大敗而歸。

05
將有五危

　　故將有五危：必死，可殺也；必生，可虜也；忿速，

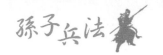

可侮也；廉潔，可辱也；愛民，可煩也。凡此五者，將之過也，用兵之災也。覆軍殺將，必以五危，不可不察也。

| 實戰 |

西元 450 年，北魏永昌王拓跋仁率八萬騎兵與宋將劉康祖的八千人馬對峙。劉康祖軍副使胡盛之欲附山依險，與敵人對峙。劉康祖大怒，認為他受命肅敵，兵器精練，且援軍隨時抵達，遂決定與敵人拼死一戰。結果拓跋仁的八萬大軍從四面圍攻宋軍，宋軍寡不敵眾，頓時潰敗，劉康祖也中流矢而死。面對十倍於己的兵力，劉康祖不聽副使勸告，與敵人拼死一戰，不顧《孫子兵法》中「必死，可殺也」的忠告，最後落得全軍覆沒的下場。

西元 357 年，姚襄進據黃落，前秦派遣苻黃眉、苻堅及將軍鄧羌等人率軍救援，姚襄固守不戰。鄧苻向苻黃眉獻策：「姚襄被桓溫殺敗，如今銳氣大減，所以拒不出戰。但他性格剛烈，我方可以鼓噪揚旗、逼其營壘，激其出戰。然後再設下埋伏，一定能大敗姚襄。」苻黃眉按照鄧苻所說的去做，姚襄果然大怒，全線出擊。鄧羌且戰且退，將姚襄引至三原，然後再與伏兵一起進攻，姚襄頓時潰不成軍，其本人也被擒斬首。姚襄本可堅守陣地，拒不出戰，從而保留實力，但他卻禁不起鄧羌挑釁，大怒出兵，結果兵敗被斬。

上述兩則戰例中的劉康祖、姚襄，皆違背孫子「將有五危」的忠告，劉康祖「必死」，結果被殺；姚襄「忿速」，結果被誘擊，亦喪失性命。

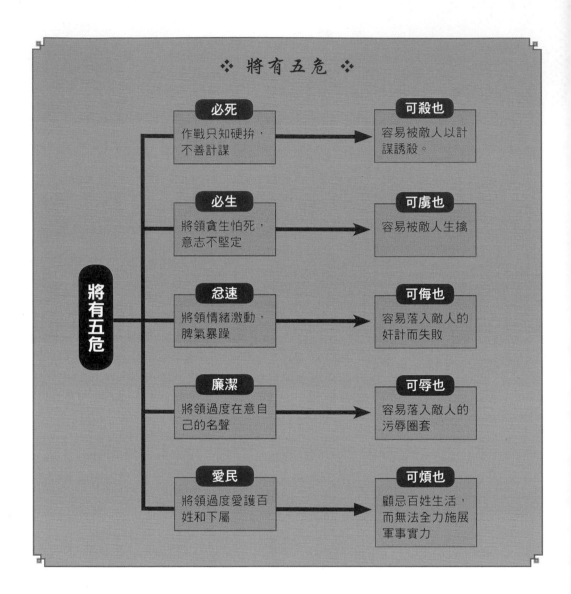

将有五危

| 必死 | 可殺也 |
作戰只知硬拚，不善計謀 → 容易被敵人以計謀誘殺。

| 必生 | 可虜也 |
將領貪生怕死，意志不堅定 → 容易被敵人生擒

| 忿速 | 可侮也 |
將領情緒激動，脾氣暴躁 → 容易落入敵人的奸計而失敗

| 廉潔 | 可辱也 |
將領過度在意自己的名聲 → 容易落入敵人的污辱圈套

| 愛民 | 可煩也 |
將領過度愛護百姓和下屬 → 顧忌百姓生活，而無法全力施展軍事實力

將有五危

第9章
行 軍

　　孫子曰：凡處軍相敵：絕山依谷，視生處高，戰隆無登，此處山之軍也。絕水必遠水；客絕水而來，勿迎之於水內，令半濟而擊之，利；欲戰者，無附於水而迎客；視生處高，無迎水流，此處水上之軍也。絕斥澤，唯極去勿留；若交軍於斥澤之中，必依水草而背眾樹，此處斥澤之軍也。平陸處易而右背高，前死後生，此處平陸之軍也。凡此四軍之利，黃帝之所以勝四帝也。

　　凡軍好高而惡下，貴陽而賤陰，養生而處實，軍無百疾，是謂必勝。丘陵堤防，必處其陽而右背之。此兵之利，地之助也。上雨，水沫至，欲涉者，待其定也。凡地有絕澗、天井、天牢、天羅、天陷、天隙，必極去之，勿近也。吾遠之，敵近之；吾迎之，敵背之。軍行有險阻、潢井葭葦、山林翳薈者，必謹復索之，此伏奸之所處也。

　　敵近而靜者，恃其險也；遠而挑戰者，欲人之進也；其所居易者，利也。眾樹動者，來也；眾草多障者，疑也；鳥起者，伏也；獸駭者，覆也。塵高而銳者，車來也；卑而廣者，徒來也；散而條達者，樵采也；少而往來者，營軍也。辭卑而益備者，進也；辭強而進驅者，退也；輕車先出居其側者，陣也；無約而請和者，謀也；奔走而陳兵車者，期也；半進半退者，誘也。杖而立者，饑也；汲而先飲者，渴也；見利而不進者，勞也。鳥集者，虛也；夜呼者，恐也；軍擾者，將不重也；旌旗動者，亂也；吏怒者，倦也；殺馬肉食者，軍無糧也。懸甀不返其舍者，窮寇也。諄諄翕翕，

徐與人言者，失眾也；數賞者，窘也；數罰者，困也；先暴而後畏其眾者，不精之至也；來委謝者，欲休息也。兵怒而相迎，久而不合，又不相去，必謹察之。

兵非益多也，唯無武進，足以並力、料敵、取人而已；夫唯無慮而易敵者，必擒於人。

卒未親附而罰之則不服，不服則難用也；卒已親附而罰不行，則不可用也。故令之以文，齊之以武，是謂必取。令素行以教其民，則民服；令不素行以教其民，則民不服。令素行者，與眾相得也。

➤ 譯 文 ➤

孫子曰：部署軍隊和觀察敵情時，若行經山地，要靠近有水草的山谷行進，駐紮在地勢高的地方，不要仰攻占領高地的敵人，這是在山地裡作戰的原則。若橫渡江河，必須在遠離江河之處駐紮軍隊；敵人渡水進攻時，不要在對方剛抵達水邊時便予以迎擊，而要等他渡河至一半時攻擊；如果想與敵人決戰，不要選擇在水邊布兵列陣；軍隊應駐紮於河岸高處，不能駐軍於河岸下游，這是在河川地帶作戰的原則。若行經鹽域和沼澤地帶，應迅速離開，不要停留；若與敵人在沼澤地帶相會，那就要搶占靠近水草、背靠樹林的有利地形，這是在鹽鹼沼澤地帶作戰的原則。若在平原地帶，應駐紮於平坦開闊之處，並且前低後高，這是在平原地帶作戰的原則。以上四種部署軍隊的原則，正是黃帝之所以能戰勝其他四帝的原因。

軍隊駐軍時，總是喜歡乾燥的高地，厭惡潮濕的窪地；喜歡向陽之處，討厭陰濕之地；靠近水草豐茂、軍需供應充足的地方，如此一

來，將士便能百病不生，每戰必勝。在丘陵堤防地域，一定要占領朝南向陽的一面，有利於用兵作戰。上游下雨，洪水驟至，若想涉水過河，就必須等待水流平穩後再通行。凡是遇到絕澗、天井、天牢、天羅、天陷、天隙這六種地形，一定要迅速離開，不要靠近。使我軍遠離它們，讓敵人接近它們；使我軍設法面向它們，讓敵人背靠它們。行軍過程中，若遇到險峻的隘路、湖沼、蘆葦、山林和水草叢生之處，一定要謹慎地搜索，因為這些地方都有可能是敵人設下伏兵和隱藏奸細的地方。

　　逼近我軍而尚能保持安靜的敵人，是倚仗著占領險要地形；離我軍很遠而前來挑戰的敵人，是想引誘己方輕進；在平坦地帶駐紮的敵人，是因為這樣做對他們有利；樹木搖曳擺動，是敵人來臨的徵兆；草叢中有許多遮障物，是敵人正在故布疑陣。鳥雀驚飛，說明設有伏兵；野獸駭奔，表示敵軍大舉突襲。塵土高揚又細長，說明敵人兵車馳來；塵土很少而面積寬廣，表示敵人步兵來襲；塵土四散有致，說明敵人正在砍柴伐木；塵土稀薄又時起時落，表示敵人正在結寨紮營。敵人的使者措辭謙卑卻又加緊戰備，這是因為他們想要進攻；敵人的使者措辭強硬而又擺出前進姿態，這是因為他們正在準備撤退；敵人的戰車先出動，部署在側翼，這是因為他們正在布列陣勢；敵人並未受挫而主動前來說和，其中必定藏有陰謀；敵人急速奔跑並擺開兵車列陣，這是期望能與我軍決戰；敵人半進半退，這是企圖引誘我軍。敵兵倚著兵器站立，這是缺糧饑餓的表現；敵兵之中打水的人自己先喝水，這是乾渴缺水的表現；敵人看見利益而不進兵爭奪，這是疲勞的表現。敵軍營寨上方飛鳥群集，表明這是空營；敵人夜間驚慌叫喊，表明他們正在恐懼；敵營驚擾紛亂，說明敵將沒有威嚴；敵陣旗幟揮

動不整齊，說明敵方隊伍已混亂不堪；敵方軍官易怒煩躁，表明敵軍已非常疲倦；敵人宰殺馬匹作為糧食，代表敵方已缺糧嚴重；敵人收拾炊具，不再返回營寨，表示他們決定拼死突圍。敵將低聲下氣與部下溝通，表明敵將已失去人心；敵將接連不斷地犒賞士卒，說明敵人已無計可施；敵將一而再地處罰部下，表明敵軍處境困難；敵將起初對部下兇暴，後又害怕部下叛變，說明他是最不精明的將領；敵人派遣使者送禮言好，說明敵人企圖休兵息戰；敵人氣勢洶洶地與我方對陣，但久不交鋒又不撤退，這就必須審慎觀察以釐清他們的意圖。

兵力並不是愈多愈好，只要不輕敵冒進，能集中兵力、判明敵情、取得部下的信任和支持，就足夠了。那些既不深謀遠慮而又輕敵的人，最終一定會被敵人所俘虜。

士卒還沒有親近主帥就施以懲罰，那他們就會不服，不服就難以驅使；士卒已經親附主帥卻不施行刑罰，那也無法命令他們作戰。所以，主帥要以懷柔寬仁的手段教育士卒，用軍紀軍法管束他們，這樣就能取得部下的敬畏和擁戴。若平時能嚴格要求士卒執行命令，他們就會養成服從命令的習慣；若平時不能嚴格要求士卒執行命令，他們就會養成不服從命令的習慣。能夠嚴格貫徹執行命令，這才是將帥與士卒相處融洽的表現。

賞析

本篇論述在行軍作戰中應如何安置軍隊和判斷敵情，以及軍隊在山地、江河、沼澤、平原等四種地形的不同處置辦法，還論述軍隊遇到絕澗、天井、天牢、天羅、天陷、天隙等特殊地形的應對原則。孫子提出了三十一種觀察和判斷敵情的方法，若透過這些方法，將看到、

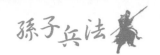

聽到、偵察到的各種現象加以分析，掌握真實敵情，便能制訂正確的作戰方案，從而獲得勝利。孫子在本篇更提出「令之以文，齊之以武」的文武兼用治軍原則，即以道義教育士兵，以法紀統一步調，這樣的軍隊一定能取得最終勝利。

❖ 四種地形的處軍之法 ❖

地形	行軍之法	作戰之法
山	行軍須靠近有水草的山谷	應將軍隊駐紮於居高向陽之處
水	橫渡江河時，應快速通過	敵人渡水來戰時，應待敵人至河中央再迎擊
斥澤	通過鹽鹼沼澤地時，應快速通過	若與敵人在鹽鹼沼澤地相遇，應搶占靠近水草、背靠樹林之處
平陸	可自由進退	應將軍隊駐紮於平坦開闊之處，前低後高

01
半濟而擊之，利

絕水必遠水；客絕水而來，勿迎之於水內，令半濟而擊之，利。

| 實戰 |

孫子在此段落論述在江河和山地行軍作戰的方法。當己方軍隊橫渡江河時，一定要在遠離河邊之處駐紮，避免陷入不利境地；當敵方軍

隊渡水來戰時，「半濟而擊之」，等待敵人處於不利戰勢時再進攻。

西元 1851 年夏天，清軍都統烏蘭泰率軍四千人扼守中坪西北；提督向榮率軍進駐中坪東北；廣西巡撫周天爵率兵坐守中坪東南，太平軍陷入清軍三面包圍，形勢危急。太平天國首領洪秀全命石達開迅速解除中坪之圍，石達開首先全面偵察中坪地區，偵察後發現中坪與中坪西北的梁山村之間，有一條大河相隔，若能誘敵過河並設下伏兵，「半濟而擊之」，則敵軍首尾必不能相顧。於是，太平軍首先於河邊埋伏重兵，然後再派部分兵力引誘烏蘭泰軍，清軍果然中計，見太平軍敗走，馬上派兵渡河追擊。誰知剛渡河至一半，就發現四周伏兵四起、殺聲震天，清軍猝不及防，一片混亂，損失慘重。

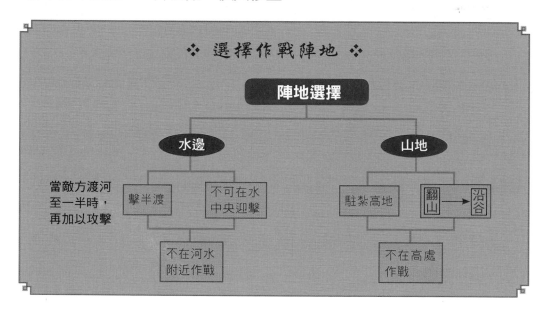

02
凡軍好高而惡下，貴陽而賤陰

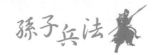

凡軍好高而惡下，貴陽而賤陰，養生而處實，軍無百疾，是謂必勝。丘陵堤防，必處其陽而右背之。此兵之利，地之助也。

| 實戰 |

行軍打仗時，安營紮寨非常重要。孫子在此段落提出軍隊的駐紮原則，他認為行軍打仗時，軍隊駐地必須選擇在高處、向陽處、物資豐饒處，既有利於軍隊休整，也有利於防守進攻。占據有利條件後，才能保障勝利。

西元 893 年，淮南節度使楊行離割據一方，興師作亂，汴州刺史、宣武節度使朱全忠大舉興師討伐。朱全忠命龐師古攻揚州，葛從周攻壽州。龐師古率兵七萬駐清口，但其部屬認為清口地勢低窪，不宜駐軍，而龐師古則自認兵力強大，所以不以為然。當楊行離率軍至楚州時，命朱謹在渭水灘河上堵水截流，準備水淹朱全忠大軍。軍中密探偵悉此一情況，遂報告龐師古，龐師古認為這是妖言惑眾，不足為信。而後，朱謹率軍五千人，混入敵軍，將汴軍殺得措手不及，隨後楊行離又決堤放水，淹死汴軍無數，繼而再親率大軍擊殺，導致龐師古全軍覆沒。葛從周見龐師古全軍覆沒，只好撤退，楊行離又乘勝追擊，汴軍大敗。

「低窪之地，不宜駐軍」，這是顯而易見的道理，但龐師古卻過於自負，不聽部屬勸告，明知軍法大忌，卻故意違反，結果給了敵方可乘之機。而楊行離則緊緊掌握有利戰機，堵水截流，水淹汴軍，輕而易舉取得勝利。

03
謹復索之

凡地有絕澗、天井、天牢、天羅、天陷、天隙，必極去之，勿近也。吾遠之，敵近之；吾迎之，敵背之。軍行有險阻、潢井葭葦、山林翳薈者，必謹復索之，此伏奸之所處也。

| 實戰 |

孫子在此段落列舉數種具體的地形，提出遇到這幾種危險地形時，應盡快離開，並想辦法使敵人靠近。在遇到險惡可疑的境地時，應反復搜索，避免陷入敵人埋伏。總之，軍隊應根據不同地形，採取不同應對策略，以免陷入絕境。

西元 1863 年 5 月初，太平天國石達開發兵四川，由花園津至德昌等地，後發現渡口有清軍把守，不宜強攻，於是派部將攻打一處險要地形。此地左有松林小河，右有老鴉漩河，前又有洶湧的大渡河，山高水急，峭壁絕澗，兇險異常。遇到此種極為不利的地形，石達開本應率部迅速離開，但其妻當夜產下一子，石達開興奮至極，遂犒賞三軍，休息三日。石達開的延緩撤離，給了清軍可乘之機。清軍迅速集結兵力，占據險隘，拆去索橋。5 月 21 日，石達開搶渡大渡河未成，於是試圖渡過松林小河，但又沒有成功。5 月 29 日，清軍夜襲馬鞍山，斷絕石達開的糧道。後來，太平軍再次搶渡，又遭遇清軍阻擊，石達開只好率少數人馬退至老鴉漩河，又遭阻擊，其妻妾部屬只好攜手投河。最終，石達開率全營誓死抵抗，全軍覆沒。

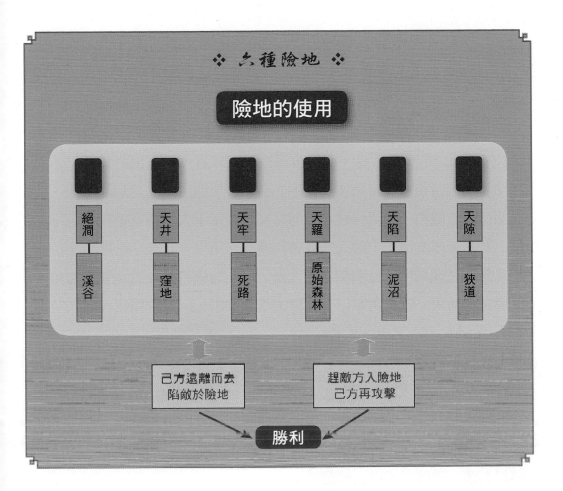

六種險地

險地的使用

絕澗	天井	天牢	天羅	天陷	天隙
溪谷	窪地	死路	原始森林	泥沼	狹道

己方遠離而去
陷敵於險地

趕敵方入險地
己方再攻擊

勝利

04

辭卑而益備者，進也

　　辭卑而益備者，進也；辭強而進驅者，退也；輕車先出居其側者，陣也；無約而請和者，謀也；奔走而陳兵車者，期也；半進半退者，誘也。

｜ 實戰 ｜

孫子在此段落強調用兵作戰時，應具備敏銳眼光，識破敵人的陰謀詭計，不要被敵人所佯裝的假象迷惑，才能制定正確的戰略決策。

明朝初年，元朝舊有勢力不甘退出歷史舞台，屢次侵擾明朝西北邊境。西元 1376 年 3 月，明將被派往延安守邊，元朝舊將伯顏帖木兒派使者前來請和。無故請和，其中必有詭詐。明太祖朱元璋聽說後，一面假裝誠心議和，將諸將召回，同時又暗暗留下大將傅友德繼續留守防備，並指示傅友德：「敵人無故請和乃兵法所忌，定要小心謹慎！」同年 4 月，伯顏帖木兒見明朝召回大軍，以為有機可乘，於是發兵越境，準備乘虛而入。哪料明軍早有防備，傅友德事先已安排精兵埋伏，待敵人大軍一到，伏兵四起，伯顏帖木兒大軍頓時亂了陣腳。明軍乘機追殺，敵人死傷無數。

「無約而請和者，謀也」，朱元璋不愧是戎馬出身，當元朝舊將伯顏帖木兒一提出請和要求，朱元璋就認定這其中必有詭詐，於是將計就計，一邊假裝撤兵，一邊積極備戰。而伯顏帖木兒卻全然不知，急於搬起石頭，結果砸了自己的腳。

第10章

地 形

孫子曰：地形有通者，有掛者，有支者，有隘ㄞ者，有險者，有遠者。我可以往，彼可以來，曰通；通形者，先居高陽，利糧道，以戰則利。可以往，難以返，曰掛；掛形者，敵無備，出而勝之；敵若有備，出而不勝，難以返，不利。我出而不利，彼出而不利，曰支；支形者，敵雖利我，我無出也；引而去之，令敵半出而擊之，利。隘形者，我先居之，必盈之以待敵；若敵先居之，盈而勿從，不盈而從之。險形者，我先居之，必居高陽以待敵；若敵先居之，引而去之，勿從也。遠形者，勢均，難以挑戰，戰而不利。凡此六者，地之道也；將之至任，不可不察也。

故兵有走者，有弛者，有陷者，有崩者，有亂者，有北者。凡此六者，非天之災，將之過也。夫勢均，以一擊十，曰走。卒強吏弱，曰弛。吏強卒弱，曰陷。大吏怒而不服，遇敵懟怒而自戰，將不知其能，曰崩。將弱不嚴，教道不明，吏卒無常，陳兵縱橫，曰亂。將不能料敵，以少合眾，以弱擊強，兵無選鋒，曰北。凡此六者，敗之道也；將之至任，不可不察也。

夫地形者，兵之助也。料敵制勝，計險阨ㄜ遠近，上將之道也。知此而用戰者必勝，不知此而用戰者必敗。故戰道必勝，主曰無戰，必戰可也；戰道不勝，主曰必戰，無戰可也。故進不求名，退不避罪，唯民是保，而利合於主，國之寶也。

視卒如嬰兒，故可與之赴深谿；視卒如愛子，故可與之俱死。厚而不能使，愛而不能令，亂而不能治，譬若驕子，不可用也。

145

知吾卒之可以擊，而不知敵之不可擊，勝之半也；知敵之可擊，而不知吾卒之不可以擊，勝之半也；知敵之可擊，知吾卒之可以擊，而不知地形之不可以戰，勝之半也。故知兵者，動而不迷，舉而不窮。故曰：知彼知己，勝乃不殆；知天知地，勝乃可全。

　　➤ **譯　文** →

　　孫子曰：在行軍打仗的過程中，會遇到「通」、「掛」、「支」、「隘」、「險」、「遠」等六種地形。我們可以去，敵人也可以來的稱為「通」。在「通」之上，應搶占開闊向陽的高地，有利於糧草供應。可以前進卻難以返回的稱為「掛」。在「掛」之上，若敵人沒有防備，我們便可以發動突襲；若敵人已有防備，突襲就無法取勝而且也難以返回，這樣就對我軍不利了。我軍出擊不利，敵人出擊也不利的稱為「支」。在「支」之上，敵人即使以利相誘，也不能輕率出擊，應該佯裝退卻，誘使敵人出擊後再回師反擊。遇到「隘」時，應該率先搶占，然後以重兵封鎖，再待敵人進攻；若敵人已搶先占據隘口，並以重兵把守，就不要輕易攻擊；若敵人沒有以重兵據守，那就可以進攻。在「險」之上，我軍若先敵人一步占領，應搶占開闊向陽的高地，再待敵人來犯；若敵人先我一步占領，就應率軍撤離。在「遠」之上，敵我雙方勢均力敵，不應勉強出戰。以上六點是利用地形的原則，這也是將帥的重責大任，應認真考察研究。

　　軍隊打仗時，有「走」、「弛」、「陷」、「崩」、「亂」、「北」六種情況。這六種情況皆不是因為自然災害，而是由於將帥自身的過錯。在勢均力敵的情況下，卻妄圖以一擊十而導致失敗，稱為「走」；

士卒強悍但將帥懦弱而造成失敗，稱為「弛」；將帥強悍但士卒懦弱而導致潰敗，稱為「陷」；高級將官不服從指揮，遇到敵人擅自出戰，主將又不瞭解他們用兵的能力，因而導致失敗，稱為「崩」；將帥懦弱無能，訓練教育沒有章法，官兵關係混亂緊張，列兵布陣雜亂無章，因而導致失敗，稱為「亂」；將帥無法正確判斷敵情，以少擊眾，以弱擊強，作戰時又沒有選擇精銳先鋒部隊，因而導致失敗，稱為「北」。以上六種情況都是導致失敗的原因，這也是將帥的重責大任，應認真考察研究。

有利的地形是用兵打仗的重要條件，正確判斷敵情、考慮地形險惡、計算路途遠近，這些都是具有智慧的將領須掌握的方法。懂得用以上道理指揮作戰，作戰必定可以勝利，若不瞭解以上道理而輕率指揮作戰，必定失敗。根據戰爭規律，若有必勝把握，即使國君主張不開戰，也要堅持出征；若沒有必勝把握，即使國君主張開戰，也可以堅持不戰。向前征伐時不謀求名聲，向後撤退時不迴避罪責，保全士卒性命且符合國君利益，這樣的將帥就是國家的寶貴財富。

對待士卒就像對待嬰兒一樣關心，那士卒就可以與將帥共赴患難；對待士卒就像對待愛子一樣愛護，那士卒就可以與將帥同生共死。如果只厚待士卒而不驅使，只溺愛士卒而不指揮，允許士卒違法而不懲治，就如同嬌慣自己的子女一樣，無法利用這些士卒與敵人作戰。

瞭解自己的部隊可以征戰，但不瞭解敵人也可以，便只有一半的可能取勝；瞭解敵人的部隊可以征戰，但不瞭解自己也可以，便只有一半的可能取勝；瞭解敵人的部隊可以征戰，也瞭解自己可以，但不瞭解地形不利於作戰，便只有一半的可能取勝。所以，真正懂得用兵者，他的每個軍事行動都非常清醒而不迷惑，作戰方法也變化無窮。

若瞭解自己、瞭解對方，那就可以獲得勝利且不會有危險，再加上懂得天時、懂得地利，便可以取得完全的勝利。

本篇論述用兵作戰該如何利用地形，孫子從不同角度說明作戰與地形之間的關係，強調將帥應研究和利用作戰地形，以恰當的策略奪取勝利。他明確指出「夫地形者，兵之助也」，行軍打仗時，若「知彼知己」，則「勝乃不殆」；若「知天知地」，則「勝乃可全」。

孫子分析九種戰地的特點和士兵處於這些地形的心理，並相應提出在這些地區中用兵的不同措施。他認為深入敵國就像將士兵投置於危地、陷入死地，他們會因此拚死作戰，發揮更大戰鬥力；而且深入敵國還可就地補充軍糧；因為離家太遠，所以兵士就無法逃散，甘於服從指揮，最終順利奪得勝利。

孫子認為，因為將帥指揮失誤會導致「走、弛、陷、崩、亂、北」六種失敗局面，此「非天之災」，而是「將之過也」。將帥應瞭解自己對於軍隊、國家的重責大任，「退不避罪，唯民是保」。

 01
通形者，先居高陽，利糧道，以戰則利

我可以往，彼可以來，曰通；通形者，先居高陽，利糧道，以戰則利。

❖ 六種作戰地形 ❖

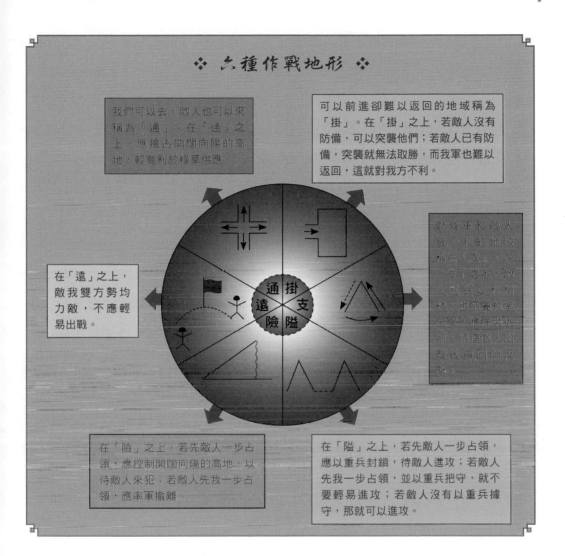

我們可以去，敵人也可以來，稱為「通」。在「通」之上，應搶占開闊向陽的高地，較有利於糧草供應。

可以前進卻難以返回的地域稱為「掛」。在「掛」之上，若敵人沒有防備，可以突襲他們；若敵人已有防備，突襲就無法取勝，而我軍也難以返回，這就對我方不利。

在「遠」之上，敵我雙方勢均力敵，不應輕易出戰。

對我軍和敵人皆不利的地域稱為「支」。在「支」之上，敵人就算以利相誘，也不要輕易出擊。應率領隊伍，待使敵人出兵後再回師反擊。

在「險」之上，若先敵人一步占領，應控制開闊向陽的高地，以待敵人來犯；若敵人先我一步占領，應率軍撤離。

在「隘」之上，若先敵人一步占領，應以重兵封鎖，待敵人進攻；若敵人先我一步占領，並以重兵把守，就不要輕易進攻；若敵人沒有以重兵據守，那就可以進攻。

| 實戰 |

　　孫子在此段落中闡述各種各樣之地形對於戰爭勝敗的影響。孫子認為，地形有「通」、「掛」、「支」、「隘」、「險」、「遠」六類。如果處於「通」，首先應占據高處向陽之地，並且確保糧草供應，這樣才有利於戰爭。

三國時期，荊州連接魏、蜀、吳，交通便利、四通八達、物產富饒，因此成為各路兵家的必爭之地。孫權若想一統江南，則必取荊州要塞；曹操若想跨越長江，實現南北統一，則必取荊州作為跳板；劉備若想奪取西州，則必占據荊州。天下三家皆為奪取荊州而絞盡腦汁、機關算盡。赤壁之戰後，曹操被迫逃離荊州。赤壁之戰是孫、劉兩方齊心協力的勝利結果，劉備有理將荊州占為己有，但為了孫劉聯盟，劉備採取諸葛亮的兩全之策，用「借」字占據荊州。如此一來，劉備既有生存的一席之地，也不破壞兩方聯盟。後來，劉備長時間占領荊州並以此為根據地，更向西取得西川與漢中，孫權對此皆無話可說。

　　荊州對於魏、蜀、吳三家來說，好似一塊被爭來搶去的肥肉。原因很簡單，荊州對天下來說是必爭的「通地」，誰占據了荊州，誰就掌握戰爭先機和主導權。蜀國技高一籌，搶先從孫權處「借」得荊州，然後再以荊州為跳板，西取西川與漢中，藉此擴大地盤與實力。

02
掛形者，敵無備，出而勝之

可以往，難以返，曰掛；掛形者，敵無備，出而勝之；敵若有備，出而不勝，難以返，不利。

｜ 實戰 ｜

　　「掛地」是作戰中較危險的境地，易進難出。在作戰過程中，若遇到這種地形則需靈活處理。若敵人沒有防備，就應想辦法出奇制勝；

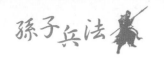
若敵人有防備，則應果斷離開此地，否則不僅失敗還有可能陷於絕境。

西元 910 年，後梁太祖朱溫得知晉王李存勗率軍援趙後，便派王景仁率兵十萬，進至戰略要地柏鄉。李存勗率兵到達趙州與周德威會合，雙方進至離柏鄉不遠的野河，周德威逼近梁軍軍營，但梁軍堅守不出。李存勗想率兵進攻，周德威卻認為對方軍隊擅守城池，不擅長於野外作戰，而己方軍隊則是擅長於野外作戰。若此時冒險衝入敵軍營寨，則無法發揮己方優勢，且寡不敵眾，不清楚敵人虛實，那樣就危險了。後來，周德威勸說李存勗，先退守然後再誘敵離營出戰，待敵人饑疲之時，再以精銳出擊，定能大獲全勝。

李存勗見梁軍堅守不出，便想乘機發兵強攻。但他怎麼知道梁軍陣營易守難攻，對於晉趙聯軍來說，進攻梁軍無疑是進入「掛地」，再加上晉軍無法發揮騎兵優勢，所以一旦進入敵軍陣營，必敗無疑。幸好，李存勗最後聽從了周德威的意見，避免一場失敗的戰爭。

03
支形者，令敵半出而擊之

我出而不利，波出而不利，曰支；支形者，敵雖利我，我無出也；引而去之，令敵半出而擊之，利。

｜ 實戰 ｜

將帥應慎重看待對敵我雙方皆不利的地形，即使敵人誘惑，也不輕易冒險出擊。不僅如此，還應想辦法引誘敵人出擊，化不利為有利。

西元 1129 年，金兀朮統兵數十萬渡江南下，企圖一舉吞併江南。宋高宗任命韓世忠駐守鎮江，韓世忠料知金軍南下定會受挫，於是命前軍駐守青龍鎮，中軍駐守江陰，後軍駐守海口，準備在金兀朮撤退時予以反擊。次年，金兀朮果然出師不利，被迫北撤，韓世忠出其不意，截斷金兵退路。韓世忠的兵力雖然只有八千人，但他搶先占據長江天險，阻止金軍渡江。後以八千人馬阻隔金兀朮的十萬大軍，於黃天蕩激戰四十八天，成為軍事史上著名的「黃天蕩之戰」。

長江自古以來被視為「天險」，為歷代兵家所看重。金兀朮渡江南下，企圖一舉吞併江南，殊不知他所跨過的是長江天險，一旦南下失利，就有可能連撤退都來不及。長江就如孫子所說的「支地」，隔江作戰對誰都不利。韓世忠正是發現這一點，料定金軍長驅南下，必定受挫，於是派兵扼守長江要塞，阻斷金軍退路。而後，金軍果然出師不利，企圖北撤，卻屢屢受阻，最終慘敗而歸。

04
此六者，敗之道也

夫勢均，以一擊十，曰走。卒強吏弱，曰弛。吏強卒弱，曰陷。大吏怒而不服，遇敵懟而自戰，將不知其能，曰崩。將弱不嚴，教道不明，吏卒無常，陳兵縱橫，曰亂。將不能料敵，以少合眾，以弱擊強，兵無選鋒，曰北。凡此六者，敗之道也；將之至任，不可不察也。

| 實戰 |

西元 996 年，李繼遷起兵反叛，宋太宗派大將白守榮押送軍糧至靈州，又令田紹斌率兵支援。李繼遷得知消息後，便發兵前去攔截。此時，白守榮欲進攻敵人，但田紹斌勸他不要輕易拋棄糧草與敵作戰，應步步為營，緩兵前進。但白守榮卻認為田紹斌是干預軍務，於是拒絕他的建議。為了奪取戰功，白守榮孤軍與敵方交戰，最終大敗。

白守榮與田紹斌同受宋太宗命令前去平叛，理應相互配合、齊心協力，但白守榮卻不願受田紹斌干預，獨自出兵平叛，結果陷入敵人埋伏，慘遭失敗。究其原因是白守榮不聽田紹斌勸告，也正是孫子所說的「大吏怒而不服，遇敵懟而自戰」，違反兵法大忌，必然失敗。

西元 35 年，漢光武帝劉秀勸降公孫述不成，便命吳漢率軍討伐。起初，漢軍節節勝利，正準備乘勝追擊公孫述，但漢光武帝曾告誡吳漢：「成都兵馬十萬，不可輕進，須堅守，待機破敵」。然而，吳漢卻私自率領兩萬士卒，副將劉尚則率兵萬餘，進至錦江北南兩岸，準備攻打成都。此時劉秀又下詔：「己方不占地利，且兵力不及敵軍，又分紮兩地互不能援，萬一被敵軍分割包圍，必敗。」詔書未達，公孫述已命謝豐、袁吉率十萬大軍包圍吳漢，另以萬人部隊牽制劉尚。最後，吳漢與敵軍交戰失利，只好退回營地，又被謝豐乘機包圍。

吳漢以區區兩萬人馬出擊公孫述的十萬大軍，可謂「以卵擊石」、「以一擊十」。豈有不敗的道理？況且，劉秀早已預料事情結果，只可惜吳漢不聽勸告，那等待他的也只有被圍的後果了。

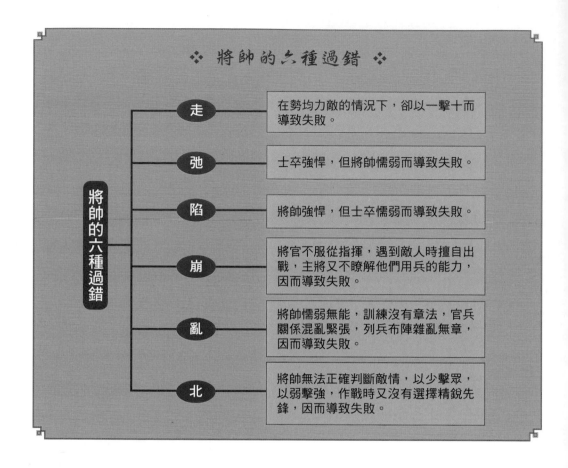

❖ 將帥的六種過錯 ❖

將帥的六種過錯

走 — 在勢均力敵的情況下,卻以一擊十而導致失敗。

弛 — 士卒強悍,但將帥懦弱而導致失敗。

陷 — 將帥強悍,但士卒懦弱而導致失敗。

崩 — 將官不服從指揮,遇到敵人時擅自出戰,主將又不瞭解他們用兵的能力,因而導致失敗。

亂 — 將帥懦弱無能,訓練沒有章法,官兵關係混亂緊張,列兵布陣雜亂無章,因而導致失敗。

北 — 將帥無法正確判斷敵情,以少擊眾,以弱擊強,作戰時又沒有選擇精銳先鋒,因而導致失敗。

 05

地形者,兵之助也

夫地形者,兵之助也。料敵制勝,計險阨遠近,上將之道也。知此而用戰者必勝,不知此而用戰者必敗。

| 實戰 |

孫子認為,作戰地形和環境是決定戰爭勝敗的重要因素。在戰爭

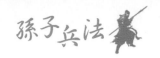

之中，有利的地形是不可缺少的勝利條件，將帥應善用各種地形，因地制宜、揚長避短，化不利為有利，這樣才能在戰爭中立於不敗之地。

西元 409 年，晉國派大將劉裕率軍北上討伐南燕。南燕王慕容超召集群臣商討對策，征虜將軍公孫五樓認為：「晉軍強大且擅長速戰，所以燕軍應占據大峴山，派兵扼守，拖延時間，打擊敵人銳氣。然後再挑選精兵斷其糧道，前後夾擊晉軍。」將領慕容鎮則不同意任由晉軍越過大峴山，他主張先派騎兵主動攻擊。面對群臣眾將的議論，慕容超最後決定在平地作戰。他派人築牆、練兵，坐待晉軍，結果，晉軍順利通過大峴山，晉、燕兩軍戰於臨朐，燕軍大敗，慕容超逃奔至廣固。而後，晉軍又攻下廣固城，而慕容超也被劉裕斬首，南燕隨之滅亡。

正確判斷和掌握地形的險易利弊，是將帥行軍打仗必須具備的素

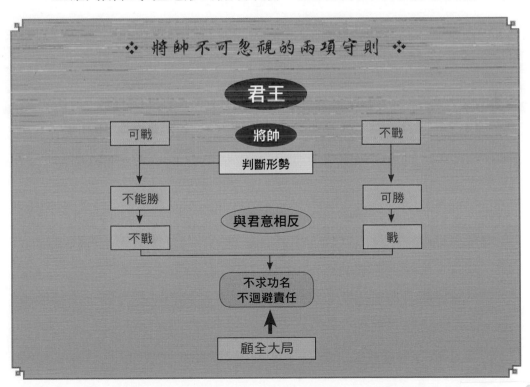

質。唯有準確地掌握這些情報，才能充分合理地利用地形。慕容超在大敵當前之時，不聽勸告，消極備戰，任由敵人輕易通過戰略要地，結果兵敗被殺。

06
進不求名，退不避罪

　　故進不求名，退不避罪，唯民是保，而利合於主，國之寶也。

｜ 實戰 ｜

　　孫子在此段落指出，戰爭的最終目的應是利國利民。所以無論戰爭勝敗，都應「進不求名，退不避罪」，這才是優秀的將領。

　　西元 227 年，魏將孟達占據上庸，悄悄聯合吳、蜀兩國，準備叛變曹氏。當時，魏國大將司馬懿正屯駐宛城，他聽說這個消息後，準備出兵討伐，但按當時法令，將帥若要發兵征討叛逆，必須先上報朝廷批准，方可行動，否則將以軍法論處。然而，宛城路途遙遠，而反叛迫在眉睫，且當時司馬懿糧草有限，在十萬火急的情況之下，為了爭取制敵先機，司馬懿果斷採取行動，率軍日夜兼程，僅耗費八天時間就抵達上庸。當時，孟達正在準備防禦，魏軍的到來令他們措手不及。由於準備不足，孟達面臨司馬懿的大軍，無力抵抗，部屬也紛紛投降，上庸很快就被司馬懿收復了。

　　司馬懿得知孟達的叛變後，準備出兵討伐，但此舉必須經過朝廷

批准。當時，情勢十分危急，司馬懿沒有過多猶豫，「進不求名，退不避罪」，冒著被殺頭的危險，火速率軍趕往上庸，最終平叛孟達。司馬懿的所作所為，無疑是「唯民是保，而利合於主」。

07
視卒如嬰兒，故可與之赴深谿

視卒如嬰兒，故可與之赴深谿；視卒如愛子，故可與之俱死。厚而不能使，愛而不能令，亂而不能治，譬若驕子，不可用也。

| 實戰 |

從前有「愛民如子」的說法，孫子所提出的「視卒如愛子」，與此說法有異曲同工之妙。孫子強調應投資適度情感以治軍，若能「視卒如愛子」，賞罰分明、剛柔相濟、恩威並舉，就能使軍隊上下同心協力、同生共死，從而提高軍隊戰鬥力。

戰國時期，魏國大將吳起經常與士卒同甘共苦。他與士卒同吃同住，行軍打仗時也經常不騎馬、不乘車，還親自背軍糧為士卒分擔勞苦。有一次，某位士卒腿上生了一個毒瘡，吳起就親自俯下身為他吸吮膿汁。那位士卒的母親聽到這個消息卻哭了，鄰人問她：「吳將軍如此愛戴士卒，為何要哭呢？」

士卒的母親說：「吳將軍過去也曾為孩子的父親吸過瘡膿，孩子的父親因感恩而格外賣力殺敵，最終戰死沙場。如今吳將軍又為我兒子

吸吮瘡膿，不知何時，這孩子也會像他父親一樣戰死沙場。」

吳起帶領的士卒個個驍勇善戰，在他鎮守河西時，秦國一直不敢東向出兵，韓、趙更是不敢輕舉妄動。

南宋將領岳飛也同樣十分愛護士卒，他視將士們為兄弟骨肉。百姓犒勞部隊的酒肉，他總是平分給大家；軍隊遠征時，他便派自己的妻子慰問將士們的家屬；將士有病，他便親自調藥；將士戰死，他也負責安排養育遺孤。

岳飛「視卒如愛子」，但他並不溺愛將士。他治軍嚴格，賞罰分明，因而深受部屬擁戴。他的軍隊對百姓秋毫無犯，「凍死不拆屋，餓死不擄掠」，因此也深受百姓歡迎。有了優秀的將帥，有了嚴明的軍紀，有了百姓的支持，這樣的軍隊當然勢不可當，也難怪金軍感嘆：「撼山易，撼岳家軍難。」

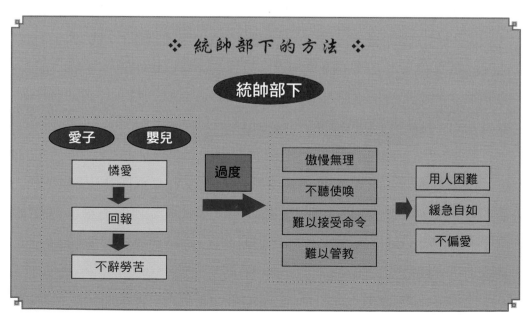

08
不知敵之不可擊，勝之半也

知吾卒之可以擊，而不知敵之不可擊，勝之半也；知敵之可擊，而不知吾卒之不可以擊，勝之半也；知敵之可擊，知吾卒之可以擊，而不知地形之不可以戰，勝之半也。

｜實戰｜

孫子在此段落再度強調「知彼知己，百戰不殆」的觀念，同時指出地形對戰爭勝敗的影響。唯有瞭解敵我各方面的情況，且準確掌握地形，才有機會全面贏得勝利。

西元 523 年，北魏大將元深奉命討伐北狄。元深認為北狄的西部鐵勒部酋長並不一定想與北魏為敵，因此元深首先派遣部將于謹前去招撫，鐵勒部酋長果然率眾三萬歸附，並將部落的人馬牛羊陸續向南遷移。元深聽到這個消息後，準備和于謹一起迎接鐵勒部眾。于謹卻阻止他：「匈奴軍勢力強大，他們得知鐵勒部歸附，必然前來襲擊。若他們占據險要地勢，我軍就會陷入被動，不如以鐵勒部為誘餌，設伏兵出擊匈奴叛軍，必能大獲全勝。」元深採納於謹的建議，暗地埋下伏兵。而後，匈奴果然出兵攻擊鐵勒部，北魏伏兵乘勢出擊，大敗匈奴。

元深在招降鐵勒部酋長後，準備親自迎接，但部將于謹分析當時形勢，認為匈奴必定襲擊鐵勒部，於是建議元深設下伏兵，結果大敗匈奴軍。當初，元深只「知吾卒之可以擊，而不知敵之不可擊」，若毫無準備地前去迎接鐵勒部，恐怕會損失慘重。

09
知地知天，勝乃可全

故知兵者，動而不迷，舉而不窮。故曰：知彼知己，勝乃不殆；知天知地，勝乃可全。

｜ 實戰 ｜

孫子指出，善於用兵作戰者總有變化無窮的戰術，而這些戰術皆來自於知己知彼和對天時地利的靈活掌握。

西元 618 年 8 月，唐高祖李淵任命秦王李世民率數萬唐軍攻打薛仁杲。11 月，十餘萬薛軍出戰，唐軍堅守不出，雙方相持兩個多月，薛仁杲糧草用盡，人心離散。李世民見時機成熟，遂令梁實率部誘敵出擊，薛軍精銳來攻，梁實據險不出。待薛軍疲憊時，李世民再增派龐玉牽制敵軍，而自己則親自率領唐軍主力衝進敵陣，致使薛軍大敗。李世民乘勝追擊，守城薛軍紛紛出城投降，薛仁杲也被迫投降。

李淵建立唐朝後，為了一統天下，剪除各地勢力，發動數場戰爭。而秦王李世民便在這數場戰爭中立下赫赫戰功，彰顯其非凡的軍事才能，是一位當之無愧的「知兵者」。在攻打薛仁杲的過程中，李世民沒有死拼硬打，而是「知彼知己」、「知天知地」，然後掌握有利戰機，主動出擊，最後一舉消滅薛仁杲。

第11章
九 地

　　孫子曰：用兵之法，有散地，有輕地，有爭地，有交地，有衢地，有重地，有圮地，有圍地，有死地。

　　諸侯自戰其地者，為散地。入人之地而不深者，為輕地。我得則利，彼得亦利者，為爭地。我可以往，彼可以來者，為交地。諸侯之地三屬，先至而得天下之眾者，為衢地。入人之地深，背城邑多者，為重地。行山林、險阻、沮澤，凡難行之道者，為圮地。所由入者隘，所從歸者迂，彼寡可以擊吾之眾者，為圍地。疾戰則存，不疾戰則亡者，為死地。是故散地則無戰，輕地則無止，爭地則無攻，交地則無絕，衢地則合交，重地則掠，圮地則行，圍地則謀，死地則戰。

　　古之所謂善用兵者，能使敵人前後不相及，眾寡不相恃，貴賤不相救，上下不相收，卒離而不集，兵合而不齊。合於利而動，不合於利而止。敢問：「敵眾整而將來，待之若何？」曰：「先奪其所愛，則聽矣。兵之情主速，乘人之不及，由不虞之道，攻其所不戒也。」

　　凡為客之道，深入則專，主人不克；掠於饒野，三軍足食；謹養而勿勞，并氣積力；運兵計謀，為不可測。投之無所往，死且不北，死焉不得，士人盡力。兵士甚陷則不懼，無所往則固，深入則拘，不得已則鬥。是故其兵不修而戒，不求而得，不約而親，不令而信。禁祥去疑，至死無所之。吾士無餘財，非惡貨也；無餘命，非惡壽也。令發之日，士卒坐者涕沾襟，偃臥者涕

交頤~。投之無所往者，則諸劌之勇也。

　　故善用兵者，譬如率然；率然者，常山之蛇也。擊其首則尾至，擊其尾則首至，擊其中則首尾俱至。敢問：「兵可使如率然乎？」曰：「可。」夫吳人與越人相惡也，當其同舟而濟，遇風，其相救也如左右手。是故方馬埋輪，未足恃也；齊勇若一，政之道也；剛柔皆得，地之理也。故善用兵者，攜手若使一人，不得已也。

　　將軍之事，靜以幽，正以治。能愚士卒之耳目，使之無知。易其事，革其謀，使人無識；易其居，迂其途，使人不得慮。帥與之期，如登高而去其梯。帥與之深入諸侯之地，而發其機，焚舟破釜，若驅群羊，驅而往，驅而來，莫知所之。聚三軍之眾，投之於險，此謂將軍之事也。九地之變，屈伸之利，人情之理，不可不察。

　　凡為客之道，深則專，淺則散。去國越境而師者，絕地也；四達者，衢地也；入深者，重地也；入淺者，輕地也；背固前隘者，圍地也；無所往者，死地也。是故散地，吾將一其志；輕地，吾將使之屬；爭地，吾將趨其後；交地，吾將謹其守；衢地，吾將固其結；重地，吾將繼其食；圮地，吾將進其途；圍地，吾將塞其闕；死地，吾將示之以不活。故兵之情，圍則禦，不得已則鬥，過則從。

　　是故不知諸侯之謀者，不能預交；不知山林、險阻、沮澤之形者，不能行軍；不用鄉導者，不能得地利。此三者，不知一，非霸王之兵也。夫霸王之兵，伐大國，則其眾不得聚；威加於敵，則其交不得合。是故不爭天下之交，不養天下之權，信己之私，威加於敵，故其城可拔，其國可隳。施無法之賞，懸無政之令；

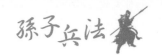

犯三軍之眾，若使一人。犯之以事，勿告以言，犯之以利，勿告以害。投之亡地然後存，陷之死地然後生。夫眾陷於害，然後能為勝敗。故為兵之事，在於順詳敵之意，並敵一向，千里殺將，此謂巧能成事者也。

是故政舉之日，夷關折符，無通其使，屬於廊廟之上，以誅其事。敵人開闔，必亟入之。先其所愛，微與之期。踐墨隨敵，以決戰事。是故始如處女，敵人開戶，後如脫兔，敵不及拒。

⇒ 譯文 →

孫子曰：軍事上有散地、輕地、爭地、交地、衢地、重地、圮地、圍地和死地。

諸侯在本國境內作戰的地區，稱為「散地」；進入敵國不遠尚可輕易返回的地區，稱為「輕地」；我方得之有利，敵人得之也有利的地區，稱為「爭地」；我軍可以前往，敵軍也可以前往的地區，稱為「交地」；與其他國家相毗鄰，誰先得到誰就可以獲得其他國援助的地區，稱為「衢地」；深入敵國腹地，背靠敵人眾多城邑的地區，稱為「重地」；山林險阻、水網沼澤等難於通行的地區，稱為「圮地」；進軍的道路狹窄，退兵的道路遙遠，敵人以少量兵力便可以攻擊我方眾多兵力的地區，稱為「圍地」；迅速奮戰便可生存，否則就會全軍覆滅的地區，稱為「死地」。處於散地不應作戰，處於輕地不應停留，遇到爭地不應強攻，遇到交地不應使行軍隊伍中斷，進入衢地應主動與諸侯結交，深入重地應搶奪糧草，遇到圮地應迅速通過，陷入圍地應設法脫險，處於死地應背水一戰。

善於指揮作戰者，能使敵人前後部隊無法相互接應、主力和其餘部隊無法相互依靠、長官與士兵之間無法相互救援、上下無法互相扶持、士卒離散難以集中、集合軍隊也無法統一行動。至於我軍則是有利就打，不利就不打。試問：「敵人兵員眾多且陣勢嚴整地向我方發起進攻時，我方應用什麼辦法對付他們呢？」答案是：「先奪取敵人最重要的地方和最重要的物資，如此一來，敵人就會聽從我們擺布。用兵之理，貴在神速，乘著敵人措手不及，經由敵人意料不到的道路，攻擊敵人沒有戒備之處。」

　　進入敵國境內作戰的規律是：深入敵國腹地，我軍軍心就會安定，敵人就不易戰勝已方。在敵國豐饒的田野上掠取糧草，全軍上下就有足夠的保障。注意休整部隊，不要使士兵過於疲勞，保持士氣，積蓄力量，部署軍隊，巧設計謀，使敵人無法判斷我軍意圖。將部隊置於無路可退的絕境，將士們就會寧死不退，士卒既能寧死不退，那還有什麼事是他們不敢做的呢？當士卒深陷危險境地且無路可退時，就不會感到害怕，自然軍心穩固；深入敵境時，軍心自然集中，遇到迫不得已的情況，軍隊就可以殊死搏鬥。這樣的軍隊無須整飭就自然可以注意戒備；無須強求就自然可以完成任務；無須約束就自然親密團結；無須申令就自然遵守紀律。禁止迷信與謠言，消除士卒的疑慮，他們就可以至死也不逃避。我軍士卒沒有多餘錢財，並不是因為他們厭惡錢財；我軍士卒置生死於度外，並不是因為他們不願長壽。當頒布作戰命令時，坐著的士卒淚沾衣襟，躺著的士卒淚流滿面，只因為將士卒逼到無路可走的絕境時，他們才都會像專諸（春秋時代吳國刺客）、曹劌（春秋時代魯國大夫）一樣勇敢。

　　善於指揮作戰之人如同「率然」蛇一樣。「率然」是恒山的一種

蛇，打牠的頭部，尾巴就會救援頭部；打牠的尾巴，頭部就會救助尾巴；打牠的腰部，頭尾都會救助腰部。試問：「可以讓軍隊像『率然』蛇一樣嗎？」答案是：「可以。」吳國人和越國人互相仇視，但當他們同船渡河而遇上大風時，他們也會相互救援，就如同人的左右手一樣有默契。將馬匹縛在一起、深埋車輪，只依靠此種拚死一戰的決心是不行的。要使部隊齊心協力、奮勇作戰如同一人，這才是治理軍隊的方法；要使強弱條件不同的士卒都發揮作用，關鍵在於恰當利用有利地形。善於用兵之人，能使全軍上下攜手團結如同一人，因為客觀形勢迫使士卒不得不如此啊！

將帥指揮軍隊時，應沉著冷靜且高深莫測，公正嚴明且有條不紊；應矇蔽士卒的視聽，使他們對於軍事行動的目的毫無所知；應不斷變更作戰部署、改變計謀，使敵人無法識破真相；應不時變換駐地地點，故意迂迴前進，使敵人無從推測我方意圖。將帥向士兵宣布作戰任務時，應使他們有如登上高處而失去梯子一樣，使軍隊有進無退。將帥率領士卒深入敵方境內時，應像弩機發出的箭一樣勇往直前，燒掉渡船、砸破飯鍋，應像驅趕羊群一樣驅使軍隊，使他們在將帥的掌控之中。集合全軍官兵，並使他們進入險惡環境，這就是將帥指揮軍隊作戰的本領。將帥應認真研究並周密考察以下九種地形，在這九種地形中攻防進退的利害得失、全軍上下的心理狀態，都是關係勝敗的重要原因。

在敵國境內作戰的規律是：越深入腹地，軍心越穩定鞏固；進入敵國境內前沿，軍心容易懈怠渙散。離開本國進入敵境作戰的地區，稱為絕地；四通八達的地區，稱為衢地；深入敵境的地區，稱為重地；淺入敵境的地區，稱為輕地；背有險阻面對隘路的地區，稱為圍地；

無路可退的地區，稱為死地。處於散地時，應統一軍隊的意志；處於輕地時，應使營陣緊密相連；進入爭地時，應迅速出兵至敵人後方；進入交地時，應謹慎防守；進入衢地時，應鞏固與諸侯列國的結盟；進入重地時，應確認軍糧供應；進入圮地時，應使部隊迅速通過；進入圍地時，應堵塞缺口；進入死地時，應表示與敵人殊死奮戰的決心。士卒的心理是：陷入包圍就會奮力抵抗，身處絕境就會拼死戰鬥，情況異常就會聽從指揮。

不瞭解諸侯列國的戰略意圖時，就不要與諸侯結交；不熟悉山林、險阻、沼澤等地形情況時，就不要行軍；不使用嚮導，就無法獲得有利地形。以上幾種情況，只要不瞭解其一，就無法成為足以稱王爭霸的軍隊。若成為稱王的軍隊，在進攻大國時，會使敵國軍民來不及動員集中；當兵威降於敵軍時，會使敵方盟國不敢與他策應。因此，無須爭著與天下諸侯結交，也無須在各諸侯國中培植己方勢力。只要施展己方戰略意圖，將兵威加諸於敵方，就可以攻占敵人城邑、摧毀敵人國都。在戰爭中，應施行超越慣例的獎賞，頒布不拘常規的號令，那指揮全軍就如同指揮一個人一樣。向部下宣布作戰任務，但不向他們說明其中意圖。動用士卒時，只說明有利條件，不指出危險因素。將士卒置於危地就能轉危為安，使士卒陷身於死地就能起死回生。唯有使軍隊深陷絕境，才能贏得勝利。帶兵打仗的關鍵在於謹慎觀察敵人的戰略意圖，並佯裝順從，然後再集中兵力攻擊敵人，千里奔襲，擒殺敵將。這就是巧妙用兵並且能克敵制勝的將領。

在決定舉兵出征時，應封鎖關口並廢除通行證件，不與敵國使者往來；在廟堂反復謀畫，計畫戰略決策。一旦敵方露出縫隙，就要迅速乘機而入，應率先奪取敵人的戰略要地，不需與敵方約期決戰，靈

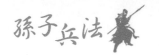
活機動、隨機應變地變動己方的作戰行動。在戰爭開始之前，要像處女一樣沉靜柔弱，誘使敵人放鬆戒備；在戰爭開始之後，要像脫逃的野兔一樣行動迅速，使敵人措手不及，無法抵抗。

賞析

本章論述軍隊在九種不同地域中作戰的用兵原則，強調應善於利用在不同作戰地域官兵的不同心理狀態，採取相應的作戰策略。

孫子在本篇提出「兵之情主速，乘人之下及，由不虞之道，攻其所不戒也」、「並敵一向，千里殺將」等作戰原則，為古今中外的軍事家所推崇。孫子在本篇指出深入敵國作戰的諸多好處，第一，深入敵國後，士兵只能聽從命令，不易逃跑，有利於將帥指揮，即「為客之道，深則專，淺則散」；其次，深入敵國作戰時，軍隊可以在敵國就地解決給養問題，有利於削弱敵國且增強自身實力，即「掠於饒野，三軍足食」；最後，士兵在敵國深入危險境地時，就會無所畏懼，奮勇作戰，即「士甚陷則不懼」、「不得已則鬥」。將軍應善於「聚三軍之眾，投之於險」，做到「投之亡地然後存，陷之死地然後生」。

01
衢地則合交

是故散地則無戰，輕地則無止，爭地則無攻，交地則無絕，衢地則合交，重地則掠，圮地則行，圍地則謀，死地則戰。

｜ 實戰 ｜

《孫子兵法》一書中非常注重天時、地利對戰爭的影響，根據不同地形對戰爭所產生的不同影響，孫子將作戰地形分為九類，並提出在這九類地形中作戰所應遵循的基本原則。

西元前 362 年，魏國與韓國、趙國作戰，秦國乘機出兵伐魏，占領魏國龐城。當時，魏國都城安邑處於秦、韓、趙三國包圍之中，三國人馬兵勢正盛，而魏軍則軍心渙散，形勢對魏國十分不利。在這種情況下，魏惠王果斷決定遷都大梁，以退為進，從而避開三國交戰的兵鋒，保存魏國實力。

魏國都城安邑處於秦、趙、韓三國包圍之中，是典型的「散地」，隨時都有可能被攻破，在國都周圍與敵國作戰，更是一件非常危險的事情。而魏惠王果斷遷都，避免了一場重大災難。

春秋時期，吳王向孫子探求用兵之道，吳王說：「我軍剛進入敵國境內時，士卒就因懼怕敵軍而返回，將帥欲前而士卒欲後，上下無法齊心協力。此時敵人堅守營壘，準備追擊我們，該怎麼辦呢？」孫子回答：「隊伍進入敵方的前沿地區時，若士卒無法齊心協力，就應當運用計謀迷惑敵人，佯裝後退，然後選出精銳輕裝前進，乘機掠奪敵人資財，以消除己方士卒的恐懼。之後再分出一部分兵力設伏，若敵人追趕就果斷出擊；若敵人不追，則可安然撤退。」

這是孫子與吳王的一番對話，在這段對話中，吳王所提到的這種情況就是「輕地」，孫子告訴吳王輕地不宜久留，應想辦法迅速離開，這也正是《孫子兵法》中所說的「輕地則無止」。

春秋時期，吳王闔閭準備進攻楚國。伍子胥、孫子獻計，楚國向來仗勢欺辱周圍的唐、蔡等國，若想攻打楚國，就應說服唐、蔡兩國聯

合出兵，才有勝算的把握。於是，吳王採納了他們的建議，與唐、蔡聯合發兵攻打楚國，結果楚王每戰必敗，最後被迫逃離郢都。在這則例子中，孫子為吳王所提的建議就是「衢地合交」的計謀。

商朝末年，周武王率軍伐紂，大軍渡過孟津，直逼商都朝歌。商紂王聞訊，急忙徵集大批奴隸和衛隊一同開赴牧野迎擊。當時，周武王的兵力遠不及紂王，但周武王為了推翻商紂的殘暴統治，決心背水一戰。他背倚濟水列陣，同時在陣前聲討商紂王的罪行以激勵將士。最後，周軍奮勇當先，商軍毫無鬥志，再加上眾多奴隸倒戈，軍隊頓時土崩瓦解。周武王的軍隊陳兵牧野，無疑是進入「死地」，然而他並沒有退卻，反而背倚濟水，拼死一戰，最後扭轉了戰局。

西元 234 年，諸葛亮率蜀軍進攻魏國，魏雍州刺史郭淮對魏軍統帥司馬懿說：「諸葛亮一定會爭奪北原，我們應搶占此地。」對此很多人感到不解，郭淮解釋：「若諸葛亮跨越渭水，登上北原，定會阻斷長安通往隴西的通道，致使百姓動盪不安，將對國家極為不利。若我軍先占領此地，就可以保持與隴西聯繫的暢通，有利於穩定局勢。」司馬懿認為言之有理，於是採納這個建議，派郭淮率領人馬搶先控制北原。當時郭淮還未來得及築建營壘，蜀漢大軍就已開到北原。郭淮利用地形率部迎敵，使得漢軍節節敗退。

在爭奪北原的過程中，雙方都瞭解北原對隴西通道的重要性，於是展開北原爭奪戰。司馬懿採納郭淮的建議，搶先占領北原，掌握主導權，最終獲得勝利。

合於利而動，不合於利而止

古之所謂善用兵者，能使敵人前後不相及，眾寡不相恃，貴賤不相救，上下不相收，卒離而不集，兵合而不齊。合於利而動，不合於利而止。

❖ 五種地形的作戰規律 ❖

地形	特點	作戰原則
散地	在本國境內作戰的地區。	不宜作戰。如果需要作戰，就要統一軍隊意志力，加強軍隊凝聚力。
輕地	進入敵國後不遠，且能輕易返回的地區。	不要停留。如果需要停留，應使軍隊緊密聯繫。
爭地	我方得之有利，而敵人得之也有利的地區。	待後援部隊跟上後再進攻。
交地	我軍可以前往，敵軍也可前往的地區。	行軍必須井然有序，謹慎前行。
重地	深入敵境，背靠眾多敵人城邑的地區。	後勤補給應充足，也可適時奪取敵方糧草。

｜ 實戰 ｜

孫子此段落提出「合於利而動，不合於利而止」的原則，其主張應使敵人無法前後相救，無法上下相及，從而阻斷敵人內部聯繫，達到降低敵人戰鬥力之目的。

戰國時期，魏國出兵攻打韓國，韓國請求齊國出兵援助。齊宣王

召集大臣商議此事，魏國謀士鄒忌主張不應出兵，田忌則主張應出兵相救。孫臏認為，齊國不必急於出兵相救，因為在韓、魏兩國尚未遭到重創之前，齊國出兵只是代替韓國承受魏軍的攻擊，而且還必須聽從韓國指揮。況且在此次戰爭中，魏國已決心與韓國決一死戰，所以韓國才向齊國求援。齊國可先與韓國結交，然後待魏、韓兩國人困馬乏、筋疲力盡時，再出兵相救，就可從中得利。齊王聽從孫臏的建議，最後於馬陵大敗魏軍。

03
兵之情主速，乘人之不及

先奪其所愛，則聽矣。兵之情主速，乘人之不及，由不虞之道，攻其所不戒也。

┃ 實戰 ┃

孫子指出用兵貴在神速，必須乘著敵人措手不及的時候出擊，於敵人意料不到的道路進攻，攻擊敵人沒有戒備之處，才能使敵人防不勝防，從而克敵制勝，達到速戰速決的目的。

西元 1644 年 4 月，李自成大軍圍攻山海關，山海關守將吳三桂降清，與清軍一同夾擊李自成，雙方在石河激戰。當時東北風大起，飛沙走石，天昏地暗，清軍乘機由角山祕密繞路至李自成側後，發起進攻。李自成猝不及防，陣勢大亂，傷亡慘重，最後被迫撤回北京。在這場山海關戰役之中，李自成最終迅速敗退的主要原因就是，敵人出兵迅速且

突然，令李自成防不勝防，只好敗退北京。

西元 1636 年 8 月，清軍大舉南犯。明廷料想清軍可能西進山西，然後再以山西為據點向北京進發，於是調集兵力加強對邊境防守。不料，清軍卻突然南下，直入居庸關，占領昌平，經沙河、清河直逼北京。明廷急調山西、山東等軍隊馳援。不料清軍又避開北京，攻占文安、永清，至雄縣後又回攻香河、順義、懷柔等城，然後伺機攻下密雲、平谷地區。清軍在短短不到一個月的時間內，一連攻下北京周圍十幾座城池，令北京陷入重重包圍之中。原因何在？因為明廷疏於北京周邊地區的防守，而清軍正是掌握這一點，「攻其所不戒」，所以連戰連勝，攻無不克。

04
深入則專

凡為客之道，深入則專，主人不克；掠於饒野，三軍足食。

｜ 實戰 ｜

孫子主張深入敵國作戰，他認為這樣不僅能使士卒心智專一、聽從指揮，也不至於被敵人擊敗。另外，在敵國物產富饒的地區作戰，可以使軍隊獲得充足給養，為己方軍隊提供糧食保障。

東晉穆帝時期，李勢割據四川建立成漢，嚴重威脅東晉統治。西元 346 年 11 月，晉穆帝決定派遣桓溫率晉軍討伐李勢，李勢得知這一

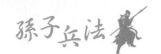
消息後，迅速集結兵力迎戰。次年3月，晉軍進至距離成都不遠的彭模，部將建議桓溫兵分兩路以分散李勢兵力，但袁喬極力反對。袁喬認為：晉軍孤軍深入敵境，不熟悉作戰地形，勝算把握不大。若再兵分兩路，勢必使晉軍兵力大大削弱，一旦被李勢各個擊破，不但戰爭將以失敗收場，部屬也難以生還。所以應當集中兵力，一舉滅掉成漢。桓溫採納袁喬的建議，讓老弱士卒留守彭模，親自率精銳騎兵進攻成都。途中遭遇李權攔截，桓溫率軍奮力殺敵，擊敗李權，然後直逼成都。但是，成都守軍頑強抗擊，晉軍遭受重創，將士士氣受挫。袁喬拔劍表示與成漢軍誓死一戰，晉軍大受鼓舞，拼死攻城，成都城最終陷落。

在袁喬拔劍明示誓死一戰時，晉軍明白唯有拼死決戰，才能求得生路，於是拼死殺敵，終於攻克成都城。深入敵境作戰，很多事情身不由己，如果受挫後退，就有可能遭到敵人致命攻擊，所以士卒在生與死的選擇之下，定會拼死殺敵，從而使戰勢產生轉機。

05
運兵計謀，為不可測

謹養而勿勞，並氣積力；運兵計謀，為不可測。

｜ 實戰 ｜

士兵的士氣和體力是軍隊戰鬥力的保證，所以孫子主張用兵作戰時一定要懂得保存士兵體力，使軍隊維持旺盛戰鬥力。此外，將帥用兵應神出鬼沒，不要讓敵人輕易判別出我軍的行動意圖，或輕易推斷出我

軍的行動方向。

西元 224 年，秦王派遣王翦率兵六十萬進攻楚國，楚國聽說王翦率大軍攻打，急忙調集全國兵力抵禦。抵達秦國後，王翦卻堅守陣營不與敵國交戰，楚人多次挑戰，秦軍始終堅守不出。王翦每天讓士兵休息，給予上等膳食，又採取各種計謀迷惑敵軍。楚軍見秦軍拒不出戰，又找不到合適的戰機，於是開始向東撤退。此時，王翦隨即命大軍追擊楚軍，楚軍毫無防備，陣勢大亂。秦軍追至新南，殺死楚將項燕，致使楚軍潰敗。王翦乘勝平定城邑，次年便俘獲了楚王。

王翦奉命攻打楚國，楚國傾盡全國兵力抵禦，此時如果強攻，成敗難以計算。因此王翦便讓士卒養精蓄銳，以待有利戰機。楚國大軍屢次求戰不能，士氣銳減，不久東撤。此時，王翦見時機成熟，以迅雷不及掩耳之勢迅速出擊，一舉擊潰楚國大軍。

王翦用兵深不可測，當初面臨楚國大軍的抵禦時，其實並非沒有取勝把握，只是那樣勢必會付出較大的代價，所以他決定「謹養勿勞，並氣積力」，以最小的代價獲得最大的勝利。

06
兵士甚陷則不懼，無所往則固

兵士甚陷則不懼，無所往則固，深入則拘，不得已則鬥。是故其兵不修而戒，不求而得，不約而親，不令而信。禁祥去疑，至死無所之。

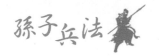
｜ 實戰 ｜

孫子主張用兵作戰時，應將士卒置於危險境地，這樣士卒們就會主動團結自律、自我約束。因為這樣的環境涉及生死利益，而生死存亡的命運全掌握在他們自己手中。

西元 74 年，班超奉命出使西域，到達鄯善國。起初，鄯善國王熱情招待，但沒過幾天後態度突然變的冷淡。原來，匈奴也派遣使者抵達鄯善，因此鄯善國王便改變了態度。班超對屬下說：「如果鄯善王把我們抓起來送給匈奴，到時恐怕會被吃得連骨頭都不剩。」屬下處於危險境地，都表示願意聽從班超指揮。班超對大家說：「不入虎穴，焉得虎子。」他在眾人的配合下，乘黑夜偷襲匈奴營帳，斬殺匈奴使者。而後，見此情境的鄯善國王便表示願意歸附漢朝。

班超出使西域，到達鄯善國，匈奴使者的出現出乎他們預料，而消滅匈奴使者也不在出使西域的計畫之內，所以，按常理來說，班超很難說服部屬襲擊匈奴使者。但班超明白「深入則拘，不得已則鬥」，在當時的情況下，他的號令代表部屬共同的心聲。他一聲令下，部屬果然積極配合，奮起斬殺匈奴使者，解除一大危險。

07

齊勇若一，政之道也

昰故方馬埋輪，未足恃也；齊勇若一，政之道也；剛柔皆得，地之理也。故善用兵者，攜手若使一人，不得已也。

｜ 實 戰 ｜

孫子在此段落強調軍隊的組織協調問題，他主張不要試圖使用外在力量迫使部隊穩定，而應藉由有效的管理和教育，為士卒創造內在動力，以此規範並約束他們，從而使全軍上下統一思想，步調一致。

南宋名將岳飛非常愛護部卒，他親自為有病的士卒調製湯藥；部隊要遠征時，他便派遣妻子慰問其家屬；將士戰死時，他便安排養育其遺孤；凡有朝廷賞賜，他都平均分給將士們。有一次，某位部將分賞不均，岳飛便下令將之處斬。由於岳飛對士卒親愛有度，賞罰分明，因此凡是軍中有令，士卒皆拼死執行。有一次，岳飛駐紮合肥時，派遣一名騎兵過江送公文，不巧遇上暴風雨，船夫勸騎兵改日過江，騎兵卻說：「溺死江中不足惜，耽誤岳公的命令了不得。」渡船人非常感動，於是在驚滔駭浪中將騎兵送到對岸。

岳飛愛兵如子，治軍嚴明，他治理的軍隊達到「攜手若使一人」的境界。他手下的將士「齊勇若一」，所以岳飛抗金的二十年總能以少勝多、以弱勝強，為宋室立下汗馬功勞。

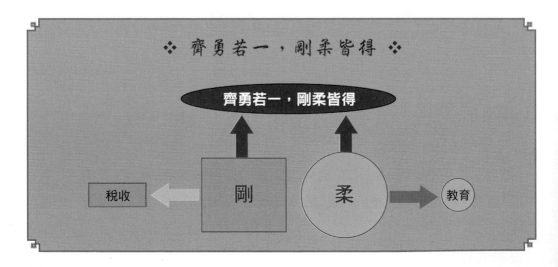

08
將軍之事，靜以幽，正以治

　　將軍之事，靜以幽，正以治。能愚士卒之耳目，使之無知。易其事，革其謀，使人無識；易其居，迂其途，使人不得慮。

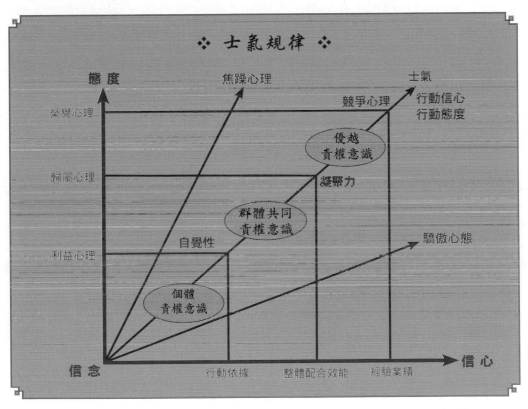

❖ 士氣規律 ❖

┃ 實戰 ┃

　　孫子在此段落提出「愚兵」思想，軍人的天職是服從，因此他們應當知道「做什麼」，而不是「為什麼」。既然如此，將帥的軍事計畫就沒有必要讓士卒們知道，唯有如此，將帥才能根據戰爭實際需要，隨

機改變軍事目標和作戰計畫，並使這些計畫順利執行。

西元 383 年，前秦王苻堅不顧群臣勸阻，發兵九十萬入侵東晉，初戰大捷，於是他便認為自己的軍隊可以投鞭斷流，成功消滅東晉。東晉君臣驚慌失措，只有宰相謝安泰然自若，派遣姪子謝石、謝玄率領八萬晉軍抵禦前秦。謝玄問他破敵之策，謝安回答：「到時自有安排。」然後便駕車出外遊玩，直到晚上才返家。謝安回到府中對眾將指示應戰策略後，眾將齊心協力迎戰。最後的淝水一戰，晉軍果然以弱勝強，大獲全勝。當捷報送到謝安住處時，他正在與客人下圍棋，當客人向他問起戰況時，他只是淡淡地回答：「孩子們已經打敗敵人了。」

謝安面臨大敵，處變不驚，泰然自若，有「靜以幽、正以治」的大將風範。他心中明白，面對十倍於己的前秦九十萬大軍，他也沒有完全把握，但這些事情不能讓將士們知道，否則將會擾亂軍心，不利於計畫執行。他一邊安撫軍心，一邊仔細分析戰勢，為打敗前秦軍創造機會。果然在他的號令下，晉軍以少勝多，大敗前秦。

09 登高而去其梯

帥與之期，如登高而去其梯。帥與之深入諸侯之地，而發其機，焚舟破釜，若驅群羊，驅而往，驅而來，莫知所之。

｜ 實戰 ｜

西元 417 年，晉軍將領王鎮惡帶領水軍從黃河進入渭水，直逼長

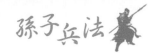

安。這天清晨，晉軍全體將士奉命吃飽喝足，靠近長安東渭橋。在河面狹窄、水流湍急之處，王鎮惡突然下令全體將士攜帶武器，披甲上岸，行動遲緩者斬。將士們以為發生緊急軍情，於是急忙上岸，連兵船都來不及拴住。當他們到岸上列隊成行時，兵船早已被河水沖得無影無蹤。

此時，王鎮惡大聲號令全體將士：「你們遠離家鄉萬里之外，兵船、衣食全被急流沖走，而長安就在眼前，只要奮力殺敵就可以衣食無憂，否則連屍骨都難以回家！」將士們聽到這一番話，都爭先恐後地衝向東渭橋。秦軍來不及抵擋這突如其來的陣勢，不戰而潰，王鎮惡順利攻入長安。

王鎮惡驅兵萬里深入敵境攻打長安，取勝的難度可想而知。但發兵萬里克敵，勞民傷財，一旦戰爭失利，對國家和百姓所造成的損失將不可估量，王鎮惡深知這一點，因此決定斷絕士兵們的後路，採取「登高而去其梯」這一計策，令將士們置之死地而後生，最終一舉攻下長安。

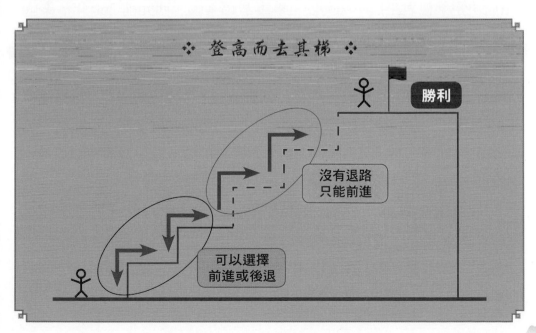

❖ 登高而去其梯 ❖

勝利

沒有退路
只能前進

可以選擇
前進或後退

10
夫霸王之兵，伐大國，則其眾不得聚

夫霸王之兵，伐大國，則其眾不得聚；威加於敵，則其交不得合。

| 實戰 |

孫子此段落提出的「夫霸王之兵，伐大國」，意思就是在用兵作戰時，應對敵軍造成一種「勢」。如果以霸王之兵進攻敵國，就能造成迅雷不及掩耳之勢，先發制人，從而有效掌握戰爭主導權。一旦出兵，便可使敵國措手不及，兵不得聚，人心散亂，軍無鬥志，也使盟國不敢策應馳援。

西元前 265 年，齊王田建繼位，由於田建年少，朝政多由太后君王后決定。但君王后一味苟安，事事恭順秦國。西元前 260 年，秦國攻打齊國的盟國——趙國，在長平坑殺趙兵四十萬。齊國雖與趙國有合縱抗秦之盟約，但由於懼怕強秦而不願出兵援趙。齊國謀臣周子諫言齊王：「趙國是齊國的屏障，『唇亡則齒寒』，若趙國滅亡了，那麼齊國也就危險了。」但齊王田建不聽勸告，反而撤除合縱之盟，不修戰備，一味恭順秦國。秦國見各國國力削弱，聯盟破裂，於是接連發動戰爭，破燕、滅韓、亡魏。

直到齊國周邊國家相繼被消滅，秦國大軍壓境之時，齊王田建才意識到危險將至，慌忙召集群臣商議。群臣有的言降，有的主張抵抗，議論紛紛，莫衷一是。齊王田建一面與秦交涉，一面調動兵馬防守西部邊疆，但為時已晚。最後，秦國大軍直搗齊國首都臨淄，所向披靡，齊

王投降，齊國滅亡。

齊國在齊威王時期曾稱霸一時，那時秦國還被它視為遠離中原的戎族。但在秦孝公任用商鞅變法之後，秦國的狀況大大改變，勢力也日益增強。這時候的秦國已不可同日而語，逐漸暴露其吞併天下的野心。在兼併數個周邊國家後，秦國的軍事實力也大大增強，在當時可謂各國畏懼的「霸王之兵」，它以迅雷不及掩耳之勢，滅掉齊國的盟國——趙國，齊國也不敢馳援。在滅掉趙國後，秦國的實力更加強大，在進攻齊國時，所向披靡，也就不在話下。

11
投之亡地然後存，陷之死地然後生

> 投之亡地然後存，陷之死地然後生。夫眾陷於害，然後能為勝敗。

| 實戰 |

西元前 208 年 9 月，秦將章邯率軍攻打楚國，大敗項梁於定陶，又乘勝跨越黃河攻打趙國。章邯派遣部將王離率軍二十萬圍攻巨鹿，楚懷王派遣宋義、項羽率軍北上救趙。當時，齊、趙、燕三國皆駐軍巨鹿北，但都不敢與章邯軍作戰。同年 12 月，項羽親率軍隊直逼巨鹿，攻打秦將王離，然後派遣當陽君和蒲將軍率軍渡過漳水，斷絕秦軍糧道。為了提振士氣，項羽在軍隊渡過漳水後，自毀戰船、砸壞炊具、燒毀營房，每人限帶三天乾糧，以示必死之心。楚軍官兵知道唯有在三天之內

戰勝敵人，才會有生路，於是士氣大振，奮力殺敵，與秦軍作戰九戰九捷，最後徹底打敗秦軍。

在秦將章邯率軍大舉攻趙時，齊、燕兩國皆不敢出兵援趙，連楚將宋義也不例外。但西楚霸王項羽卻果斷斬殺宋義，率全體楚軍破釜沉舟，決心與秦軍決一死戰。楚軍被項羽斷絕後路，「陷之死地然後生」，果然拼死殺敵，最後大敗秦軍。

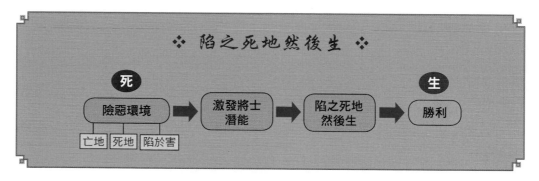

 12

並敵一向，千里殺將

故為兵之事，在於順詳敵之意，並敵一向，千里殺將，此謂巧能成事者也。

｜ 實戰 ｜

孫子強調應在明白敵人意圖的基礎上，集中兵力攻擊敵人的某個方向，如此一來，就能準確地打擊敵人要害，從而克敵制勝。

鄭成功原是明末殘餘勢力鄭芝龍之子，清軍入關後，鄭芝龍不聽

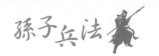

鄭成功的勸阻，接受清兵招降。後來，鄭成功起兵反清，在南澳地區招募人馬。西元 1648 年，鄭成功攻下同安，進逼泉州，而後，清朝總督陳錦率軍收復同安，鄭成功被迫撤退。西元 1652 年，鄭成功又包圍長泰，清軍提督陳錦兵分四路前來救援。當時，清軍雖然在數量上占有明顯優勢，但戰鬥力不強。鄭成功分析此一形勢後，決定攻擊清軍主力部隊。鄭成功以少數兵力阻擊南、西、北三個方向的清軍，集中主要兵力在江東橋迎戰清軍主力。

他先以一部分兵力斷敵退路，再將主力兵分三路待命於江東橋附近。當清軍發起進攻時，鄭成功令步兵三面夾擊，騎兵從中間突襲插入、分割敵人。清軍陣勢大亂，鄭成功奮起直追，陳錦在慌亂中被殺，清軍全軍覆沒。

鄭成功面對陣勢強大的敵人，既沒有驚慌也沒有盲目迎戰，而是分析敵我雙方形勢，兵分三路，牽制敵軍，然後集中主要兵力夾擊清軍，最後斬殺敵軍將領，大獲全勝。鄭成功在此戰役中，運用「並敵一向」的兵法謀略，獲得「千里殺將」的成果。

13
踐墨隨敵，以決戰事

踐墨隨敵，以決戰事。是故始如處女，敵人開戶，後如脫兔，敵不及拒。

| 實 戰 |

西元 222 年，曹仁率數萬兵馬攻打東吳濡須。但在此之前，曹軍卻揚言攻打羨溪，致使東吳朱桓派大軍出援羨溪。當魏軍進至距離濡須七十里左右的地方時，朱桓才發現上當了，但派出羨溪的部隊尚未返回，朱桓身邊僅有少量人馬，將士們十分驚恐。

面對突發狀況，朱桓迅速改變原作戰計畫，令部隊偃旗息鼓，迷惑敵人。曹仁見有機可乘，遂以曹泰攻城，以水軍攻擊朱桓後方，自率萬餘人馬為後援。朱桓見時機成熟，一邊派人進攻魏水軍，一邊親率精銳抗擊曹泰攻城軍。曹泰戰敗後，朱桓又集中軍隊攻擊魏水軍，最終，魏將被斬，士卒傷亡慘重。

東吳朱桓中了魏軍的「調虎離山」之計，使濡須的形勢陷入危險境地。但朱桓並沒有輕舉妄動，反而令部隊偃旗息鼓，首先迷惑敵人，然後伺機備戰出擊，最後令敵人措手不及，吃下敗仗。朱桓在危急關頭「始如處女」，待時機成熟後又「動如脫兔」，那麼他的反敗為勝也就不足為奇了。

第12章

火攻

　　孫子曰：凡火攻有五：一曰火人，二曰火積，三曰火輜，四曰火庫，五曰火隊。行火必有因，煙火必素具。發火有時，起火有日。時者，天之燥也；日者，月在箕、壁、翼、軫也，凡此四宿者，風起之日也。

　　凡火攻，必因五火之變而應之。火發於內，則早應之於外。火發而其兵靜者，待而勿攻，極其火力，可從而從之，不可從而止。火可發於外，無待於內，以時發之。火發上風，無攻下風。晝風久，夜風止。凡軍必知有五火之變，以數守之。

　　故以火佐攻者明，以水佐攻者強。水可以絕，不可以奪。

　　夫戰勝攻取，而不修其功者凶，命曰費留。故曰：明主慮之，良將修之。非利不動，非得不用，非危不戰。主不可以怒而興師，將不可以慍而致戰。合於利而動，不合於利而止。怒可以復喜，慍可以復悅，亡國不可以復存，死者不可以復生。故明君慎之，良將警之，此安國全軍之道也。

➤ 譯文 →

　　孫子曰：火攻共有五種，一是焚燒敵軍人馬，二是焚燒敵軍糧草，三是焚燒敵軍輜重，四是焚燒敵軍倉庫，五是焚燒敵軍運輸設備。實施火攻必須具備幾項條件，平時就必須準備火攻的器材，放火時應看準天時、選好日子。所謂天時，是指氣候乾燥；所謂日子，是指月亮行經箕、壁、翼、軫四個星宿位置的那幾天，凡是月亮經過這四個星

宿時，便是容易起風的日子。

凡用火攻，必須根據五種火攻形式所引起的不同變化，靈活機動地採取不同策略。如果在敵人內部放火，就要提前派兵從外面策應。火已燃燒而敵軍依然保持鎮靜，就應等待不可立即發起進攻，待火勢非常旺盛後，再根據情況做出決定，可以進攻就進攻，不可進攻就停止。也可從外面點火，這時就不必安排兵卒從敵人內部策應，只要適時放火即可。從上風處放火時，不可從下風處進攻。若白天已颳風許久，夜晚就容易無風。凡是領兵打仗，就必須掌握以上五種火攻方法，並且靈活運用，待放火時機、條件皆具備再進行火攻。

以火輔助軍隊進攻，效果最為顯著；以水輔助軍隊進攻，攻勢必能加強。水可將敵軍隔絕，火可焚毀敵方的軍需物資。

凡是打了勝仗卻無法即時產生成效的，必有禍患，這種情況就是「耗費國力卻留下後患」。所以，明智的君主應慎重考慮此問題，賢良的將帥應認真看待此問題。沒有好處，就不要行動；沒有取勝把握，就不要用兵；不到危急關頭，不要輕易開戰。國君不可因一時憤怒而發動戰爭，將帥不可因一時憤懣而輕易出陣求戰。符合國家利益時才用兵，不符合國家利益時就停止用兵。因為，一時憤怒尚可再度歡喜，一時憤懣也可再度高興，但國家滅亡就無法復存，人死了也不可再生。所以，明智的國君應慎重對待戰爭，賢良的將帥應警惕戰爭，這才是安定國家、保全將士的最佳方法。

賞析

孫子認為，火攻有火人、火積、火輜、火庫、火隊五種，即焚燒敵軍的營寨、糧草、輜重、倉庫和運輸設施等，摧毀敵人的人力、物

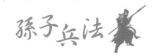
力和運輸。以上五種火攻方法必須變化運用，同時，應注意我軍可以掌握這種策略，敵軍當然也可以掌握，故應小心防備。

另外，孫子還指出火攻應具備的條件，除了平時就必須備有引火的器材，即「行火必有因，煙火必素具」之外，縱火時還要選擇天時，在「發火有時，起火有日」的氣象條件之下，即是選在天氣乾燥和容易颳風的日子放火。

孫子雖然重視火，但也只把火攻作為輔助進攻的一種形式，強調實施火攻必須與士兵互相配合。他指出「以火佐攻者明，以水佐攻者強」，雖然火攻、水攻的威力強大，但若不適時投入兵力，也無法輕易取勝。也就是說，主輔之間必須密切配合，才能發揮作用，達到奪取勝利的目的。

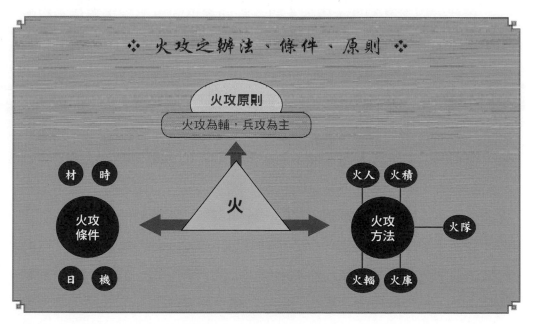

01
凡火攻，必因五火之變而應之

> 行火必有因，煙火必素具。發火有時，起火有日。時者，天之燥也；日者，月在箕、壁、翼、軫也，凡此四宿者，風起之日也。凡火攻，必因五火之變而應之。

｜ 實戰 ｜

孫子在此段落提出運用火攻必須具備的條件，以及運用火攻戰術的最佳時機。首先，平常就應準備火攻的兵器，然後選擇有利的天氣、有利的風向等因素，這些都是運用火攻戰術的必備條件。

唐代安史之亂初期，唐代大將哥舒翰率軍向東追趕崔乾佑，崔乾佑率軍迅速撤退，當退至一條險要峽谷時，崔乾佑命軍隊迅速占據高處，然後以滾木壘石攻擊追趕而來的唐軍。唐軍始料不及，傷亡慘重。哥舒翰見狀，遂命士卒用氈毯包裹頭部，以柴草遮掩車馬，向前猛衝。眼看就要成功衝出峽谷，此時卻颳起強勁東風。崔乾佑見唐軍逆風而來，還用易燃物遮護人馬車輛，遂決定採用火攻戰術。崔乾佑命士卒以易燃物製成火種，然後順勢投向谷底。風助火勢，一時間濃煙滾滾，烈火熊熊，直逼唐軍。唐軍防不勝防，慘叫不絕，不戰自亂，死傷無數。

崔乾佑初為潰退之師，本來敗局已定，但後來占據險要，又以高地滾木石的方式攻擊敵軍，唐軍用柴草等物包裹車馬。恰好，此時颳起強勁東風，正是利用火攻戰術的大好時機。崔乾佑隨即命士卒向敵軍投擲火種，結果唐軍被大火焚燒得苦不堪言，不戰自亂。如果不是天賜良機，而且將領巧用火攻，崔乾佑恐怕會全軍覆沒。

02
五火之變，以數守之

火發於內，則早應之於外。火發而其兵靜者，待而勿攻，極其火力，可從而從之，不可從而止。火可發於外，無待於內，以時發之。火發上風，無攻下風。晝風久，夜風止。凡軍必知有五火之變，以數守之。

| 實戰 |

孫子在此段落指出運用火攻應注意的事項，在實施火攻的過程中，應視當時具體情況而採取相應的應對措施，從而確保事半功倍。

西元 184 年，漢靈帝派遣皇甫嵩、朱俊率軍征討黃巾賊波才。波才進攻皇甫嵩，皇甫嵩撤退，憑城固守。波才又率眾進圍，但久攻不下，只好罷戰。時值盛夏，黃巾賊結草為營，就地乘涼。皇甫嵩站在城頭望著敵軍以乾草結成的軍營，計上心頭，遂命士卒每人各持一把火炬，待黃昏大風颳起時，持火把登上城牆，然後將火把投向敵營。乾草遇到烈火便迅速燃燒，風助火勢，霎時火焰沖天，敵軍陣營大亂。皇甫嵩又命精銳士卒開門出城，逼近敵營，縱火大呼，城牆上的士卒也舉起火把相應，敵軍驚惶失措，皇甫嵩乘機率眾衝向敵陣，黃巾賊頓時潰敗。

皇甫嵩以少數兵力守城，雖能抵擋一時，但卻不是長久之計，所以他一直在尋找有利戰機。炎熱晴朗的天氣，敵軍結草為營，漢軍居高臨下，這些因素無疑為火攻計提供完備條件。於是，皇甫嵩命士卒乘風起之時，向敵營投擲火把，然後乘敵營大亂之際，再率城內精兵出擊，一舉衝潰敵營，大敗黃巾賊。

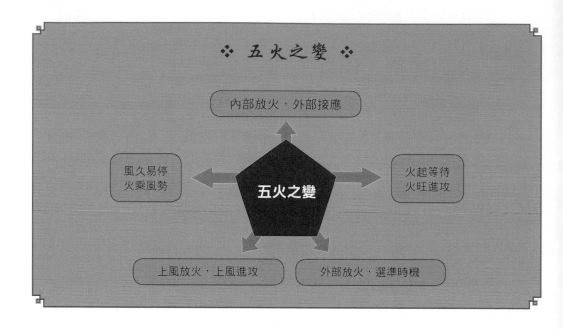

❖ 五火之變 ❖

內部放火，外部接應

風久易停
火乘風勢

五火之變

火起等待
火旺進攻

上風放火，上風進攻

外部放火，選準時機

03
不修其攻者凶

夫戰勝攻取，而不修其攻者凶，命曰費留。故曰：明主慮之，良將修之。

｜ 實戰 ｜

孫子在此段落強調，在戰爭取得勝利後，應注意維持勝利的成果，否則依然會導致失敗。這項原則無論是對國君來說，還是對將帥來說都十分重要。

西元1644年，明末闖王李自成率領大軍進攻北京，軍士秋毫無犯，紀律嚴明，受到百姓熱烈歡迎。不久之後，李自成便接管了全國一半以

上的地方勢力。但如此大好形勢卻沖昏了闖王的腦袋，謀士牛金星忙於應酬，主將劉宗敏則忙於催餉，李自成自己只顧著霸占吳三桂的愛妾陳圓圓，成天飲酒作樂，激起眾人的不滿。本已準備歸降的吳三桂，立即引清兵入關，起兵反叛。而後，李自成在明軍與清軍的聯合夾擊下，節節敗退，被迫撤出北京。在清軍的追擊下，最終兵敗武昌，李自成也自縊於湖北九宮山。

　　名噪一時、深受百姓擁護的闖王，最後卻落得自縊九宮山的悲慘下場，原因是什麼呢？其中最關鍵的原因在於，在獲勝之後，李自成並沒有維持勝利的成果，給了對手可乘之機。若李自成能早點明白「戰勝攻取，而不修其攻者凶」的道理就好了。

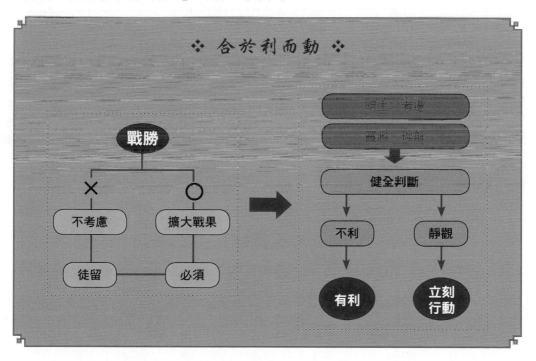

04
主不可以怒而興師，將不可以慍而致戰

非利不動，非得不用，非危不戰。主不可以怒而興師，將不可以慍而致戰。

｜ 實戰 ｜

孫子在此段落指出發動戰爭的原則，他主張在一般情況下不要輕易發動戰爭，此種「慎戰」思想與前述「不戰而屈人之兵」不謀而合。其實，戰爭的最高境界就是不戰。如果好大喜功、窮兵黷武，不僅勞民傷財，而且還會禍國殃民，最終導致自身覆亡。

隋朝末年，隋煬帝窮兵黷武，三征高麗，皆大敗而歸。戰爭勞民傷財，致使生靈塗炭、民不聊生，不久便爆發聲勢浩大的叛變。李密、翟讓、竇建德、李淵父子等人紛紛起兵，中原大亂。在四方叛軍的追殺下，隋煬帝被迫逃往江都，後被部將殺死。隋煬帝窮兵黷武，「非危而戰」，他多次遠征高麗，均無功而返，此舉不僅勞民傷財，更引發隋末大亂，不僅自己身死江都，也使僅維持不到四十年的隋朝滅亡。

歷史上因「主怒而興師」最後慘敗的例子不在少數。西元前 258 年，秦昭襄王派遣白起率軍攻打趙都邯鄲。白起認為，當時秦國國內空虛，不宜出師邯鄲，雖然長平之戰秦軍獲勝，但卻傷亡慘重，於是推辭出兵。於是，秦昭襄王又另選他人率軍攻趙，卻久戰無功。而後，秦昭襄王再次敦促白起出征，白起稱病不從。昭襄王大怒，命其帶病出征。白起表明：「寧願伏罪而死，也不願做敗軍之將。」昭襄王不聽勸告，執意發兵攻趙，結果大敗。

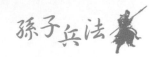

　　白起身為秦國將帥，久經沙場，最明白實際戰場上的利弊得失。他明白第二次出兵伐趙會有什麼樣的後果，於是極力勸諫昭襄王不要輕易出兵，但昭襄王偏偏不聽勸阻，結果出師未捷，而且損失慘重。

　　當然，也有「將不慍而不致戰」的例子，最終為將領贏得勝利。

　　三國時期，司馬懿稱病，藉口神志不清殺死曹爽。後來，他接到諸葛亮「饋贈」的婦女首飾，還有一封污辱他的書信，信上寫道：「仲達既為大將，統領中原之眾，不思披堅執銳，以決雌雄，乃甘窟守土巢，謹避刀箭，與婦人又何異哉！今遣人送巾幗素衣至，如不出戰，可再拜而受之；倘恥心未泯，猶有男子胸襟，早與批迴，依期赴敵。」

　　諸葛亮認為一直堅持不出戰的司馬懿，與婦人又何異，因此贈他一些婦女使用的衣服、首飾，希望藉此激將法讓司馬懿出戰。但司馬懿深知「主不可以怒而興師，將不可以慍而致戰」，並不為此侮辱而惱怒，而是上表假裝請戰，但卻仍然堅壁不出，藉以疲勞蜀軍，最後終於大獲全勝。

第13章
用　間

　　孫子曰：凡興師十萬，出征千里，百姓之費，公家之奉，日費千金；內外騷動，怠於道路，不得操事者，七十萬家。相守數年，以爭一日之勝，而愛爵祿百金，不知敵之情者，不仁之至也，非人之將也，非主之佐也，非勝之主也。故明君賢將，所以動而勝人，成功出於眾者，先知也。先知者，不可取於鬼神，不可象於事，不可驗於度，必取於人，知敵之情者也。

　　故用間有五：有鄉間，有內間，有反間，有死間，有生間。五間俱起，莫知其道，是謂神紀，人君之寶也。鄉間者，因其鄉人而用之。內間者，因其官人而用之。反間者，因其敵間而用之。死間者，為誑事於外，令吾間知之而傳於敵。生間者，反報也。

　　故三軍之事，親莫親於間，賞莫厚於間，事莫密於間。非聖智不能用間，非仁義不能使間，非微妙不能得間之實。微哉！微哉！無所不用間也。間事未發而先聞者，間與所告者皆死。

　　凡軍之所欲擊，城之所欲攻，人之所欲殺，必先知其守將、左右、謁者、門者、舍人之姓名，令吾間必索知之。必索敵間之來間我者，因而利之，導而舍之，故反間可得而用也。因是而知之，故鄉間、內間可得而使也。因是而知之，故死間為誑事，可使告敵。因是而知之，故生間可使如期。五間之事，主必知之，知之必在於反間，故反間不可不厚也。

　　昔殷之興也，伊摯[1]在夏；周之興也，呂牙在殷。故唯明君賢將，能以上智為間者，必成大功，此兵之要，三軍之所恃而動也。

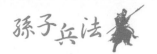

➡ 譯 文 →

　　孫子曰：興兵十萬，征戰千里，每天所耗費的國家軍費開支都在千金之巨，全國上下內外都會動亂不安，百姓只能疲憊地在路上奔波，無法正常耕作生產的人家達七十萬之多。如此相持數年，為的就是爭取一朝得勝。如果因為吝惜爵祿和金錢，不肯重用間諜，以至於無法掌握敵情而導致失敗，那就是不仁慈的表現了。這種人便不配為軍隊的統帥，稱不上是國君的輔佐，也不是勝利的主宰。英明的君主和賢良的將帥之所以能一出兵就戰勝敵人，且取得超越一般人的功績，就在於能預先掌握敵情。若想事先瞭解敵情，不可用求神問卜的方式，不可以過去相似的事情類比推測，一定要取之於人，從那些熟悉敵情的人口中獲取。

　　間諜有五種：鄉間、內間、反間、死間、生間。若能同時靈活使用這五種間諜，敵人就無從捉摸我軍用間的規律，這種神祕莫測的使用間諜之法，也正是克敵制勝的法寶。

　　鄉間，是指利用敵人的同鄉為間諜。內間，是指利用敵方官吏為間諜。反間，是指利用敵方間諜為我方所用。死間，是指故意製造並散布假情報，再透過我方間諜將假情報傳給敵人，一旦事情敗露，我方間諜則難逃一死。生間，是指偵察敵情後還能活著回來報告敵情的人。

　　作為主將，在軍隊中應與間諜最為親近，應給予間諜最為豐厚的獎賞，也應交代間諜最機密的事情。不是才智超群的人，不能使用間諜；不是仁慈慷慨的人，不能使用間諜；不是謀慮精細的人，不能分辨間諜提供的情報真假。微妙啊微妙，沒有什麼時候不能使用間諜。若間諜的工作還未開始，就有人來告知此事，那間諜和告密者都應被處死。

凡是我軍準備攻打的敵方軍隊、準備攻占的敵方城池、準備刺殺的敵方人員，都應預先瞭解其將領、親信、聯繫官員、守門官吏和門客幕僚，應令我方間諜一一偵察這些情況。

亦應搜查敵方派來偵察我方軍情的間諜，然後以重金收買、引誘、開導，如此一來，便可以使用反間計。再根據反間所提供的敵情，使用鄉間和內間，使死間傳播假情報，使生間按預定時間返回報告。主將應確實掌握五種間諜的運用方法，而瞭解敵情的關鍵在於反間，所以不可不給予反間優厚的報酬。

從前，殷商興起在於重用於夏朝為臣的伊尹；周朝興起由於周武王重用瞭解商朝的姜子牙。所以，若明智的國君和賢能的將帥可以任用擁有智慧與才能的人作為間諜，必定能建立大功。間諜就是用兵的關鍵，因為三軍都須依靠間諜提供的情報以決定行動。

賞析

《孫子兵法》最後一章論述使用間諜偵察敵情的重要性，並論述間諜的種類和使用間諜的方法。

孫子十分重視間諜，認為間諜是作戰取勝的重要關鍵，因為軍隊往往依靠間諜提供的情報採取行動。孫子認為那些重「爵祿百金」，而不重使用間諜的人，是「不仁之至也，非人之將也，非主之佐也，非勝之主也」。

如何「知彼」？如何「先知」？孫子提出「先知者，不可取於鬼神，不可象於事，不可驗於度，必取於人，知敵之情者也」。

孫子將間諜分為五種：鄉間、內間、反間、死間、生間。前三種是利用敵方人員，後兩種則是由我方派人潛入敵人內部。若同時使用

五種間諜，就可以獲得十分廣泛的情報來源，在打仗時便能使敵人茫然不知所措，神妙莫測。

其中以反間從敵方得來的情報最為重要，因此應特別重視反間，給予反間較為優厚的待遇。

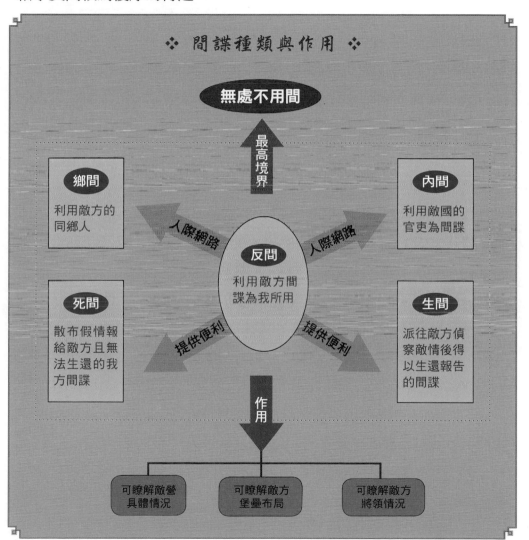

❖ 間諜種類與作用 ❖

無處不用間

最高境界

鄉間
利用敵方的同鄉人

人際網路

反間
利用敵方間諜為我所用

人際網路

內間
利用敵國的官吏為間諜

死間
散布假情報給敵方且無法生還的我方間諜

提供便利

提供便利

生間
派往敵方偵察敵情後得以生還報告的間諜

作用

可瞭解敵營具體情況

可瞭解敵方堡壘布局

可瞭解敵方將領情況

01
先知者，不可取於鬼神，不可象於事

凡興師十萬，出征千里，百姓之費，公家之奉，日費千金；內外騷動，怠於道路，不得操事者，七十萬家。相守數年，以爭一日之勝，而愛爵祿百金，不知敵之情者，不仁之至也，非人之將也，非主之佐也，非勝之主也。故明君賢將，所以動而勝人，成功出於眾者，先知也。先知者，不可取於鬼神，不可象於事，不可驗於度，必取於人，知敵之情者也。

| 實戰 |

孫子於此段落指出在戰爭中運用間諜的重要性。孫子認為發動戰爭需耗費大量人力、物力和財力，付出巨大代價。相對來說，想發動一場戰爭比較容易，但要取得一場戰爭的勝利，就需要「知彼知己」。知己比較容易，但要「知彼」則必須運用間諜。如果因為吝惜金錢而不捨得運用間諜，無法準確掌握敵情，從而導致戰爭失敗，那就會因小失大，危害國家根本利益。

另外，孫子還指出用兵作戰時，不要迷信鬼神天象，一定要取之於人，也就是重視間諜的作用。

西元前 204 年，西楚霸王項羽率兵十萬圍攻滎陽，漢王劉邦急召張良、陳平等謀士商議對策。

陳平對劉邦說：「項羽的得力幹將不外乎范增、鐘離昧等幾個人，若能拿出數萬斤黃金離間他們，使他們彼此疑心，從而造成其內部自相

殘殺，然後漢軍再乘機起兵進攻，必能消滅楚國。」

劉邦認為陳平講得很有道理，於是拿出黃金四萬斤給陳平，任由他運用處理，不過問黃金的情形。陳平便利用大量黃金在楚軍內部施行反間計，項羽果然中計，從而猜疑且不信任鐘離昧等人。

項羽號稱西楚霸王，其部屬驍勇善戰，又有范增、鐘離昧等人為其出謀畫策，更使項羽如虎添翼，勢不可當。若想以武力擊敗項羽，劉邦不占任何優勢。

劉邦為奪得天下，消滅項羽，採用陳平的反間計，不惜重金離間項羽與其部下的關係，導致項羽猜疑范增、鐘離昧等人而不再加以重用，最終導致西楚霸王的覆滅。

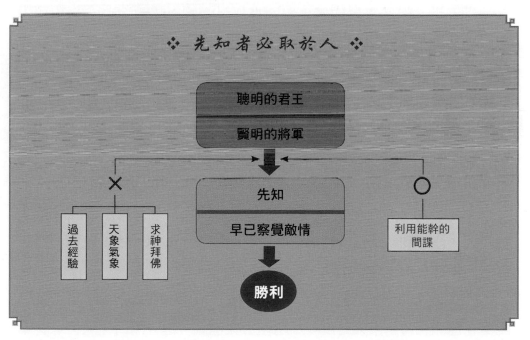

02
用間有五

故用間有五：有鄉間，有內間，有反間，有死間，有生間。五間俱起，莫知其道，是謂神紀，人君之寶也。

｜ 實戰 ｜

孫子在此段落指出使用間諜的五種方法，在不同的情況下應交替使用這五種方法，這樣不僅能擴大情報來源，而且還可以使敵人無法捉摸我方的用間規律，從而更有效地運用間諜，準確無誤地瞭解敵情。

西元前 229 年，秦國命王翦率軍攻打趙國，趙國速派李牧和司馬尚率軍抵禦。秦軍出師不利，秦王決定以重金收買趙王寵臣郭開，然後命郭開向趙王進獻讒言：李牧、司馬尚企圖謀反。趙王果然信以為真，於是派遣趙蔥和齊將顏聚取代李牧。李牧熟知戰況，知道任用趙蔥等人為將，趙國必敗無疑，因此並沒有遵從趙王的命令。而趙王竟然因此找藉口暗中殺害李牧，再廢掉司馬尚的官職。除掉李牧不久，王翦便乘機出擊趙國，大敗趙軍，殺了趙蔥，活捉趙王，趙國也隨之滅亡。

秦國攻打趙國，遇到良將李牧的頑強抵抗，秦王決定用間除掉李牧等人。沒想到趙王真的輕信寵臣郭開的讒言，殺掉李牧，使秦國計謀得逞。最後，秦國乘勝出擊，滅掉趙國。

東漢獻帝時期，馬超和韓遂在關中起兵反叛。曹操親自率軍西征，兩軍在潼關相持，不久之後，馬超便丟失潼關，退守渭口。隨後，曹軍又渡過渭河，並且派徐晃率軍屯駐西河，使馬超腹背受敵。馬超見戰勢不利，便向曹操請求割地求和，曹操假意答應，卻暗地準備進攻。韓遂

不知曹操底細，請求與曹操見面。曹操與韓遂見面後，只閒談舊情，閉口不談軍事。韓遂回到營中後，馬超問他曹操都說了些什麼，韓遂說曹操什麼都沒說，但馬超不相信，於是開始懷疑韓遂有了二心。幾天後，曹操又派人送一封信給韓遂，信中有很多改動的痕跡，就好像韓遂改過一樣。韓遂看過信後，又把信拿給馬超，馬超便懷疑韓遂在信上做了手腳，因而對他更加懷疑。二人隔閡越來越深，不久之後就被曹軍打敗。

在曹操平叛韓遂、馬超的戰爭中，曹操初戰受阻，便決定用計瓦解馬、韓聯盟。他利用自己與韓遂舊有的交情，使馬韓之間相互猜疑，從而致使其聯盟瓦解，然後逐個殲滅。

03
三軍之事，親莫親於間

故三軍之事，親莫親於間，賞莫厚於間，事莫密於間。非聖智不能用間，非仁義不能使間，非微妙不能得間之實。微哉！微哉！無所不用間也。

| 實戰 |

孫子在此段落論述間諜在軍隊的重要性，以及其重要的地位。間諜是軍隊中最需要謹慎挑選的人才，而任用間諜也是一項極其複雜的工作。由於間諜的特殊身份，所以對待間諜必須不同於常人，必須不惜重金，給予優厚待遇和獎賞，這樣才能使間諜「為知己者死」。

西元 572 年，北周大將韋孝寬利用反間計誘使北齊後主高緯殺掉

斛律光。韋孝寬善於安撫部屬，深得士卒信賴，個個都能為他拼死效力。他曾多次暗地派遣使者進入北齊內部，不僅如此，他也不惜重金收買北齊人，以探取情報。由於韋孝寬用間得當，所以北周對於北齊的政治、軍事皆瞭若指掌。韋孝寬手下有一名心腹名為許盆，他本是北周的一名幹將，韋孝寬令其據守北周某座城池，沒想到許盆竟舉城投降，令韋孝寬勃然大怒。而後，他馬上派出一名間諜去北齊，與韋孝寬原本收買的北齊間諜一同斬殺許盆，並且帶著許盆的人頭回到北周。

韋孝寬可謂一個用間高手，他不僅充分利用身邊親信作為間諜，而且還不惜重金收買北齊人作為間諜。難怪當他的親信背叛他、投降北齊的時候，他能夠很快地利用間諜取得背叛者的項上人頭。韋孝寬的用間之法可謂出神入化，北齊人談之色變。

在軍隊中，間諜比任何人都有資格得到信任與優待。若將領沒有思考和分析的能力，就不能利用間諜；若將領沒有情義和仁德，就不能使用間諜；若將領沒有無微不至地關懷間諜，就得不到間諜搜集的情報。

04
反間可得而用也

必索敵間之來間我者，因而利之，導而舍之，故反間可得而用也。因是而知之，故鄉間、內間可得而使也。因是而知之，故死間為誑事，可使告敵。因是而知之，故生間可使如期。五間之事，主必知之，知之必在於反間，故反間不可不厚也。

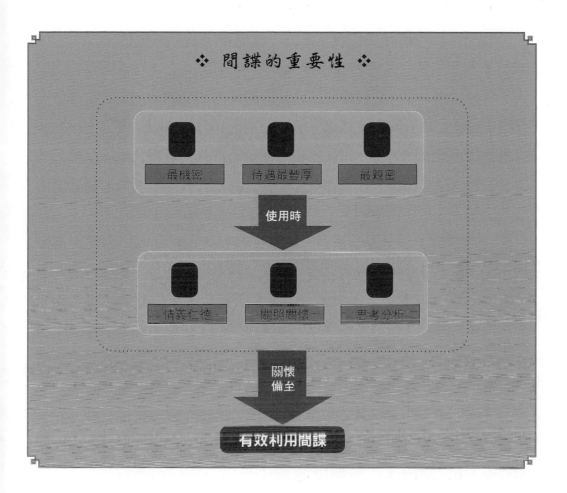

間諜的重要性

最機密　　待遇最豐厚　　最親密

使用時

情義仁德　　關照關懷　　思考分析

關懷
備至

有效利用間諜

| 實戰 |

孫子在此段落強調「反間」在五間中的重要地位，「反間」可使其他四間更加靈活有效，所以，孫子特別強調應善於運用反間。綜合運用五種間諜，便能於戰爭中探知最有用的敵情。

南宋時期，金兀朮與劉豫一起包圍廬州。劉豫原是南宋將領，後來投降金國。南宋抗金將領岳飛在得知金兀朮妒忌劉豫的消息後，便決定運用反間計除掉劉豫。

當時，軍中恰好捉住金兀朮的一個密探，岳飛決定藉由這名密探實施反間計。他命人將密探帶上大堂，沒有對其用刑，而是假裝認錯人，責備密探：「你不就是我軍派到劉豫那裡的王斌嗎？當時我讓你去與劉豫合作，用計誘捉金兀朮，怎麼遲遲不見你回來呢？後來，我又派人到劉豫那裡探問情況，劉豫已答應與金兀朮共同進犯長江，以此為誘餌，在清河將其活捉。你竟然一去不回，現在又被抓了回來，到底是何居心？還不快快從實招來！」

　　那密探聽了岳飛這一番話，如墜雲裡霧中，但他為了求生，慌忙假稱是王斌，並表示要戴罪立功，希望大將軍寬恕。

　　於是，岳飛寫了一封信，信中說明與劉豫共謀活捉金兀朮之事，並用蠟把信封好，交給那個密探，還囑咐他路上小心，速去速回，不得延誤。那名密探回去後立即把信交給金兀朮，他看後大吃一驚，火速報告金主，廢掉劉豫。

　　岳飛不費一兵一卒便除掉金兀朮的得力幫手劉豫，手段實在高妙，不僅節省作戰成本，而且也為打敗金兀朮掃除一大障礙。有關反間的詳細內容，在之後的《三十六計》反間計中，也會再次詳細說明。

三十六計

The art of war & Thirty-Six Stratagems

第1章

勝戰計

「人無遠慮，必有近憂」，即便身處順境，也要深謀遠慮，切不可狂妄自大、目中無人，甚或輕浮焦躁、驕傲輕敵。

01 以假亂真的藝術 ▶
瞞天過海

備周則意怠，常見則不疑。陰在陽之內，不在陽之對。太陽，太陰。

按：陰謀作為，不能於背時祕處行之。夜半行竊，僻巷殺人，愚俗之行，非謀士之所為也。如開皇九年，大舉伐陳。先是，弼²請緣江防人，每交代之際，必集歷陽，大列旗幟，營幕蔽野。陳人以為大兵至，悉發國中士馬，既而知防人交代，其眾復散。後以為常，不復設備。及若弼以大軍濟江，陳人弗之覺也。因襲南徐州，拔之。

➤ **譯 文** →

當防備周密時，反而更容易意志鬆懈；司空見慣的事情，反而更容易輕易相信。密謀往往隱藏在開誠布公的事物之中，密謀不會與公開的事物相反。開誠布公的事物之中，往往隱藏著最陰暗的計謀。

按：實行祕密的謀略，不一定要在無人的地方。在三更半夜行竊、在僻靜的巷子裡殺人，那些都是愚蠢鄙俗之人的勾當，真正的智謀之士對此不屑一顧。開皇九年，隋兵伐陳，便是運用「瞞天過海」的典例。隋將賀若弼統兵駐防江岸，每次移防時，他便將部隊調往歷陽城，並且大張旗鼓，營帳蔽野，聲勢浩大。第一次移防時，陳國以為隋將大舉進兵，便調集全國兵卒迎戰。後來發現隋軍只是移防，陳國便把軍

隊遣回各地。而後，隋軍屢次移防，陳國便習以為常，不再戒備。這時，賀若弼眼見時機成熟，便乘機揮師渡江，陳國居然沒有察覺，隋軍因此攻下南徐州。

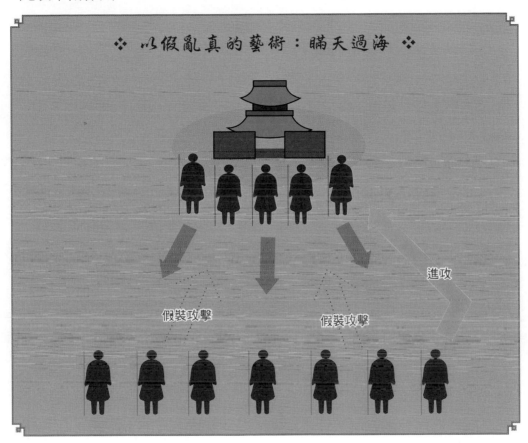

❖ 以假亂真的藝術：瞞天過海 ❖

進攻

假裝攻擊　　　　假裝攻擊

賞析

本計可解讀為以下幾種意涵：

1. **以假亂真矇騙敵人**。就是在敵人面前製造假象，隱藏真實的行動或意圖。此法之所以被廣泛採用，是因為虛假的東西很容易製造，而且付出極小代價就能有絕佳的矇騙效果。

2. **隱藏行跡自由行動**。在戰爭之中，敵人是根據我方行蹤判斷我們的意圖，根據行蹤對我們施以干擾或攻擊。若隱藏行蹤，那對方就無法判斷我們的行動方向和位置，我方便可乘此有利形勢「為所欲為」，不受任何干涉。

3. **以公開行動混淆視聽**。將真實行動掩蓋在公開行動下，將敵人的注意力轉移至公開行動，使其忽略隱藏的祕密行動。在對戰的多數情況下，雙方皆很難不露出蛛絲馬跡，所以應以公開行動轉移注意力，使敵人失去警覺，這樣才有利於實施真正的計謀。

當敵人利用此計時，應採取以下幾種防範措施：

1. **揭開虛偽看清真相**。無論敵人將事情做得如何隱密，難免會露出破綻，正所謂「若要人不知，除非己莫為」。可依敵人所露出的破綻，順藤摸瓜，見微知著，確定敵人的真實企圖。切不可被敵人的表面所迷惑，因為對方為了隱藏自己，總要戴上假面具，一旦發現敵人遮遮掩掩、鬼鬼祟祟，就必須提高警覺，尋根究底，揭開敵人的虛偽面紗。

2. **及早發現及時反饋**。無論敵人將事情做得如何隱密，難免會露出破綻，一旦發現敵人有了新動向，或行動發生變化，便要及時反饋，絕不能視若無睹，聽而不聞。「及時」十分重要，如果過晚發現或反應遲緩，都會為敵方創造可乘之機，導致我方失去有利戰機，最後追悔莫及。

3. **嚴密防備絕不懈怠**。「害人之心不可有，防人之心不可無」，特別是對於敵人，更應提高防備意識，常備不懈，以防不測。因為敵人善於以假亂真、善於矇騙，所以應將敵人牢牢置於我方的嚴密監視和控制之下，這就是預防被敵人矇騙的有效措施。

4. **窮追到底，使敵人無法得逞**。一旦發現敵人在瞞天過海之計上，

正在「渡海」或「已經渡海」，也絕不輕易讓他們逃走，只要有一絲希望，就不要輕言放棄。而追趕敵人時也應選擇捷徑，不可死追硬拚。另外，也應提早扼殺敵人「渡海」後的企圖。

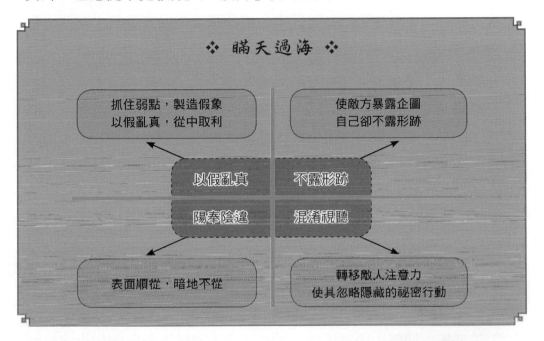

❖ 瞞天過海 ❖

抓住弱點，製造假象
以假亂真，從中取利

使敵方暴露企圖
自己卻不露形跡

以假亂真　不露形跡

陽奉陰違　混淆視聽

表面順從，暗地不從

轉移敵人注意力
使其忽略隱藏的祕密行動

| 實戰 |

清朝時期，咸豐皇帝死後，東太后和西太后共同協助同治皇帝處理朝政。東太後地位較高，西太后則善於權謀，兩人面和心不和。

某天，山東巡撫丁寶楨正在書房讀書，只見德州知府匆匆跑來求見，而且淚珠橫飛。丁寶楨見狀，忙問緣故。知府哭哭啼啼地說：「安德海向我府上索要白銀五千兩，而且限三天之內交出，否則性命難保。」丁寶楨知道安德海的確不好惹，他是深受西太后寵愛的太監，貪贓枉法，無惡不作，但由於他的特殊身份，一般人都不敢惹他。於是，丁寶楨決定乘機除掉這個宦官。其實，安德海私下獲得西太后恩

准，得以出宮搜刮民財，但並沒有皇上聖旨，也沒有太后手諭。而大清祖訓規定：「內監不許私自離開京城四十里，違者由地方官就地正法。」丁寶楨巧妙抓住這一點，認為事情有了轉機。因為東太后素來與西太后不合，若東太后知道此事，定會降旨斬殺安德海，而西太后明知自己有錯，也不敢過於張揚。

於是，丁寶楨立即命知府捉拿安德海，同時將此事稟報東太后。安德海被抓來之後便破口大罵，因為他認為西太后救他的懿旨不久就會到，但安德海沒想到東太后的懿旨來得更快。丁寶楨拿著東太后的懿旨念道：「安德海私自出宮，出離京城四十里，依祖訓應就地正法。」安德海一聽，兩腿頓時軟了下來。丁寶楨大喝一聲：「來人！推出去斬了。」正在此時，忽聽有人在門外高喊：「西太后懿旨到！」丁寶楨知道西太后的懿旨肯定是來救安德海的。他想了一想，命令道：「前門接旨，後門斬首。」說完便命人將安德海推出後門。待丁寶楨跑到前門跪聽懿旨時，安德海的人頭已經落地了。

丁寶楨不僅剛正不阿，而且足智多謀。他以大清祖訓和東太后的勢力為後盾，巧妙斬殺作惡多端、背倚西太后的安德海，而且不留餘地，令人拍手稱快。

02 避實擊虛之法 ▶
圍魏救趙

共敵不如分敵，敵陽不如敵陰。

按：治兵如治水，銳者避其鋒，如導疏；弱者塞其虛，如築堰。

故當齊救趙時，孫子謂田忌曰：「夫解雜亂糾紛者不控拳，救鬥者不搏擊，批亢<small>ㄎㄤ</small>搗虛，形格勢禁，則自為解耳。」

譯文 →

　　與其正面進攻兵力集中、實力強大的敵軍，不如使敵軍分散之後再攻擊。與其攻擊敵軍的強大之處，不如攻擊敵軍的薄弱之處。

　　按：用兵作戰，就如同治理洪水一樣。對於來勢洶洶的敵人，應避開其鋒芒，如同治理洪水時導流一樣；對於虛弱的敵人，應堵住並且殲滅他，如同治理洪水時修築堤壩一樣。所以，齊國派田忌為將援救趙國之時，軍師孫臏對田忌說：「若想解開雜亂的絲線，就不能用拳頭捶打；若想勸解打架鬥毆者，就不能自己動手參與。應避開勢頭，擊其要害，使對方受挫而無法再崛起，困難也就自然而然地解決了。」

避實擊虛之法：圍魏救趙

　　此計適用於敵我力量對比懸殊之時，對於來勢洶洶的敵人，若不管三七二十一就與敵方死拼，必然頭破血流。在不利於我方的情勢之下，應當避其鋒芒，採以分導引流，或攻擊敵人的薄弱之處以牽制它，或襲擊敵人的要害以威脅它，或繞到敵人背後打擊它。如此一來，敵人必然會丟棄到手的肥肉，轉主動為被動。

　　在運用此計時，必須瞭解「圍魏」是因，「救趙」是果，不論「圍」的方式有什麼不同，但目的只有一個，那就是「救趙」。如果無法完成「救趙」這一目的，那「圍魏」也就毫無意義了。

　　運用本計時應注意以下幾個問題：

　　1. **巧妙選擇突破口**。正確選擇突破口是此計謀得以成功的關鍵，在選擇突破口時，應注意是否具備以下兩個條件：一是它是否比「趙」容易進攻，從相對容易之處下手，能獲得事半功倍的效果。因為從容易的地方突破，不但能鼓舞士氣，還能形成破竹之勢。如果難易程度相差不多時，則應選擇對全域影響較大之處入手。二是「魏」一定是敵人的必救之處，否則「圍魏」便徒勞無功，無法實現「救趙」的目標。

　　2. **採取迂迴進攻的策略**。在戰場上，不是所有事情都可以「直來直往」。如果直接去做某些事情，可能會遇到很多困難，但如果繞一點遠路或增加一些中間環節，就可以避開困難或化解危機。

　　3. **避敵鋒芒，直中敵人要害**。敵人往往是非常強大的，若不分青紅皂白地向敵人橫衝直撞，其結果無疑會頭破血流。面對氣勢強大的敵人，必須巧妙選擇進攻方向，例如主動避開敵人實處，攻擊虛處。如此一來不但可以免受重創，而且還能保全實力進攻敵人要害。

　　當敵人利用此計時，應採取以下幾種防範措施：

1. **迅速攻取眼前目標，以防留下後患**。對於到手的肥肉應迅疾吃掉，以防被狼叼走，也就是「夫兵久而國利者，未之有也」。對於「趙國」，我們應迅速攻取之，以防被他人「救趙」。

2. **提高警覺以防遭襲**。當我方正在追逐某個目標時，往往無暇顧及身後禍患，這時就給了敵人可乘之機，正所謂「螳螂捕蟬，黃雀在後」。所以，應「眼觀六路，耳聽八方」，以防敵人突襲。

3. **分清事情的輕重緩急**。在處理問題時，應掌握主要重點，不可不分輕重，同等看待，況且也不可能兼顧所有問題。在不可兩全的情況下，應分清輕重緩急，重點突擊，否則就什麼事也無法完成。

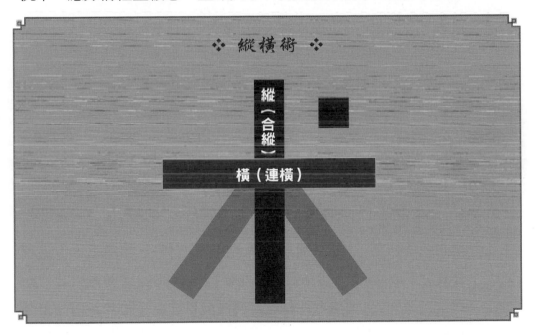

❖ 縱橫術 ❖

縱（合縱）

橫（連橫）

| 實戰 |

前述《孫子兵法》的部分曾提到，曹操曾於袁紹手下負責殲滅黃巾賊，袁紹對曹操既利用又拉攏，為了讓他幫自己守住冀州南大門，

並利用曹操使勢力延伸至黃河以南，他加封曹操為東郡太守。而曹操對袁紹也巧妙地加以利用，他乖巧地接受袁紹給他的職務，並將治所從濮陽遷到東武陽，意圖將勢力擴展至兗州、青州。

西元 192 年春天，于毒率部進兵東武陽，曹操立即派兵攻打于毒西山大本營。眾將不解：「東武陽正告急，為什麼不回救東武陽？」曹操對眾將解釋：「東武陽和于毒本營，哪一個對他更重要呢？」眾將回答：「當然是于毒自己的本營更重要。」曹操接著說：「這就對了，他們攻打武陽，我們攻打他的本營，他必然發兵回救，這樣一來，東武陽之圍不就迎刃而解了嗎？」各將領恍然大悟，奮勇向西山進攻。而後，于毒果然回救，東武陽之圍不救自解。

03 借他人力量達到自己目的 ▶

借刀殺人

敵已明，友未定，引友殺敵，不自出力。以「損」推演。

按：敵象已露，而另一勢力更張，將有所為，便應借此力以毀敵人。如鄭桓公將襲鄶，先向鄶之豪傑、良臣、辨智、果敢之士，盡書姓名，擇鄶之良田賂之，為官爵之名而書之，因為設壇場郭門之外而埋之，釁之以雞豭，若盟狀。鄶君以為內難也，而盡殺其良臣。桓公襲鄶，遂取之。

諸葛亮之和吳拒魏；及關羽圍樊、襄，曹欲徙都，懿及蔣濟說曹曰：「劉備、孫權外親內疏，關羽得志，權必不願也。可遣人勸躡其後，許割江南以封權，則樊圍自釋。」曹從之，羽遂見擒。

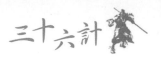

譯文

若已明瞭敵人的情況，但尚不明瞭盟友的態度，這時應誘使盟友攻打敵人，無需自己出力，這是從《易經》「損卦」的卦辭中所領悟的道理。

按：已發現敵人的蹤跡，且敵人正與另一股強大勢力互相合作，有所行動，這時便應藉此勢力，摧毀敵人。例如，鄭桓公攻打鄶國時，先羅列鄶國豪傑、良臣、智者、英勇果敢之士，公開張貼布告，選擇鄶國的良田贈予他們，再分封各種官爵，並在城郊設下祭壇，將名單埋在地下，用公雞、公豬作為祭品，佯裝盟誓。而後，鄶國國君便以為國內這些豪傑、良臣勾結鄭國作亂，便按照以上公布的名單將他們一一斬殺。鄭桓公眼見鄶國豪傑、良臣皆已除盡，便馬上攻打鄶國，並成功占領鄶國。

又如，諸葛亮與吳國結盟，共拒魏國。當關羽圍攻魏國屬地襄陽、樊陽時，曹操想要遷都，司馬懿和蔣濟勸說道：「劉備、孫權表面上是親戚，但其實隔閡甚深，關羽得志，孫權內心必定不滿。可派人跟隨孫權身後擔任說客，答應割讓江南土地給孫權。如此一來，樊城之圍自然解除。」曹操聽從此計，最終關羽兵敗麥城，束手被擒。

賞析

本計的主要特點是，藉由敵方內部矛盾的勢力或盟友的力量，削弱或消滅敵對勢力。而其關鍵所在則是，善於掌握和利用敵方矛盾，包括敵方內部矛盾以及敵方與盟友之間的矛盾，想方設法擴大這些不合的因子，直至引起敵方自相殘殺，或引起敵方與盟友互相爭鬥，以

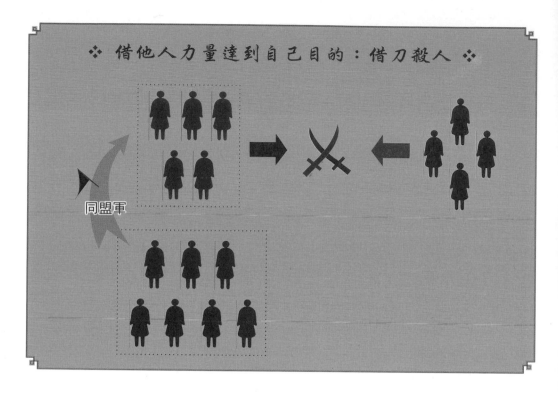

借他人力量達到自己目的：借刀殺人

同盟軍

達到削弱或消滅敵方實力之目的。

在軍事上，此計多與間諜相互搭配使用。而在現代商戰中，也有許多人為了謀取私利，刻意製造他人過失以掩飾自己的過錯，其所用之策略也可稱為借刀殺人。

本計可解讀為以下幾種意涵：

1. **巧用外力為己所用**。借用他人的手和力量，自己不動手也不出力，不耗費任何代價，即可順利實現自己的目標。

2. **爭取盟友加入並用其刀殺人**。借人之刀去殺人，刀之主人必然也就被誘迫加入聯盟，即便他不是心甘情願，也必然逃脫不了，自然也就被拉下水。

3. **血染他人刀，自己一身淨**。借刀殺人可以不露任何痕跡，不拋

頭露面，也就不用承擔任何責任。既落得兩手乾淨，又實現了自己的
目標。

當敵人利用此計時，應採取以下幾種防範措施：

1. 謹防成為敵人的獵捕對象。一是防患於未然，俗話說：「害人
之心不可有，防人之心不可無。」必須時時警惕來自各方面的攻擊；
二是揭發敵人的險惡用心，一旦發現自己成為「被殺之人」，便要即
時揭發「借刀之人」，指出他的陰險用心，使「被借之刀」醒悟，懸
崖勒馬；三是離間敵人，若敵人已結成聯盟，就必須千方百計地拆散
他們，不讓他們有機會互相借刀以對付己方，並果斷攻擊危害自己的
行為，削弱其囂張氣焰。

2. 謹防成為敵人所借之刀。一是不跟風、不盲從，分辨是非，不
可一股腦就去做，這樣很容易被他人利用；二是要清楚自己為何要「殺
人」，是不是被他人利用呢？當還沒搞清楚這些問題之前，不可盲目
行動；三是要比較利害得失，不為他人做嫁衣。如果「殺人」對自己
沒有太大價值，但對他人意義重大，這就說明被他人利用了。

｜ 實戰 ｜

西元 1942 年，日軍駐山東濟南高級特務機關為刺探情報，採取
釋放俘虜的辦法，派奸細深入抗日根據地。其具體做法是：讓看守故
作疏忽，以便使俘虜三五成群地逃跑，有時放跑的是真的被俘人員，
有時放跑的則是偽裝成被俘人員的奸細。這一次，抗日根據地又審查
了一批由敵占區逃回來的被俘人員。經嚴格審查後，最終有五個人來
路不明，其中有兩個人已承認自己是日本特務，而另外三個則堅絕不
承認。其實，根據地早已掌握這三個人是特務的情報，其中一個外號

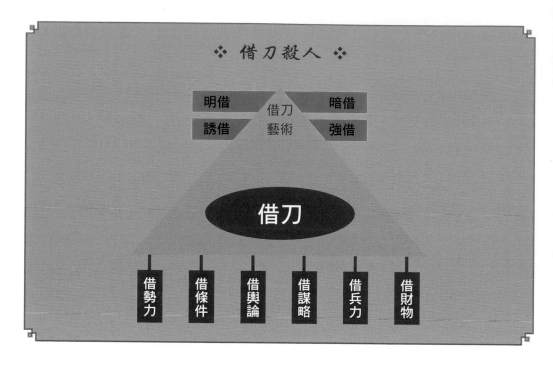

借刀殺人

明借　借刀　暗借
誘借　藝術　強借

借刀

借勢力　借條件　借輿論　借謀略　借兵力　借財物

為「催命鬼」的人，本來曾是國民黨特務。

　　偵訊科科長請示上級該如何處置這五個人。上級先讓科長說出自己的意見，科長說：「把那兩個主動坦白的放了，『催命鬼』等三人頑固不化，乾脆槍斃。」上級對科長說：「我覺得應該把這五個人都放了。」科長感到迷惑不解，於是上級將自己的妙計和盤托出，科長連連稱妙。這天下午，偵訊科向兩個日本特務下達四項任務，然後將「催命鬼」等三人押來，但沒有下達任務。最後，派人將這五個人分別送出根據地。

　　這五個人回到敵占區後，便被日本高級特務機關關押。起初，他們都說是從抗日根據地逃跑的，後來受不了皮肉之苦，兩個特務率先招供，並說有任務在身。當問到「催命鬼」等三人時，他們只說沒有任務。日本特務機關起了疑心：為什麼其中兩個人有任務，而另外三

個人沒有呢？不承認的一定隱瞞了事實。於是對「催命鬼」等三人用酷刑，這三個人胡編亂供，牛頭不對馬嘴，引起日方懷疑。最後，日本決定槍斃「催命鬼」等三人，另外兩個也被關進了集中營。

 04 以不變應萬變，以靜制動 ▶ ─────────────

以逸待勞

困敵之勢，不以戰；損剛益柔。

按：此即致敵之法也。兵書云：「凡先處戰地而待敵者佚，後處戰地而趨戰者勞。故善戰者，致人而不致於人。」

兵書論敵，此為論勢。則其旨非擇地以待敵，而在以簡馭繁、以不變應萬變、以小變應大變、以不動應動、以小動應大動、以樞應環也。如管仲寓軍令於內政，實而備之；孫臏於馬陵道伏擊龐涓；李牧守雁門，久而不戰，而實備之，戰而大破匈奴。

═ 譯文 →

　若想耗損敵人的力量，迫使敵人陷於危難，不一定要直接進攻，反而可以採取靜守不戰的戰略，這樣就可以自然減弱強勢、增強弱勢。

按：「以逸待勞」是採用人為手段調動敵人的計策。《孫子兵法》提到：「凡是率先抵達戰場等待敵人者，就安逸且有精力；後抵達陣地倉促應戰者，必然疲勞困頓，被動應戰。因此，善於用兵者總是可以操縱敵人，而不為敵人所調動。」

　《孫子兵法》中所說的是戰爭的勞逸形勢，這裡討論的則是如何

掌握主導權。己方並非僅僅選好地形以待敵人，而是應以簡制繁、以不變應萬變、以小變應大變、以靜制動、以小動制大動、掌握關鍵以控制周圍局面。例如，春秋時代，齊國的相國管仲寓軍事於內政，寓兵於民，這就是「實而備之」的戰略，有備無患，以逸待勞；孫臏在馬陵道伏擊龐涓也是守株待兔、以逸待勞；戰國時期，趙國大將李牧戍守北方雁門，備戰已久但不輕起戰端，這正是在養精蓄銳，一旦奮起便可以大破匈奴。

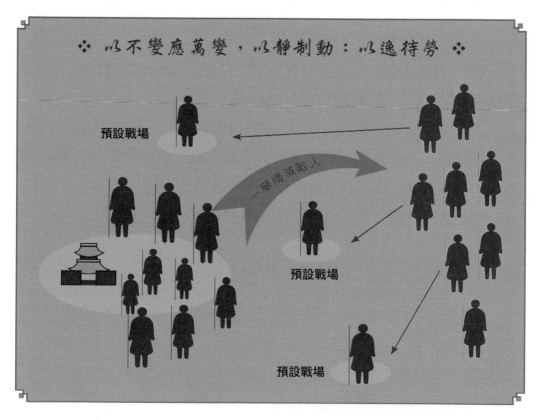

❖ 以不變應萬變，以靜制動：以逸待勞 ❖

預設戰場

一舉殲滅敵人

預設戰場

預設戰場

若想讓敵方處於困難局面，不一定只能使用進攻之法，關鍵在於掌握主導權，伺機而動，以不變應萬變，以靜對動，調動敵人，創造戰機。所以，不可將以逸待勞的「待」理解為消極被動的等待。在現代商戰中，「以逸待勞」也可視為一種以不變應萬變、以小變待大變的謀略。

本計可解讀為以下幾種意涵：

1. **積蓄力量以待時機**。若想攻擊敵人，自己首先要有足夠力量。在己方勢力尚不足以擊敗敵人時，應避免過早與敵人直接交戰，先主動退守，抓緊時機，擴充力量，由弱變強。另外，在時機不成熟時，應等待時機，可以採取退避三舍、虛於應付、慢火煎魚、故意拖延等策略與敵人巧妙周旋，待時機一到，再轉守為攻，一鼓作氣消滅敵人。時機不成熟時，不動如山岳；時機成熟時，動如脫兔。

2. **與敵周旋以守為攻**。在敵人力量較強大、氣勢較凶猛時，為了減少不必要的犧牲，應調動敵人，使之四處奔命，讓敵人體力疲憊，士氣低落，進而削弱其力量。在戰爭中，防守有時是為了準備更大規模的進攻，有時防守本身也是一種特殊的進攻方式，這時的「不戰」便是戰，「戰」便是不戰，「無聲勝有聲」。在特殊情況下，主動自守的不戰策略，反而可以更有效地消耗敵方力量，消磨其鬥志。

當敵人利用此計時，應採取以下幾種防範措施：

1. **率先進入戰場，先入為主**。趕在敵人之前進入戰場，便有充分時間休息，進行戰前準備，全面熟悉環境，掌握戰爭主導權，這就是戰爭獲勝的關鍵。

2. **以簡馭繁，靈活應變**。在戰爭中應捨棄不必要的行動，控制多

餘耗損，以靈活的機動部隊與敵方龐大負累的部隊周旋。此外，還要靈活應變，以不變應萬變、以不動應動、以小變應大變。如此一來，己方便能付出較少代價，而敵方就必須付出較大的代價。

3. **削弱敵力，養精蓄銳**。利用疲勞戰術削弱敵人力量，使自己的力量相對增強，並利用這個時機暗中養精蓄銳，使己方勢力占有絕對優勢。

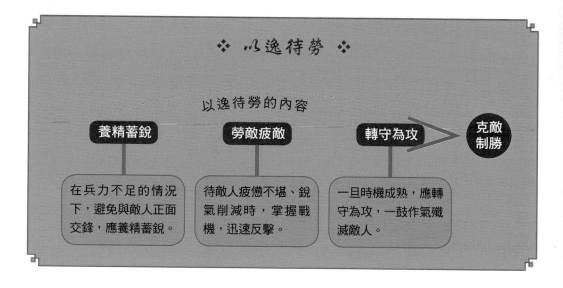

❖ 以逸待勞 ❖

以逸待勞的內容

| 養精蓄銳 | 勞敵疲敵 | 轉守為攻 | 克敵制勝 |

在兵力不足的情況下，避免與敵人正面交鋒，應養精蓄銳。

待敵人疲憊不堪、銳氣削減時，掌握戰機，迅速反擊。

一旦時機成熟，應轉守為攻，一鼓作氣殲滅敵人。

｜ 實戰 ｜

鐵木真成為蒙古首領之後，廣納人才，舉賢與能，勢力逐漸強盛。而曾與鐵木真結為盟友的箚木合心懷不滿，尋機要與鐵木真一較高下。

鐵木真有一位叔父拙赤，經常令部屬到野外放牧馬群。有一次，他的一群馬被人劫走，放馬人急忙通報拙赤。拙赤極為憤怒，隻身一人前去追趕。傍晚時分，拙赤追上劫馬者，用箭射倒為首的那個人，然後乘亂將馬群趕回。後來才發現，原來拙赤射中的那個人正是箚木合的弟弟。箚木合悲恨交加，遂聯合塔塔兒、泰赤烏等部族，合兵三

萬，殺奔鐵木真。

鐵木真得到消息後，立即集合部眾做好迎敵準備。起初，鐵木真的部隊抵擋不住氣勢洶洶的箚木合軍，不得不且戰且退。在軍務會議上，部將博爾朮對鐵木真說：「敵軍氣焰方盛，意在速戰速決，我軍應以逸待勞，待敵軍力衰之時再出擊，定能大獲全勝。」鐵木真採納博爾朮的意見，集眾固守。箚木合幾次遣軍進攻，都被鐵木真的弓箭手一一射退。

本來在草原之上興兵，不須帶軍糧，專靠沿途搶掠或獵獲飛禽走獸。箚木合遠道而來，軍糧漸少，又無從搶奪，士兵只得四處覓食，整日不在營中。博爾朮見敵軍相率出遊，東一隊，西一群，勢如散沙，立即入帳稟報鐵木真。鐵木真認為時機已到，遂命各部奮力殺出。

此時的箚木合正在帳中休息，得知鐵木真發動進攻，匆忙吹號角集合部隊，但士兵大多出外捕獵，來不及歸回。箚木合手下的十二個主將因敵不過排山倒海而來的鐵木真軍，紛紛落荒而逃。箚木合見大勢已去，慌忙騎快馬從帳後逃走。已養足精力的鐵木真軍像砍瓜切菜一般，將在營帳中的數千箚木合部隊全部消滅。這場戰鬥結束後，鐵木真在蒙古草原的聲威日振，附近的部落紛紛前來歸附。

 05 敵方之亂，我方之機 ▶

趁火打劫

敵之害大，就勢取利，剛夬ㄍㄨㄞˋ柔也。

按：敵害在內，則劫其地；敵害在外，則劫其民；內外交害，則

劫其國。如越王乘吳國內蟹稻不遺種而謀攻之，後卒乘吳北會諸侯於黃池之際，國內空虛，因而搗之，大獲全勝。

⇒ 譯文 →

　　當敵人內部不合時，我方正好可乘此有利時機出兵攻打，以取得決定性勝利，這是從《易經》「夬卦」的卦辭中所領悟的道理。

　　按：若敵人遭遇內亂，那就乘機占領其土地；若敵人遭受外患，那就乘機掠奪其民財；若敵人內憂外患，那就乘機占領其國家。例如，戰國時代，越王勾踐乘著吳國國內遭遇大旱，在就連吃稻子為生的螃蟹都無法留下後代的情況下，乘機策畫進攻吳國。待吳王夫差率領精銳部隊北上到黃池與諸侯會盟，國內空虛的大好機會，越王勾踐大舉進攻吳國，不費吹灰之力便大獲全勝。

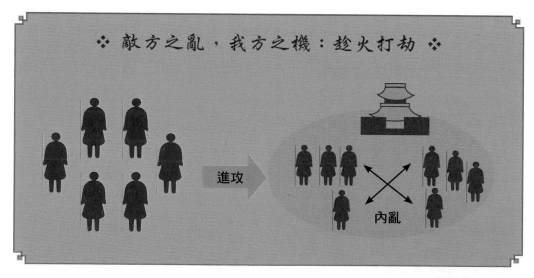

❖ 敵方之亂，我方之機：趁火打劫 ❖

進攻

內亂

賞析

本計可解讀為以下幾種意涵：

1. 乘人之危，抱薪救火。在敵人遭遇危難時，應主動發起進攻，奪取利益，也可稱為乘間取利、乘人之隙。對方後院「起火」，我方裝出「救火」的姿態前去湊熱鬧，這樣既不會被對方拒絕，也不會引起對方注意。

在「救火」的過程中，我方便可暗中撈取好處，或在暗角再點「新火」，為敵方製造更多困難，這樣便可以輕易將敵人置於死地，也可稱為火上澆油、落井下石。

2. 助紂為虐，共同分利。火是他人放的，在別人趁火打劫時，我方應乘機插手，助上一臂之力，事成之後再論功分賞。

當敵人利用此計時，應採取以下幾種防範措施：

1. 關好門戶，不給敵人可乘之機。趁火打劫者一般都是乘隙取利、乘亂取利。若我方關好門戶，慎防外人乘機進入，那敵人也就找不到可乘之「隙」了；若我方遭遇危難時，仍臨危不亂，井然有序，敵人也就無可乘之「亂」。

敵人的可乘之機就是我方「家裡著火」，若根除「失火」的根源，使己方不再發生火災，那敵人也就無可乘之機，這便是最治本的防範措施。

2. 重點防衛，一致對外，使敵人無利可圖。一般遇到危難時，損失是很難避免的，但應盡量減少損失。若敵人乘我方內亂之時進攻，那內部不合的雙方應瞭解「鷸蚌相爭，漁人得利」的道理，立即捐棄前嫌，一致對外，這樣才對己方有利。

❖ 趁火打劫 ❖

一	二	三	四
落井下石	**共同分利**	**乘危取利**	**明助暗奪**
在敵方有難時，我方乘機製造更巨大的危難，直至將敵方置於死地。	當敵方被他人攻打時，我方可乘機插手，陷敵方於不利。事成之後，還可與他人共享勝利。	在敵方陷入危機時，我方可乘機取得敵方物資。	敵方內部不合時，我方應佯裝幫助敵方解決糾紛，但真正目的是使敵方內部更加混亂，從中撈取好處。

｜ 實戰 ｜

西元 1840 年鴉片戰爭之後，中國淪為各國列強瓜分的殖民地。西元 1856 年至 1860 年，英國聯合法國再度發動第二次鴉片戰爭，也就是英法聯軍之役，昏庸腐朽的清王朝於西元 1858 年簽訂喪權辱國的中、英、法《天津條約》。西元 1860 年，英、法兩國再度出兵攻占舟山、大連、煙台，封鎖渤海灣，繼而又攻占塘沽、大沽、天津，並一度占領北京，在與清政府簽訂《天津條約》後，又新訂《北京條約》，規定中國除允許外國公使駐京；准許內地自由傳教；增闢牛莊、登州、台南、淡水、潮州、瓊州、漢口、九江、南京、鎮江、天津等通商口岸外，還改訂關稅；割讓九龍；賠償英、法各八百萬兩白銀。

當時，清朝正在對內用兵，大規模鎮壓太平天國，且屢屢失利，又遭到英、法等國入侵，正處於內憂外患、捉襟見肘的危急之時。這期間，俄羅斯沙皇便利用清朝的昏庸腐朽和國內危機，特別是英法聯軍之役後的有利時機，乘虛而入，趁火打劫。

西元 1858 年 5 月 28 日，沙皇乘英、法進攻天津、威脅北京之時，命東西伯利亞總督穆拉維約夫，順黑龍江而下，直抵璦琿，迫使清政府簽訂《中俄璦琿條約》，規定俄國割去黑龍江以北、外興安嶺以南六十多萬平方公里的領土，並把烏蘇里江以東的領土畫為中俄共管。同年 6 月 13 日，沙俄又以「調停」英法聯軍之役「有功」為名，與清朝簽訂《中俄天津條約》，規定若他國在沿海增開口岸，准許俄國一律照辦；俄國在中國各通商口岸設立領事館，並派兵船停泊；俄國東正教教士入內地自由傳教；中俄兩國派員查勘「從前未經定明邊界」，實際上藉此侵占領土；日後中國若給予其他國家通商等特權，俄國一律照辦。西元 1860 年 11 月 14 日，沙俄再次利用英、法聯軍攻占北京的軍事壓力，迫使清政府與其簽訂《中俄北京條約》。

就這樣，在英法聯軍之役期間，沙俄以武力恫嚇、政治誘騙兩種手段，趁火打劫，兵不血刃地侵占中國上百萬平方公里的領土，並得到與英、法等國家相同的特權。

06 亂敵心志，誘敵出錯 ▶
聲東擊西

敵志亂萃，不虞，坤下兌上之象。利其不自主而取之。

按：西漢，七國反，周亞夫堅壁不戰。吳兵奔壁之東南阪，亞夫便備西北。已而，吳王精兵果攻西北，遂不得入。此敵志不亂，能自主也。漢末，朱儁圍黃巾於宛，張圍結壘，起土山以臨城內，鳴鼓攻其西南，黃巾悉眾赴之。儁自將精兵五千，掩其東北，遂乘虛而入。此敵志亂萃，不虞也。

然則，聲東擊西之策，須視敵志亂否為定。亂，則勝；不亂，將自取敗亡，險策也。

譯 文

敵人神志慌亂時，必然會出現意料不到的空隙，就像處於高山的沼澤，潰決之勢已成。應利用敵人無法自主把握前進方向時，對敵人發起進攻。

按：西漢景帝時，七國叛亂。周亞夫固守城池，拒不出戰。吳王劉濞帶兵伴裝進攻東南角，周亞夫識破敵人聲東擊西的計謀，在西北方向加強防備。不久之後，吳王劉濞果然進攻西北面，但沒有成功。這就是統帥神志不亂、鎮定自若、沉著應戰的結果。西漢末年，朱儁包圍宛城的黃巾賊，在城外堆起一座土山觀察城內形勢。當他吹響鼓角，進攻西南角時，城內黃巾賊立即集結至西南面抵抗。面對此種形勢，朱儁親自率領五千精兵突襲東北角，乘虛攻入。這就是敵人神志慌亂，無法正確預料和判斷形勢的結果。

運用聲東擊西的計策時，必須觀察敵人是否真的能被迷惑。當敵人慌亂無主時，運用此計謀便能輕鬆取勝；當敵人不慌而有準備時，運用此計謀將自取滅亡。所以，這是一個十分冒險的策略。

賞 析

一般來說，此計是在我方處於進攻的情況下使用。保證此計成功的關鍵在於，我方的企圖和行動必須絕對保密，如此一來才能時刻爭取主動，否則只會陷於被動，導致無法實現原本的目標。

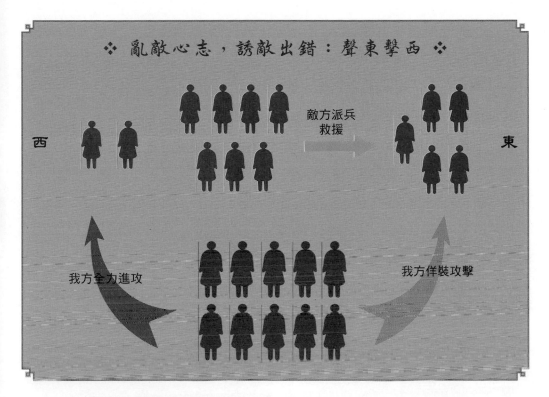

❖ 亂敵心志，誘敵出錯：聲東擊西 ❖

西

東

敵方派兵救援

我方全力進攻

我方佯裝攻擊

本計可解讀為以下幾種意涵：

1. **忽東忽西，牽制敵人。**我方進攻方向不固定，忽而出東，忽而出西，把敵方弄得團團轉，無法確定我方的主攻方向和真實意圖，只好處處被動設防。時間一長，敵方必然只剩招架之功，而無還手之力，我方即可掌握時機大獲全勝。

2. **即打即離，迷惑敵人。**我方時而挑戰，時而離開；敵方以為我方要打，我方卻沒有打；敵方以為我方不打，我方卻突然襲擊，使得敵人無法準備，失敗也就在所難免。

3. **發動佯攻，欺騙敵人。**我方故意向甲地發動佯攻，吸引敵人注意，待敵人將兵力調至甲地時，我方再突然於乙地發起猛攻。當敵人知道上當時，為時已晚。

4. **避強擊弱，打擊敵人。**在我方忽東忽西的進攻下，敵人無法規畫正確的防守位置。如此一來，我方就避開了敵之鋒芒，再乘機猛攻敵人薄弱之處，敵人無力應對，只好妥協就範。

當敵人利用此計時，應採取以下幾種防範措施：

1. **首尾呼應，以備不測。**《孫子兵法》曾提到，在常山有一種蛇，牠的奇異之處是，打牠的頭則尾至；打牠的尾則頭至；打牠的腹則首尾俱至。為了防止敵人對我施以聲東擊西之計，必須像常山蛇一樣，建立首尾呼應之陣，一處受到攻擊，另一處就可以立刻救援，這便是應對敵人這一陰謀的良方。

2. **勤於觀察，善於分析。**敵人偽裝得再隱密，也總會有蛛絲馬跡，就看我方是否勤於觀察、善於分析。

3. **換位思考，以防被詐。**應站在敵人的立場思考，設想自己若是

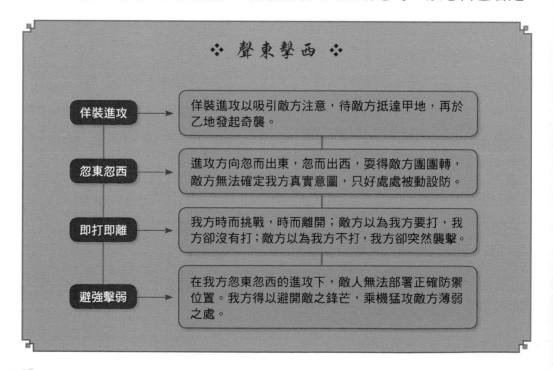

❖ 聲東擊西 ❖

偽裝進攻	→	偽裝進攻以吸引敵方注意，待敵方抵達甲地，再於乙地發起奇襲。
忽東忽西	→	進攻方向忽而出東，忽而出西，耍得敵方團團轉，敵方無法確定我方真實意圖，只好處處被動設防。
即打即離	→	我方時而挑戰，時而離開；敵方以為我方要打，我方卻沒有打；敵方以為我方不打，我方卻突然襲擊。
避強擊弱	→	在我方忽東忽西的進攻下，敵人無法部署正確防禦位置。我方得以避開敵之鋒芒，乘機猛攻敵方薄弱之處。

對方會採取怎樣的行動，然後再觀察敵人的所作所為與自己所設想的是否相同，如果完全相背，就應盡力防範敵人，以免被詐。

| 實戰 |

東漢時期，班超曾出使西域，目的是為了團結西域諸國，共同對抗匈奴，但在此時，地處大漠西緣的莎車國煽動周邊小國，共同歸附匈奴，反對漢朝。於是，班超決定首先平定莎車。莎車國王北向龜茲求援，龜茲王親率五萬人馬援救莎車；班超則聯合其他小國，但兵力只有兩萬五千人，敵眾我寡，難以力克，必須智取。班超遂訂下聲東擊西之計，迷惑敵人。

班超派人在軍中散布對自己的不滿言論，製造打不贏龜茲並且準備撤退的假象，特別讓莎車俘虜聽得一清二楚。這天黃昏，班超命其餘大軍向東撤退，自己則率部向西撤退，表面上慌亂不已，故意讓俘虜乘機脫逃。俘虜逃回莎車後，急忙報告漢軍慌忙撤退的消息。龜茲王大喜，認為班超懼怕自己而慌忙逃竄，決定乘此機會追殺班超，他下令兵分兩路，追擊逃敵，並親率一萬精兵向西追殺班超。班超乘夜幕籠罩大漠，撤退僅十里即就地隱藏。龜茲王求勝心切，率領追兵從班超隱藏處飛馳而過。班超立即集合部隊，與事先約定的東路人馬迅速回師，殺向莎車。班超如從天而降，莎車猝不及防，迅速瓦解。莎車王驚魂未定，逃走不及，只得請降，龜茲王氣勢洶洶，追趕一夜，卻未見班超部隊蹤影，又聽得莎車已被平定、傷亡慘重的報告，知道大勢已去，只能收拾殘部，悻悻然返回龜茲。

第2章

敵戰計

敵我雙方勢均力敵，孰勝孰負？善用計謀者勝，而非善戰者。善戰者勇，善用計謀者智，智勇兼備者能取大勝。

07 有即是無，無即是有 ▶

無中生有

誑也，非誑也，實其所誑也。少陰，太陰，太陽。

按：無而示有，誑也。誑不可久而易覺，故無不可以終無。無中生有，則由誑而真、由虛而實矣，無不可以敗敵，生有則敗敵矣。如令狐潮圍雍丘，張巡縛蒿為人千餘，披黑衣，夜縋城下，潮兵爭射之，得箭數十萬。其後復夜縋人，潮兵笑，不設備，乃以死士五百砍潮營，焚壘幕，追奔十餘里。

➤ 譯 文 →

製造假象迷惑敵人，但又並非完全虛假，在假象中又包含真實行動。以假象掩蓋真相，製造錯覺，出其不意地攻擊敵人，最後再利用虛假態勢，巧妙地將虛假轉化為真實，而並非弄假到底。

按：沒有卻假裝有，就是誑騙。誑騙是無法長久的，因為長久誑騙容易被對方發覺。「無中生有」，就是將誑騙變為事實，將空虛變為實在。空無無法擊敗敵人，唯有依靠人為伴裝出的虛假真實，才能打敗敵人。例如，唐朝叛將令狐潮圍困雍丘，該城守將張巡紮束了一千多個草人，並為它們穿上黑衣服，乘著夜色以繩索從城牆上往下吊；令狐潮的士兵以為敵人來襲，便爭先恐後地以箭射擊，張巡一夜

之間獲得幾十萬支箭。而後，張巡在黑夜將真人吊下城去，令狐潮的兵士看著好笑，以為又是草人，便不射擊提防。於是，張巡乘機吊下五百名敢死隊員，他們衝進令狐潮的軍營，燒毀無數營棚，並追殺令狐潮的軍隊十多里遠。

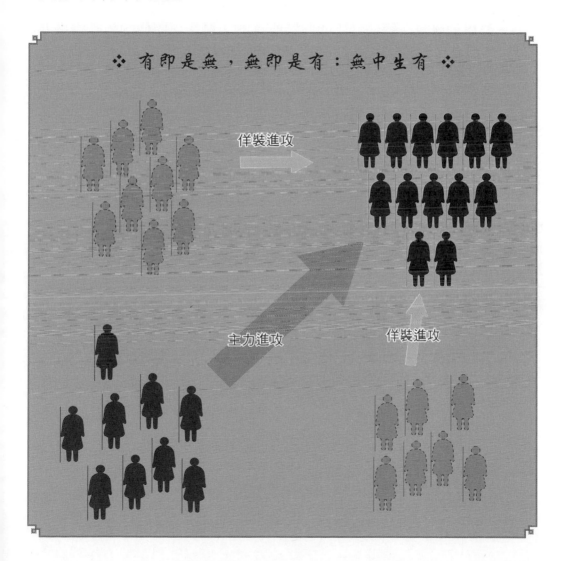

❖ 有即是無，無即是有：無中生有 ❖

佯裝進攻

主力進攻

佯裝進攻

賞析

本計可解讀為以下幾種意涵：

1. **憑空捏造事實，處處散布謠言**。將本來不存在的東西說成存在，將死的說成活的，使對方混亂，再乘機消滅敵人，獲取利益。

2. **以假亂真**。將假的東西假裝成真的，最後再將假的巧妙轉換為真的。以此迷惑敵人，使敵人掉以輕心，再乘機打敗對方。

當敵人利用此計時，應採取以下幾種防範措施：

1. **不輕易相信敵人言行**。敵人的言行有時是虛假的，是為了實現自己的企圖而展示的虛假一面，所以不可輕易相信。我方應勤於觀察和思考，必要時深入分析和判斷，及時拆穿敵人陰謀。

2. **提高警覺**。深入思考敵人的一言一行，尤其應加以提防對方不斷重複做的事情，特別是已被我方拆穿的假象又一再出現時，更應提高警覺，因為陰謀往往就隱藏在這些假象背後。

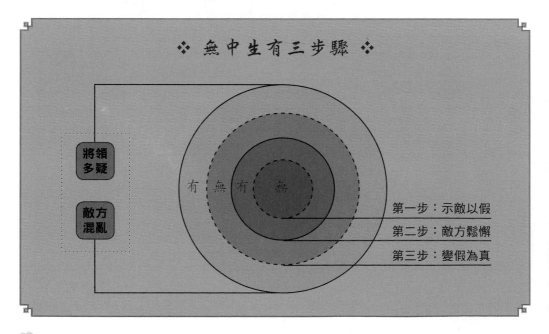

3. **抵制流言蜚語**。「無中生有」的其中一種常用策略就是散布流言蜚語，面對流言蜚語，應冷靜分析，及時抵制，如此一來，敵人的陰謀就會不攻自破。

| 實戰 |

曹操大軍來犯江南，東吳多數文臣主張降曹求和，武將則堅持抵抗，吳主孫權猶豫不決。這時，諸葛亮來到東吳，他此行的目的是聯合東吳抗曹，因為一旦東吳投降曹操，曹操很快就可憑藉實力一統天下，而劉備匡扶漢室的夙願就化為泡影了，所以他此行的責任重大。

諸葛亮說：「愚有一計，並不勞牽羊擔酒，納士獻印，亦不需親自渡江。只需遣一介之使，扁舟送兩個人至江上，曹操一得此兩人，百萬之眾皆卸甲捲旗而退矣。」周瑜忙問：「用何二人可退操兵？」諸葛亮說：「江東去此二人，如大木飄一葉，太倉減一粟耳；而操得之，必大喜而去。」周瑜急著追問：「需用何二人？」諸葛亮說：「居隆中時，即聞操於漳河新造一台，名曰銅雀，極其壯麗，廣選天下美女以實其中。操本好色之徒，聞江東喬公有二女，長曰大喬，次曰小喬，有沉魚落雁之容，閉月羞花之貌。操曾發誓曰：『吾一願掃平四海，以成帝業；一願得江東二喬，置之銅雀台，以樂晚年，雖死無恨矣。』今雖引百萬之眾，虎視江南，其實為此二女也。將軍何不去尋喬公，以重金買此二女，差人與曹操，操得二女，稱心滿意，必班師矣。將軍為何不速為之？」周瑜聽罷，勃然大怒，離座大罵：「老賊欺吾太甚！」諸葛亮急忙起身勸道：「昔單于屢侵疆界，漢天子許以公主和親，今何惜民間二女乎？」周瑜道：「公有所不知，大喬是孫伯符將軍主婦，小喬乃瑜之妻也。」諸葛亮佯作惶恐道：「亮實不知。失口亂言，死罪，

死罪！」周瑜發狠道：「吾與賊勢不兩立！」

事實上，曹操是造了一座「銅雀台」，而諸葛亮所誦《銅雀台賦》中的「二喬」，原文其實是「二橋」，指的是銅雀台中的二座橋。諸葛亮巧妙借用兩字諧音而加以曲解，佯裝曹操想奪取孫策和周瑜夫人之佐證，其實他自然知道「二喬」究竟是何許人，他用此無中生有之策激怒周瑜，繞了一個圈子達到此行目的──促使周瑜下定決心與曹操決一死戰。

08 明修棧道之實 ▶
暗度陳倉

示之以動，利其靜而有主，益動而巽_{T凵ㄣ}。

按：奇出於正，無正則不能出奇。不明修棧道，則不能暗度陳倉。昔鄧艾屯白水之北；姜維遣廖化屯白水之南，而結營焉。艾謂諸將曰：「維令卒還，吾軍少，法當來渡，而不作橋，此維使化持我，令不得還。必自東襲取洮_{ㄊㄠ}城矣。」艾即夜潛軍，徑到洮城，維果來渡。而艾先至，據城，得以不破。此則是姜維不善用暗度陳倉之計；而鄧艾察知其聲東擊西之謀也。

═ **譯 文** ➡

故意公開佯攻行為，利用敵人已決定固守位置的大好時機，暗中迂迴至敵後偷襲，乘虛而入，出奇制勝。

按：出奇制勝的用兵之法，源自於正常的用兵原則；若沒有正常

的用兵原則，也就沒有出奇制勝的用兵之法了。推而言之，若不佯修
棧道，也就無法暗度陳倉。三國時期，鄧艾駐軍白水北岸，姜維則派
遣廖化在白水南岸安營紮寨。鄧艾對幾位將領說：「姜維突然率領軍
隊撤退。按常理來說，我們的隊伍人數較少，他應該不待架橋就會迅
速過江進攻。但現在他們不急不動，肯定是姜維利用廖化想拖住我們，
使我方無法離開。這時，姜維必定已率領大軍向東襲取洮城了。」於是
鄧艾迅速帶領部隊連夜從小路回軍洮城，不出他所料，姜維果然正在渡
河。由於鄧艾搶先一步趕到，全力拒守，洮城才沒有被姜維攻破。這正
是姜維不善於運用「暗度陳倉」，而鄧艾則識破了他的「聲東擊西」。

❖ 明修棧道之實：暗度陳倉 ❖

明修棧道

暗度陳倉

　　此計與聲東擊西之計有異曲同工之妙，皆有迷惑敵人、隱藏進攻的作用。但暗度陳倉之計更為複雜，它特指在雙方對峙時，故意樹立假目標，明示己方企圖，吸引對方注意力，再暗中運作新的進攻計畫，攻其不備，獲取勝利。

　　若將此計謀應用於現代商戰，則引申為故意暴露自己的行動，用以迷惑競爭對手或以此吸引顧客，然後再暗中準備行動，戰勝對手或贏得顧客。

　　本計可解讀為以下幾種意涵：

　　1. **迂迴進攻**。全軍經由修好的棧道進攻敵人，是一條筆直且較近的路，但修建棧道需要時間，而且在棧道的另一邊，很有可能已有敵人派重兵防守，難以迅速攻破。而繞道陳倉雖然多走一些路，但一則可以立即實施，二則還可繞過敵人的防禦，時間快，阻力小，比出兵棧道效果更佳。

　　2. **一明一暗，以明隱暗**。應同時使用一明一暗兩套方法，明的大張旗鼓，讓敵人知曉；暗的「藏於九地之下」，使敵人無法發現。明的為假，暗的為真；以明掩蓋暗，暗的才能順利實施。

　　3. **以正隱奇，出奇制勝**。一般在打仗作戰時，是以正兵擋敵，以奇兵取勝。暗度陳倉之計便是讓敵人以為己方按常規作戰，但實際上我們是在暗中使用奇兵，出奇制勝。讓敵人知道我們所使用的常規戰法，是為了掩護機變靈活的非一般戰法。

　　當敵人利用此計時，應採取以下幾種防範措施：

　　1. **布成圓陣以應付各方來敵**。《孫子兵法》中曾提到：「渾渾沌沌，形圓而不可敗也。」意思是，在渾沌不清的情況下，應使隊伍四面八

方皆能應付自如，使敵人無隙可乘。在任何情況下，都不可擺出只能應付一種情況的陣勢，這樣的臨戰狀態必然失敗，因為戰場是多變的。若布成圓陣，既可對付自棧道而來的敵人，也可對付自陳倉而來的敵人，無論在何種情況下，都能應付自如。

2. 勤於觀察，及早防備。應勤於收集多方情報，觀察敵人的近期情況及動向，盡早發現向陳倉移動的軍隊，並盡早加以防備，使敵人的偷襲企圖毀於一旦。

3. 堵死陳倉之路。若己方能趕在敵人到來之前發現「陳倉」之路，並立刻堵死，那敵人就會無路可走，陷入僵局。

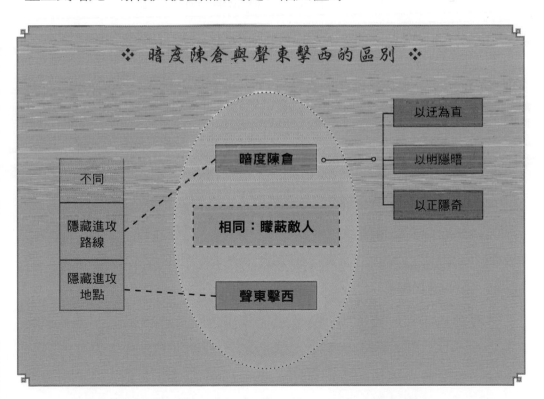

| 實戰 |

西元 1944 年 6 月 5 日晚間，第二次世界大戰的同盟軍展開「諾曼第登陸」計畫，這是同盟軍總司令艾森豪所策畫的一齣以假亂真「登陸」戲。在加萊半島方向，成千艘裝著反射器的模擬艦艇，拖著塗鋁的氣球迅速駛來。而在模擬艦艇的上空，幾十架飛機投撒大量箔片，這些箔片在高空徐徐飄浮，久久不散。當這一切顯示在德軍雷達上時，就好像大批飛機和艦隊正鋪天蓋地向加萊海岸接近；高空中則到處都是同盟軍地面人員和飛行機組之間的無線電聯絡信號，仿佛正談論著某項大規模戰役。所有跡象都表明，同盟軍將在加萊半島登陸。

但這一切都不過是一場欺騙，是瞞天過海、暗度陳倉的翻版。令人叫絕的是，德軍居然相信這是真的，大量德國海軍艦船向加萊駛去。與此同時，在同盟軍的真正登陸地點——諾曼第，五千多艘艦船在掩護下，正朝著既定的登陸海灘開進。

6 月 6 日早晨，同盟軍的第一支海運部隊幾乎未遭阻擊就在猶他海灘登陸，三個半小時後，該師仍未遇到德軍炮火，也未遇到德軍任何反擊，水陸兩棲坦克和大炮安然抵達。儘管其他幾個登陸點並不順利，但在經過激烈抗爭後，當天晚上，同盟軍終於掌握了全部海灘區。沙灘上的部隊已超過五十萬，但在此時，希特勒仍然相信諾曼第不過是敵人的牽制行動。

就在奧馬哈海灘激戰時，德軍倫德施泰特元帥曾決定，不管諾曼第是否佯攻，都必須堅決擊退。他本來有兩個裝甲師可支援，但當他準備下命令時，想起希特勒保留了這兩個師的調遣權，而當時希特勒正在酣睡，他的參謀拒絕驚動他。當希特勒從睡夢中醒過來時，又上了假情報的當，堅信同盟軍將在加萊半島登陸，於是仍然保留這支部

隊，以對付更大規模的「加萊登陸」。艾森豪以成功的隱真示假、暗度陳倉之計，釀就希特勒的千古遺憾。

09 坐收漁翁之利 ▶

隔岸觀火

陽乖序亂，陰以待逆。暴戾恣睢，其勢自斃。順以動豫，豫順以動。

按：乖氣浮張，逼則受擊，退則遠之，則亂自起。昔袁尚、袁熙奔遼東，眾尚有數千騎。初，遼東太守公孫康，恃遠不服。及曹操破烏丸，或說曹逐征之，尚兄弟可擒也。操曰：「吾方使斬送尚、熙首來，不煩兵矣。」九月，操引兵自柳城還，康即斬尚、熙，傳其首。諸將問其故，操曰：「彼素畏尚等，吾急之，則並力；緩之，則相圖。其勢然也。」或曰：此兵書火攻之道也。按兵書〈火攻〉前段言火攻之法，後段言慎動之理，與隔岸觀火之意，亦相吻合。

> ═► **譯 文** →

　　當敵人內部自相殘殺、渾然無序時，我方應靜觀其變亂。敵人殘暴兇惡、自相殘殺，必然自取滅亡。應順其自然，若要有所得，就必須順勢而動，不能操之過急，這是從《易經》「豫卦」的卦辭中所領悟的道理。

　　按： 當敵人殘酷狠毒、自相傾軋時，若直接進逼，必然遭遇敵人拼命反擊；若退避三舍，敵人內部必然自亂。三國時期，袁尚、袁熙

二兄弟敗逃遼東時，尚有幾千騎兵。起初，遼東太守公孫康仗著距離曹操遙遠，並不臣服曹操。在曹操擊潰烏丸後，有人建議曹操立刻前往征服公孫康，並順便擒獲袁氏兄弟。然而曹操卻說：「命公孫康殺掉袁尚、袁熙，把首級親自送來吧！」9月間，曹操率大軍從柳城返回，公孫康果然殺了袁氏兄弟，並將他們的首級送上。眾將領向曹操請教其中道理，曹操說：「公孫康向來懼怕袁氏兄弟，若我急追緊攻，他們必然聯合對付我；相反的，若我遠遠迴避，那他們必然互相殘殺。」這也就是《孫子兵法》中所說的道理，其篇章前述火攻的方法，後面則闡述用兵慎重的道理，這與「隔岸觀火」之計恰好吻合。

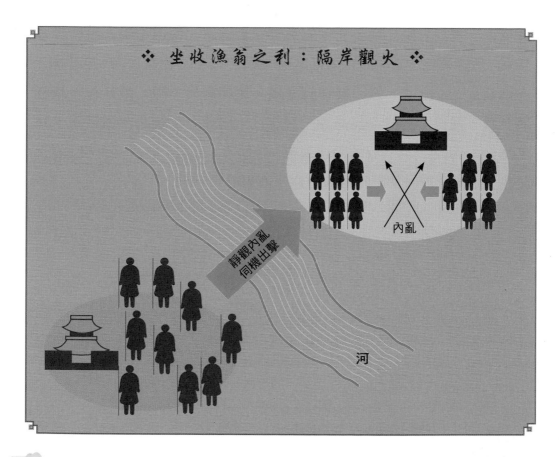

❖ 坐收漁翁之利：隔岸觀火 ❖

靜觀內亂 伺機出擊

內亂

河

運用本計必須具備兩個條件，一是有「火」可觀，即敵方內部正發生混亂狀況；二是有「岸」可隔，因為在無「岸」的情況下，必然引火焚身。

「觀火」有很多方法，其主要方式有：袖手旁觀、靜而暗觀、退而遠觀、順而動觀。

運用本計時應注意以下幾個問題：

1. **不可急功近利，以免引火焚身。**《孫子兵法》曾提到：「昔之善戰者，先為不可勝，以待敵之可勝。」意思是，在敵人的「火」燒得正旺盛時，切不可接近，否則將引火焚身。我方應「隔岸」觀察「火」的動向，待時機到來再採取行動，這樣既保證自身安全又能成功。

2. **坐山觀虎鬥，坐收漁翁之利。**一般來說，內部不和不會隨著外部紛亂的加劇而緩解，相反的，外部紛亂的緩解反而會導致內部不和加劇。在兩虎相鬥時，應坐山靜觀，讓他們互相撕咬，兩敗俱傷，再乘此有利時機採取行動，便可不費吹灰之力獲得勝利。

當敵人利用此計時，應採取以下幾種防範措施：

1. **以大局為重，團結一致。**若眾人皆不考慮共同利益，都只為了私利而同室操戈，就等於把屠刀交到敵人手中，使親者痛、仇者快。即使內部不和，也應即時反省，不可自相殘殺到無法收拾的地步，讓敵人坐收漁翁之利。

2. **封鎖內部不合的消息。**內部發生分歧在所難免，但最重要的是不能把這些情報提供給敵人，使敵人有隙可乘。內部問題必須內部解決，切不可宣揚，在敵人面前應表現團結一致、堅不可摧的氣勢。

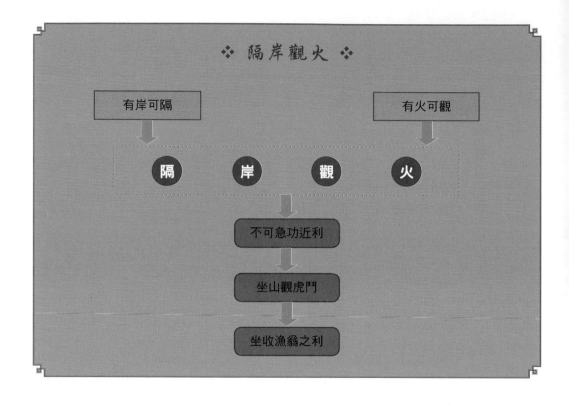

❖ 隔岸觀火 ❖

有岸可隔　　　　　　　　有火可觀

隔　　岸　　觀　　火

不可急功近利

坐山觀虎鬥

坐收漁翁之利

| 實戰 |

西元 1941 年 6 月 22 日，德國法西斯軍以「閃電戰」進攻蘇聯，蘇德戰爭爆發。英國首相邱吉爾是一個反共分子，他既憎恨納粹，也反對共產主義。從戰爭一開始，他就希望蘇、德之間能互相廝殺，使其兩敗俱傷，由他坐收漁翁之利。當時，英國面臨的最大危險是德、意法西斯，其次是蘇聯，所以，邱吉爾在得悉德、意軍隊開始進攻蘇聯後，如釋重負。

西元 1941 年至 1942 年，蘇聯與希特勒軍隊殊死相拼。儘管在西元 1942 年時，蘇聯已遏制希特勒的「閃電進攻」，但在蘇德戰場上，蘇聯仍承受著四百多萬裝備精良的法西斯軍隊進攻。為此，史達林曾

多次向英、美兩國提出在法國北部開闢第二戰場，藉以牽制法西斯，以減輕蘇聯戰場壓力的方案。美國總統羅斯福同意這個方案，並曾派陸軍總參謀馬歇爾前往倫敦與英方會談，但邱吉爾卻持消極態度，藉口條件不成熟而故意拖延。

西元 1942 年 7 月，邱吉爾和羅斯福單獨會談，在邱吉爾的推波助瀾下，英、美兩國決定不在歐洲登陸，而是進入北非，讓蘇聯繼續與希特勒廝殺。同時，邱吉爾還通知相關部門停止第二戰場的準備。就這樣又過了一年，邱吉爾坐山觀虎鬥。

西元 1943 年 11 月 28 日，史達林、羅斯福、邱吉爾「三巨頭」在德黑蘭的蘇聯大使館召開了一次非常重要的會議，也就是「德黑蘭會議」，終於決定在西元 1944 年 5 月 1 日以前，於歐洲開闢第二戰場。而後，同盟軍的龐大部隊越過英吉利海峽，於法國諾曼第登陸，開始對德國的進攻。

從史達林提出開闢第二戰場，到同盟軍終於在諾曼地登陸，經過了漫長的兩年，而這兩年正是第二次世界大戰最危險困難的時候。而此時邱吉爾則採取隔岸觀火、坐山觀虎鬥的策略，不開闢歐洲第二戰場，從而以最小的代價獲取之後的勝利。

10 外柔內剛的取勝之道 ▶

笑裡藏刀

信而安之，陰以圖之；備而後動，勿使有變。剛中柔外也。

按：兵書云：「辭卑而益備者，進也；……無約而請和者，謀也。」故凡敵人之巧言令色，皆殺機之外露也。宋之曹瑋，知渭州，號令明

肅，西夏人憚_{ㄉㄢˋ}之。一日，瑋方對客弈棋，會有叛卒數千，亡奔夏境。堠_{ㄏㄡˋ}騎報至，諸將相顧失色，公言笑如平時。徐謂騎曰：「吾命也，汝勿顯言。」西夏人聞之，以為襲己，盡殺之。此臨機應變之用也。若勾踐之事夫差，則竟使其久而安之矣。

⇒ 譯 文 →

　　表面上要使敵人深信不疑，從而讓敵方安定身心、喪失警惕，暗地裡我方則另有圖謀；事情準備好後再行動，不要使敵人發生意外變故。這就是外表柔和、內在剛毅的取勝之道。

　　按：《孫子兵法》說：「敵人的態度謙卑並在暗中加緊準備，這就是敵人向我方發起攻擊的徵兆……沒有具體約定而請求講和，一定另有陰謀。」所以，凡是花言巧語、滿臉笑容，皆是暗設殺機的象徵。宋朝曹瑋鎮守渭州，紀律嚴明，西夏人都很懼怕他。有一天，曹瑋正與客人下棋，突然有幾千名士兵叛變，逃奔至西夏境內。當邊防的偵察員騎馬來報時，曹瑋的將領都大驚失色，唯有曹瑋依然談笑自如，好像什麼事都沒發生。他不慌不忙地對偵察人員說：「他們都是按照我的命令去行事，你們千萬不要聲張。」西夏人聽說消息後，就以為這些叛軍是宋營派來的奸細，於是便把他們全殺了。再如，越王勾踐於戰敗後，畢恭畢敬地侍候夫差，最後竟使夫差因長期安逸而失去戒備，其道理是一樣的。

賞 析

　　本計可解讀為以下幾種意涵：

❖ 外柔內剛的取勝之道：笑裡藏刀 ❖

　　1.**口蜜腹劍**。嘴裡講的話比蜜還甜，心裡卻藏著一把殺人的利劍，乘對方不備時下手。

　　2.**佯裝柔弱順從**。表面謙恭和善、溫柔順從，骨子裡卻陰毒無比，心懷異志，時刻等待殺機。

　　當敵人利用此計時，應採取以下幾種防範措施：

　　1.**應對敵人毫無緣由的主動親近心生警惕**。敵人無緣無故地對我們表示親近，可能就是危險即將來臨的信號，表明敵人要向我方發起進攻了。這時，己方應提高警覺，加強戒備。

　　2.**防備「辭卑而益備者，無約而請和者」**。敵人突然言辭謙卑，

但實際上又在加緊備戰；敵人沒有事先約定，但卻突然前來議和，以上兩種情況，其中必有陰謀。對於這樣的敵人，我方不能完全相信，必須察言觀色。

3. **克服自身的弱點，以防被敵人利用**。敵人常常會利用我方驕傲自恃、剛愎自用、急躁浮動、喜歡被奉承等弱點。若能克服自身弱點，使敵人無可利用之處，敵人也就無可奈何了。

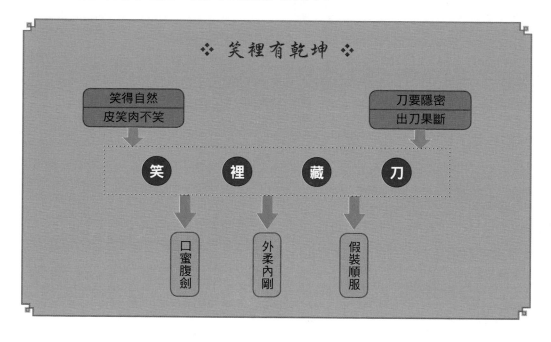

| 實 戰 |

戰國時期，秦國為了對外擴張，必須奪取地勢險要的黃河峪山一帶。於是，秦國派遣公孫泱為大將，率兵攻打魏國。

公孫泱大軍直抵魏國吳城，吳城原是魏國名將吳起苦心經營之地，地勢險要，防禦堅固，正面進攻恐難奏效。公孫泱苦苦思索攻城之計，他探悉魏國守將是與自己尚有交情的公子卬，心中大喜，隨即修書一

封，主動與公子印交好，說：「雖然我們如今各為其主，但考慮我們過去的交情，還是兩國罷兵、訂立和約為好吧！」念舊之情，溢於言表，並建議約定時間會談議和大事。信件遞出後，公孫泱隨即擺出主動撤兵的姿態，命令秦軍前鋒立即撤回。

公子印看罷來信，又見秦軍退兵，非常高興地回覆約定會談的日期。公孫泱見公子印已進入圈套，便暗地在會談之地設下埋伏。會談當天，公子印帶了三百名隨從抵達約定地點，見公孫泱帶的隨從更少，而且皆沒有兵器，就更加相信對方的誠意。會談氣氛十分融洽，兩人重敘昔日友情，表達雙方交好的誠意。會談結束之後，公孫泱更擺宴款待公子印。公子印興沖沖入席，還未坐定，忽聽一聲號令，伏兵從四面包圍，公子印和三百名隨從反應不及，全部被擒。

公孫泱妙用笑裡藏刀之計，利用昔日的交情，打開吳城城門，占領吳城。最終，魏國只得割讓西河一帶，向秦國求和。

11 捨棄小我，換取大我 ▶
李代桃僵

勢必有損，損陰以益陽。

按：我敵之情，各有長短。戰爭之事，難得全勝。而勝負之決，即在長短之相較；而長短之相較，乃有以短勝長之祕訣。如以下駟敵上駟，以上駟敵中駟，以中駟敵下駟之類，則誠兵家獨具之詭謀，非常理之可推測也。

當局勢已發展至無法避免損失時，應捨棄局部利益，以保全大局的利益。

按：在戰爭中，敵我雙方的情況各自都存在著優勢和劣勢，若想在各方面都勝過敵人，是不太可能的，雙方的勝敗就在於雙方長處與短處、優勢與劣勢的較量。而在優勢和劣勢的較量中，占優勢的一方往往獲得勝利，但也存在劣勢戰勝優勢的機會。例如，田忌賽馬，在兩種馬力量相當的時候，可利用下等馬對上等馬、以上等馬對中等馬、以中等馬對下等馬等巧妙辦法。這便是軍事家的謀策，不是用一般常理可推斷的。

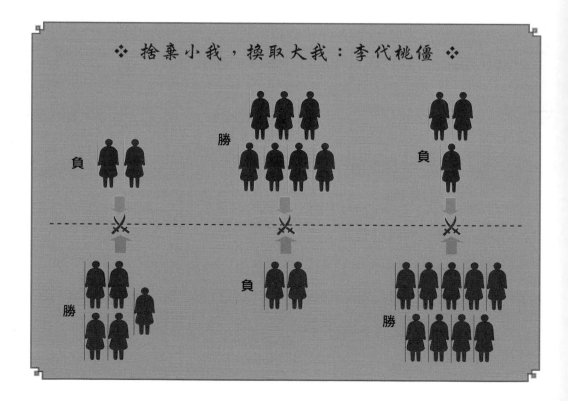

❖ 捨棄小我，換取大我：李代桃僵 ❖

賞析

本計可解讀為以下幾種意涵：

1. **丟車保帥，忍痛割愛**。在下象棋時，常常為了保住帥，寧可丟掉最有攻擊力的車，因為帥比車更重要，為了顧全大局，只得忍痛割愛。壁虎在尾巴被捉住時，常常會猛力掙斷尾巴，壁虎掙斷尾巴肯定是痛苦的，但為了活命，這樣做也是值得的。其實人類比壁虎更會忍痛割愛，此「李代桃僵」之計謀應用廣泛，在軍事、外交、政治、經濟和日常生活諸領域無不適用。

2. **棄子爭先，全盤棋活**。在圍棋中，有「逢危須棄」的要訣。從表面上來看，棄子好似失去了一些棋子，但卻有利於占據先手，達到全盤棋活的目的。

3. **為脫罪名，抓人替罪**。自己本來有罪，卻強加罪名於他人頭上，這樣便能逍遙法外，是一種陰險的手段。

4. **積極獻身，代人受過**。在與自己休戚相關的人即將遭難時，主動替他承擔罪責，是一種主動犧牲的行為。

當敵人利用此計時，應採取以下幾種防範措施：

1. **不隨意攬下他人之過，以防無謂犧牲**。在傳統觀念中，推功攬過是一種美德，但若毫無原則地承攬他人過錯，反而很容易被利用，成為別人的擋箭牌、替罪羊。己方的無謂犧牲，反而成為壞人逃之夭夭的機會和條件。所以在包攬罪過時，應分清狀況，最好不要輕易攬下非自身之過，以防無謂犧牲。

2. **他人爭鬥或作案之地即為是非之地**。尤其是他人的作案之地，千萬不能長時間逗留，以防有人移花接木、嫁禍於己。總之，不能給敵人留有空隙，不能授人以把柄，是非之地不可留，以防被人栽贓、

嫁禍。

3. **受到不白之冤，不可忍氣吞聲**。當自己受到不白之冤時，一定不可忍氣吞聲，因為蒙冤的背後一定會有另一個人逍遙法外、幸災樂禍。所以，一旦發現自己成為代罪羔羊時，一定要起身抗爭，萬萬不可忍耐。

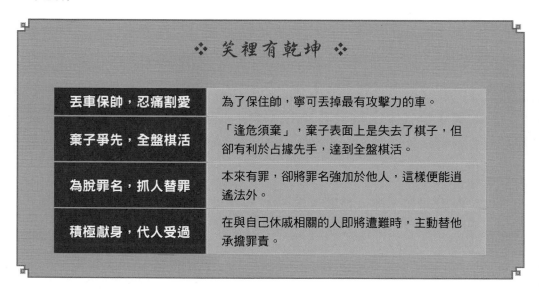

❖ 笑裡有乾坤 ❖

丟車保帥，忍痛割愛	為了保住帥，寧可丟掉最有攻擊力的車。
棄子爭先，全盤棋活	「逢危須棄」，棄子表面上是失去了棋子，但卻有利於占據先手，達到全盤棋活。
為脫罪名，抓人替罪	本來有罪，卻將罪名強加於他人，這樣便能逍遙法外。
積極獻身，代人受過	在與自己休戚相關的人即將遭難時，主動替他承擔罪責。

| 實 戰 |

清代將領岳鐘琪為將門之子，他的父親岳升龍曾任四川提督，他自幼習讀兵書，武藝過人。岳鐘琪曾隨康熙皇帝十四子允緒征討西藏叛亂，他率領四千人馬抵達察木多，並經由密探得知此地各部都已叛亂，準噶爾叛軍已派重兵駐紮三巴橋。三巴橋是進藏的第一個要隘，叛軍一旦毀了此橋，清軍入關便比登天還難。此時，允緒所率領的清軍大隊人馬尚在千里之外，岳鐘琪只有幾千人馬在此。死拼硬打是不行的，於是岳鐘琪便想出了「李代桃僵」的妙計。

岳鐘琪親自在軍營中挑選了三十名精兵，練習藏語，身穿藏服，

扮成藏兵。在一切準備妥當後，他便親自率兵，快馬加鞭地向準噶爾使者的駐地疾馳而去。由於裝扮逼真，這支奇兵順利通過叛軍檢查，潛入使者住處，一舉擒獲準噶爾叛軍使者。而後，岳鐘琪下令將使者斬首，並派人把叛將使者的人頭送到準噶爾部。他警告準噶爾，如果投降，既往不咎；如果頑抗，也是同等下場。準噶爾頭目一個個嚇得目瞪口呆，以為神兵從天而降，紛紛表示願意歸順。

岳鐘琪成功運用「李代桃僵」之計，不僅保住進軍西藏的咽喉要道，更兵不血刃地使叛軍降服，可謂出奇制勝。

12 乘虛而入，乘勝追擊 ▶
順手牽羊

微隙在所必乘，微利在所必得。少陰，少陽。

按：大軍動處，其隙甚多，乘間取利，不必以戰。勝固可用，敗亦可用。

➡ 譯文 →

當敵方出現微小漏洞時，應及時加以利用，就算是微小的益處與勝利，也一定要爭取。應善於利用敵方的微小疏忽，以成為我方的微小利益。

按：敵方部隊在調動的過程中，一定會出現很多漏洞。若利用敵人的疏忽，便可從中獲得利益，不一定要以正規作戰的方法。這個方法可以在勝利形勢下使用，也可以在失敗形勢下使用。

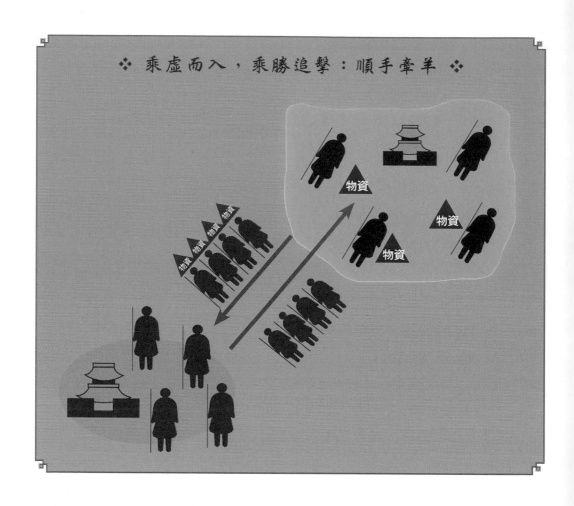

❖ 乘虛而入，乘勝追擊：順手牽羊 ❖

賞析

　　本計可解讀為以下幾種意涵：

　　1. 即便敵人僅出現微小漏洞，也必須及時利用，也就是見隙必乘。
當敵我雙方進行交戰或競爭時，都會事先進行周密的計畫和部署。一
般情況之下，很少會出現大漏洞或大失誤以利我方使用，但在較大的
行動中，難免會出現許多小漏洞或小失誤，我方就必須及時充分地利
用。滴水穿石，經過一段時間後，敵人自然會毀在自己的小失誤中。

相反的，我方則從中獲取不少好處。

2. **就算是極微小的利益，我方也必須爭取，也就是微利必得。**在敵我雙方的競爭中，若能累積一場場的小勝利，便有可能成就最終的大勝利；若能積累一場場局部的勝利，便有可能達成最終全域的勝利。因此，千萬不能輕視微小的利益。

3. **當我方察覺可取之利時，必須迅速果斷地出手，也就是眼疾手快。**一般只有在特定的時間和環境中，才有機會獲得可取之利，特別是順手可取之利。一旦時過境遷，易取之利就會成為難取之利，可取之利則會變為不可取之利。所以，唯有見利不失、遇時不疑地下定決心，乾淨利落地採取行動，才能獲得成功。否則只能望「利」興嘆、望塵莫及了。

當敵人利用此計時，應採取以下幾種防範措施：

1. **避免出現漏洞。**當敵人發現我方出現漏洞時，便會採取順手牽羊之計。若我方沒有出現漏洞，那敵方也就無可乘之機了。事先的周密計畫和事中的嚴密組織，便是防止出現漏洞的最有效措施。

2. **亡羊後及時補牢。**一旦出現漏洞，就應及時發現，及時彌補，「亡羊補牢，未為晚也」。若沒有及時發現、及時彌補，那麼其餘的「羊」也都會全部走失。「補牢」時應注意的事項有以下兩種：一是要盡可能提早知道「牢」已被破壞，「羊」已走丟，這需要及時回饋；二是在發現問題後，立即決斷，毫不遲疑地動手補「牢」，不要存有僥倖心理而懶於修補。

3. **不讓敵人占據小利。**無論大利小利都不能輕易放棄，與敵人微利必爭。另外，對於自己的「羊」應心中有數，小心看管，不使走散。

4. **提高警覺，嚴加防範。**敵人在牽「羊」之前，總會侷促不安，

因為怕人發現，往往東張西望、鬼鬼祟祟。對於此種情形，我方應提高警覺，當發現與我們有利害衝突的人正靠近我們的羊群時，要對其提出警告並嚴加防備，絕不可不聞不問、聽之任之。

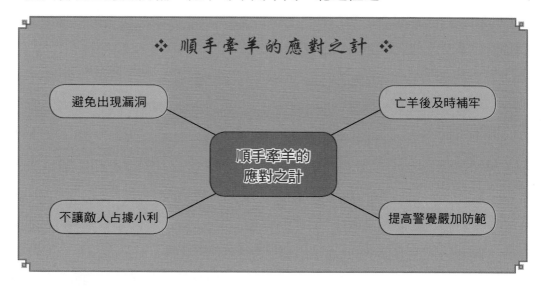

| 實戰 |

西元 383 年，前秦統一了黃河流域，勢力強大。前秦王苻堅坐鎮項城，調集九十萬大軍，正準備一舉殲滅東晉。苻堅派遣其弟苻融為先鋒攻下壽陽，初戰告捷，苻融判斷東晉兵力不多且嚴重缺糧，建議苻堅迅速攻擊東晉。

苻堅聞訊，不待大軍齊集，隨即率領幾千騎兵趕至壽陽。東晉將領謝石得知前秦百萬大軍尚未齊集，決定掌握此時機，擊敗敵方，挫敵銳氣。

謝石先派勇將劉牢之率精兵五萬，強渡洛澗，殺死前秦守將梁成。而後，劉牢之乘勝追擊，再度重創前秦軍。而謝石則率師渡過洛澗，順淮河而上，抵達淝水一線，駐紮在八公山邊，與駐紮於壽陽的前秦

軍隔岸對峙。

符堅見東晉陣勢嚴整，立即下令堅守河岸，等待後續部隊。謝石見敵眾我寡，決定速戰速決，於是採用激將法企圖激怒驕狂的符堅。

他派人送去一封信，說道：「符堅，我要與你決一雌雄。如果你不出戰，還是乘早投降為好；如果你有膽量與我對決，那你就暫退一箭之地，讓我渡河與你比個輸贏。」

符堅決定暫退一箭之地，待東晉部隊渡到河中間再回兵出擊，將晉兵全殲水中。但他哪裡料到此時秦軍士氣低落，撤軍令下，頓時大亂，秦兵爭先恐後，人馬衝撞，亂成一團，怨聲四起。這時，符堅的指揮已經失靈，幾次下令停止退卻，但如潮水般撤退的人馬已成潰敗之勢。

這時，謝石指揮東晉兵馬，迅速渡河，乘敵人大亂之際，奮力追殺。最後，前秦先鋒符融被東晉軍殺死，符堅也中箭受傷，慌忙逃回洛陽，前秦大敗。

在這場淝水之戰中，東晉採用的就是「順手牽羊」的策略，他們掌握戰機，乘勢煽風點火，一舉擊敗前秦。

「知彼知己，百戰不殆」，戰爭風雲變幻，韜略變化紛呈，如何把握戰爭形勢？唯有出其不意，攻其不備，利用謀略進攻防禦，方可力克群敵。

13 免遭埋伏的戰術 ▶
打草驚蛇

疑以叩實，察而後動。復者，陰之媒也。

按：敵力不露，陰謀深沉，未可輕進，應遍探其鋒。兵書云：「軍旁有險阻、潢井、葭葦、山林、翳薈者，必謹復索之，此伏奸之所藏也。」

譯 文 →

對於有疑點的事件，必須查明情況，唯有掌握實情之後才可以採取行動。應反復偵察追究，而後再採取相應行動，這是發現隱藏之敵的重要方法。

按：當敵方尚未暴露其蛛絲馬跡，且將其陰謀深藏不露的時候，萬萬不可輕視敵人而貿然進攻，應採取各種方式從不同側面探明其鋒芒所在。《孫子兵法》中曾說：「行軍路過重險關隘、湖沼、水網、蘆葦、灌木茂盛的地方，都必須謹慎地反復先行搜索，因為這些地方都有可能是敵人隱匿伏兵和奸細之處。」

賞析

《孫子兵法》中提到：「作之而知動靜之理，形之而知死生之地，

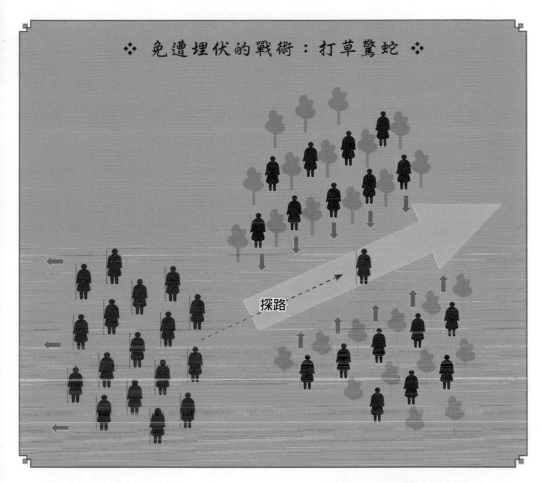

❖ 免遭埋伏的戰術：打草驚蛇 ❖

探路

角之而知有餘不足之處。」意思是，以行動瞭解動與靜的道理，以示
形誘敵摸清地形的有利和不利之處，以小規模戰鬥測驗自己的長處和
短處。這段話恰恰概括了「打草驚蛇」之計的含義。

　　在「打草驚蛇」中，「草」與「蛇」是兩個相互聯繫但性質完全
不同的事物。「蛇」藏於「草」中，「草」是「蛇」的外衣，用以掩護蛇，
而且「草」可迅速向「蛇」傳遞資訊。由此可見，「草」指的是敵人
的同類，「蛇」指的是敵人自己。因而「打草」之後必然「驚蛇」，「蛇」
受驚後，或搏擊、或逃離。

本計可解讀為以下幾種意涵：

1. **打草之目的是驚蛇**。前方道路情況不明，可能有蛇隱伏，若貿然向前，風險很大，因此透過打草或投石發出聲響，讓敵人誤以為我們已到前方，便發動進攻，結果便暴露了自己的行蹤，這就是「觀彼動靜而後舉焉」。火力偵察、先行試點等都屬於此類。

2. **打草之目的是警告蛇**。世界上的事物皆是互相聯繫、互相影響的，往往觸動一件事物，就會連帶改變相關事物。若甲受到打擊懲處這一事件會使乙感到驚慌失措的話，那就可以採用攻擊甲以警告乙的策略。

3. **打草之目的是驚走蛇**。為了在行路的過程中不致被蛇所襲擊，應趕走埋伏在路上的所有蛇。因為蛇的樣子令人討厭，同時又含有劇毒，若使用棍子直接打，則怕牠隨棍而上。所以，透過攻擊路邊的草而嚇跑草叢中的蛇，是一種有效而無危險的策略。

當敵人利用此計時，應採取以下幾種防範措施：

1. **行為端正，不做被打之蛇**。只要自身坐得正，行得端，不與壞人為伍，不留把柄於人，敵人無論如何打草，也不會令我們心驚膽戰。

2. **靜候其變，不漏機密**。當我們隱藏於草叢中時，要十分隱密和巧妙，不能讓敵人發現一點可疑的痕跡，更不能讓敵人發現我方的真實意圖。隱藏埋伏時，不能輕易暴露，應靜靜等待出擊敵人的良機。

3. **辨敵真偽，切勿盲動**。當敵人不瞭解我方情況時，常常會採取虛張聲勢的辦法迷惑、誘騙我們。這時，應仔細分辨敵人是否真的發現我們，若敵人已發現我們，則應集中攻擊火力，猛烈而準確；若使用打草驚蛇之計，則應分散攻擊火力，不猛烈且不持久，要經常不斷地變換方向。在敵人已發現我們時，就要立即迎戰，切不可遲誤；在

敵人虛張聲勢時，則要沉得住氣，切不可因盲動而暴露自己。

　　4. 為自己留好退路。在敵人打草之時，應預防因牽連而暴露的危險，事先謀畫退路，以便主動地、隱密地退走。

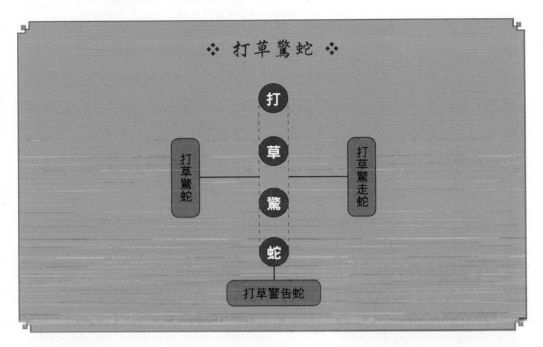

| 實戰 |

　　西元 218 年，劉備領兵十萬圖謀漢中，曹操聞報大驚，起兵四十萬親征。定軍山一役，蜀將黃忠計斬曹操大將夏侯淵，曹操大怒，親統大軍抵漢水與劉備決戰，誓為夏侯淵報仇。蜀軍見曹兵勢大，退駐漢水之西，兩軍隔水相拒。劉備與諸葛亮至營前觀察兩岸形勢，謀畫破敵之策。諸葛亮見漢水上游有一帶土山，可伏兵千餘，回營後命趙雲領兵五百，帶上鼓角，伏於土山之下，或黃昏，或半夜，只要聽到本營炮響，便擂鼓吹角吶喊一番，但不可出戰。諸葛亮自己則隱於高山，觀察敵軍動靜。

第二天，曹兵至陣前挑戰，見蜀營既不出兵，也不射箭，叫喊一陣便回去。當天深夜，諸葛亮見曹營燈火已滅，軍士們剛剛歇息，便命營中放炮為號，趙雲的五百伏兵隨即鼓角齊鳴，喊聲震天。曹兵驚慌，疑有蜀兵劫寨，急忙披掛出營迎敵。但出營一看，卻沒有任何蜀兵劫寨，便回營安歇。待曹兵剛剛歇定，號炮又響，鼓角又鳴，吶喊又起，一夜數次，弄得曹兵徹夜不得安寧。一連三夜如此，致使曹操驚魂不定，寢食不安。有人對曹操說：「這是諸葛亮的疑兵計，不要理他。」但曹操說：「我豈不知這是諸葛亮的詭計！但如果多次皆假，卻有一次真來劫營，我軍不備，豈不吃大虧！」曹操無奈，只得傳令退兵三十里，尋覓空闊之處安營紮寨。

諸葛亮以「打草驚蛇」之計逼退曹兵，而後便乘勢揮軍渡過漢水。蜀軍渡漢水後，諸葛亮傳令背水結營，故意置蜀軍於險境，這又使曹操心生疑惑，不知諸葛亮又將使什麼詭計。因為曹操深知「諸葛一生唯謹慎」，認為他如果不是勝券在握，是絕不會走此險棋的。而諸葛亮正是看中曹操這種心理，偏走此險棋疑他、驚他。曹操在驚疑之中，為了探聽蜀軍虛實，下戰書與劉備約定來日決戰。

而就在戰鬥剛開始時，蜀軍便佯敗後退，往漢水逃去，而且將許多軍器馬匹棄於道路兩旁。曹操見此，急令鳴金收兵，手下將領疑惑地問曹操：「為何不乘勝追擊，反令收兵？」曹操說：「看到蜀兵背水紮寨，我本就懷疑，現在蜀兵剛交戰就敗走，而且一路上丟下許多軍器馬匹，更說明這是諸葛亮的詭計，必須火速退兵，以防上當。」然而，就在曹兵掉頭後撤時，諸葛亮卻舉起號旗，指揮蜀兵返身向曹兵衝殺過來，致使曹兵大潰而逃，損失慘重。

14 扭轉局勢，反敗為勝 ▶

借屍還魂

有用者，不可借；不能用者，求借。借不能用者而用之，匪我求童蒙，童蒙求我。

按：換代之際，紛立亡國之後者，固借屍還魂之意也。凡一切寄兵權於人，而代其攻守者，皆此用也。

➡ **譯 文** ➡

凡是朝氣蓬勃的事物，都難於駕馭和控制，因而無法利用；唯有已腐朽的事物常常需要依附別人而強立，符合利用的要求。利用腐朽之事物，並非我求助於愚昧之人，而是愚昧之人求助於我。

按：每當改朝換代時，英雄豪傑往往擁立亡國之君的後代，打著他們的旗號號召百姓，攻伐戰守，以達到自己爭奪天下的目的，這些都是運用「借屍還魂」之計。而把兵借給他人，代替他人攻擊或防禦的，也都屬於這一計謀。

〰〰 **賞析** 〰〰

本計可解讀為以下幾種意涵：

1. **跌倒爬起，尋求東山再起之機**。在失敗時，應保持清醒的頭腦，冷靜地進行分析，準確地作出判斷，不惜一切手段轉敗為勝，而不是自暴自棄，從此一蹶不振。

2. **借助外力，實現自己的意圖和目的**。在失敗後，往往無法以自己的力量轉敗為勝，這時就必須借助一切可利用的勢力，以壯大自身

❖ 扭轉局勢，反敗為勝：借屍還魂 ❖

借屍

還魂

力量；爭取一切可利用的機會，以增加取勝的可能。也可借助他人名義實施自己的戰略計畫，進而達到自己的目的。一般來說，借助外力的原則是不借有能力、有作為者，因為有能力、有作為者通常難以駕馭和控制，應借用那些無能力、無作為者，因為既可以方便地駕馭和控制他們，又不會吸引他人的注意力。

當敵人利用此計時，應採取以下幾種防範措施：

1. 徹底根除敵人留下的隱患。敵人就像一個長在我們身上的毒瘤，唯有將他們徹底根除，我們才可以安心生活，否則一旦毒性復發，就會殘害我們的身體。所以我們應該將他們連根拔起，以防留下禍患。

2. 將無用之物深深掩埋，以防敵人加以利用。我們常常會扔掉一

些對我們暫時無用的東西，但這些東西很有可能會成為敵人還魂時所借之「屍」。若自己的東西被敵人所借，並用以對付我方，那是十分可悲的事情。所以，我們應深埋或隱藏可能被「借」的東西，使敵人無「屍」可借。

3.絕不被敵人的假象所迷惑。識破敵人的借屍還魂之計並非易事，因為他們為我們所創造的假象，其中還包含了許多真實的東西。一旦發現敵人已借到「屍體」，正準備「還魂」時，我們就應該立即制止，使其陰謀無法得逞。

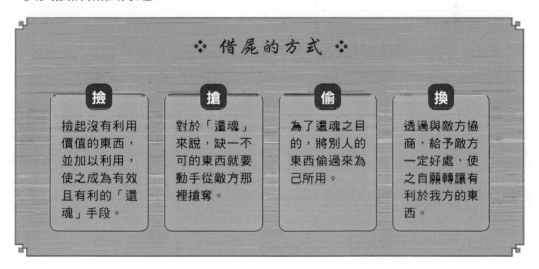

❖ 借屍的方式 ❖

撿
撿起沒有利用價值的東西，並加以利用，使之成為有效且有利的「還魂」手段。

搶
對於「還魂」來說，缺一不可的東西就要動手從敵方那裡搶奪。

偷
為了還魂之目的，將別人的東西偷過來為己所用。

換
透過與敵方協商，給予敵方一定好處，使之自願轉讓有利於我方的東西。

｜ 實戰 ｜

西元 234 年，諸葛亮第六次出兵攻魏，其對手司馬懿隔河堅守，拒不出戰。一段時間後，諸葛亮派了一位使者送給司馬懿一個盒子。司馬懿手下求戰心切的將軍們，認為這是諸葛亮派人下的戰書，他們擁入帥帳，想弄清是怎麼回事，所有人都緊張地注視著司馬懿。司馬懿先拆開諸葛亮的信，信中辱罵司馬懿身為將帥，貪生怕死，與膽小

的女人一般無二。司馬懿看罷，心中大怒，但表面上裝作若無其事，又微笑著打開盒子，裡面竟是一些女人的頭巾、服裝之類的東西。眾將們見到主帥被諸葛亮如此污辱，紛紛要求殺掉來使，立即出兵與諸葛亮決一死戰。司馬懿用孔子的一句格言作為回答：「小不忍，則亂大謀。」他非但不斬諸葛亮的來使，反而盛宴相待，吃喝之間，司馬懿避而不談戰事，只是詢問諸葛亮的飲食、睡眠等瑣事。

送走來使後，司馬懿對周圍部下說：「諸葛亮用的是激將法，我們絕不可上當。現在諸葛亮處境艱難，軍政負擔過重，寢食不安。我相信他活不了多久，汝等好好準備著，一旦傳來他的死訊，我們馬上出戰。」而後，魏軍繼續堅守城池，這讓諸葛亮非常惱火。這次出兵拖到現在已有一百多天了，白天，諸葛亮與眾將商議下一步作戰計畫，夜裡，又徹夜不眠地思考如何打敗司馬懿。過度操勞使諸葛亮身染重病，口吐鮮血，最後死於軍營之中。蜀軍將士悲痛萬分，他們想立即為丞相辦喪，但楊儀和姜維按照諸葛亮臨終前所授之計策，密不發喪，將諸葛亮殯殮入棺，然後率領蜀軍起程返回漢中。

第二天清晨，司馬懿聽說諸葛亮已死的消息，並且得知蜀軍已撤，隨即率領大軍離開據點，追擊蜀軍。半路，他登上一座小山眺望遠處蜀軍，只見蜀軍軍容齊整，旌旗招展，猶如諸葛亮在世時那樣。司馬懿頓時懷疑諸葛亮沒有死，可能是誘兵之計，但在眾將催促之下，他只得繼續追趕。沒過多久，蜀軍聽得一聲信號響，立即停止前進，掉頭準備迎擊隨之而來的魏軍。就在司馬懿心中升起疑問時，樹林之中閃現蜀軍帥旗，旗下眾將簇擁一輛小車，車上端坐之人正是據傳已死的諸葛亮。司馬懿一見此情景，立即下令全軍撤退，蜀軍也馬上起程回師。直到回到安全地帶，蜀軍這才打起白幡，為丞相發喪。這時，

司馬懿才相信諸葛亮真的死了，車上坐的諸葛亮只是木頭人而已，司馬懿再想去追，但蜀軍早已沒了蹤影。

魏將都為失去一個消滅蜀軍的大好時機而懊喪不已，司馬懿嘆道：「楊儀用兵之道大有諸葛亮之遺風，諸葛亮借楊儀之身還了魂，我是上了『借屍還魂』之計的當。」

15 虎落平陽被犬欺 ▶

調虎離山

待天以困之，用人以誘之。往蹇來返。

按：兵書曰：「下政攻城。」若攻堅，則自取敗亡矣。敵既得地利，則不可爭其地。且敵有主而勢大：有主，則非利不來趨；勢大，則非天人合用，不能勝。漢末，羌率眾數千，遮虞詡於陳倉、崤谷。詡即停軍不進，而宣言上書請兵，須到乃發。羌聞之，乃分抄旁縣。詡因其兵散，日夜進道，兼行百餘里，令軍士各作兩灶，日倍增之，羌不敢逼，遂大破之。兵到乃發者，利誘之也；日夜兼進者，用天時以困之也；倍增其灶者，惑之以人事也。

═ 譯 文 →

利用不利的天時、地理條件困擾敵人，用人為的謀略引誘敵人。主動進攻有危險，誘敵來攻則有利。

按：《孫子兵法》中提到：「圍城攻堅是最下下策。」如果強行攻堅圍城，那就是自取滅亡。既然敵人已占據有利的地形條件，就不

應該強攻，更何況敵人早有準備，具有絕對優勢。當敵人居於有利位置時，除非他認為有利可圖，否則他是不會輕易離開有利陣地進攻的；當敵人處於優勢時，如果不利用天時地利等有利條件引誘敵人，就無法取勝。

東漢末年，羌人首領統率數千兵馬，在陳倉、崤谷中阻擋虞詡行軍。虞詡乘此公開宣稱進軍受阻，向朝廷上書請求援兵，待援兵抵達後再進軍。羌人聽到這一消息後，便信以為真，分散軍隊各自去附近縣城搶掠財物。虞詡便利用羌兵離開的時機，下令日夜兼程向前進軍，每日疾行百餘里。虞詡又命軍士駐軍做飯時，每人做兩個灶，並使灶的數量每日增加一倍。羌人誤以為援兵陸續抵達，所以不敢追趕他們，結果虞詡便輕易衝破了羌兵的封鎖。

虞詡宣稱要等待援軍抵達後再向前進軍，就是故意讓羌人誤以為能利用援兵到來前的時間大肆掠奪，也就是以利誘將羌人調開；他命令隊伍不分晝夜地急行軍，就是要利用天時地利上的有利條件；加倍修灶，則是人為地製造援軍陸續趕到的假象以迷惑敵人，使敵人誤以為援兵已陸續抵達而不敢進攻。

賞析

在古今中外的戰爭舞台上，運用調虎離山這一計謀調動敵方脫離有利地形，就我之範，再加以消滅的例子舉不勝舉，在現代政治、外交、經濟等各種生活領域中，也應用得極其廣泛，常會有令人意想不到的效果。

本計可解讀為以下幾種意涵：

1. 將老虎誘離山勢，便可減弱牠的威力和勢力。 老虎作為百獸之

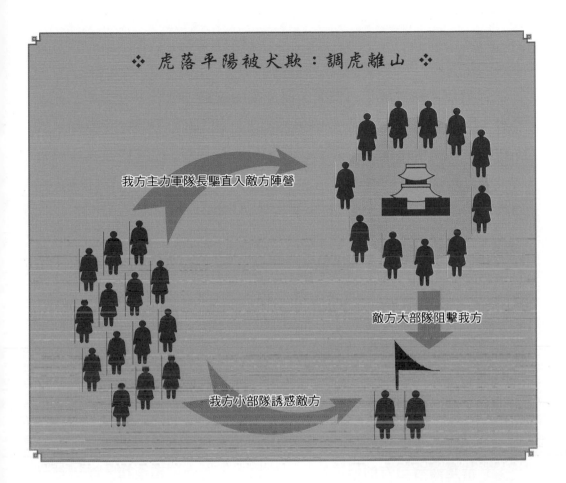

❖ 虎落平陽被犬欺：調虎離山 ❖

我方主力軍隊長驅直入敵方陣營

敵方大部隊阻擊我方

我方小部隊誘惑敵方

王，其威力除了來自於牠自身的勇猛外，牠所盤踞的山勢也是牠賴以生存和施展威力必不可少的重要條件，一旦離開了這一重要條件，老虎自身的勇猛也很難發揮。因此，若將其從有利的地勢上調離，使其威力無法得施展，這便是打擊牠的最好辦法。

另外，老虎身為百獸之王，而百獸又都生活在山中。在山中，老虎可借百獸以增勢，百獸也可借老虎而顯威。牠們之間互相勾結、狼狽為奸，更擴大其威勢，增加與我對抗的力量。若將老虎誘離深山，使牠與百獸分開，就可大大分散並減弱虎勢，這時再來降虎，就容易多了。

將虎調離山勢，不僅能減弱牠自身的威力，而且還能削弱牠的勢力，如此一來，戰勝猛虎也就輕而易舉了。

　　2. **若想消滅老虎，占領虎山便是成功關鍵。**然而，占領虎山並非易事，因為虎山有虎守護，一時攻打不下，這時若設法把虎引開，使山空虛，我們便可乘虛而入，一舉拿下虎山。待老虎發覺之後，已為時太晚，無法再挽回有利局面。一旦老虎失去巢穴，就只得任憑我們發落，即便不動手殺害牠，牠也會自然自然無法生存。

　　當敵人利用此計時，應採取以下幾種防範措施：

　　1. **搶占有利地勢，穩坐泰山，不為利誘所動。**若我方已經搶先占有地利，而敵人正處於不利的位置，那就千萬不要輕易放棄這一優勢，並且應千方百計地誘使敵人在這裡與我方決戰。不能性急浮躁，輕易離開，要「先為不可勝，以待敵之可勝」，才能「立於不敗之地」。

　　2. **有去有回，靈活掌控自己的根據地，不被敵人霸占。**當我們萬不得已必須出山時，應事先規畫歸山之路，不要出得去而回不來。另外，不要離開自己的根據地太遠，一有問題才可及時回救。

　　3. **清楚適合己方的地形條件，但也不可過分依賴地利。**應清楚己方的特點，清楚適合自己的條件。凡對自己有利的地勢皆可以前行，凡對自己不利的地勢，一定要盡早迴避。可以利用有利的條件，但也不能過分依賴這些條件。

｜ 實 戰 ｜

　　東漢末年，軍閥並起，各霸一方。孫堅之子孫策，年僅十七歲，年少有為，繼承父志，勢力逐漸強大。西元 199 年，孫策欲向北推進，準備奪取江北盧江郡。盧江郡南有長江之險，北有灌水阻隔，易守難

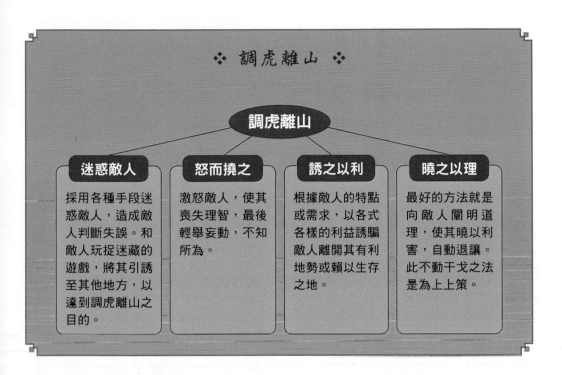

❖ 調虎離山 ❖

調虎離山

迷惑敵人

採用各種手段迷惑敵人，造成敵人判斷失誤。和敵人玩捉迷藏的遊戲，將其引誘至其他地方，以達到調虎離山之目的。

怒而撓之

激怒敵人，使其喪失理智，最後輕舉妄動，不知所為。

誘之以利

根據敵人的特點或需求，以各式各樣的利益誘騙敵人離開其有利地勢或賴以生存之地。

曉之以理

最好的方法就是向敵人闡明道理，使其曉以利害，自動退讓。此不動干戈之法是為上上策。

攻，占據盧江的軍閥劉勳勢力強大，野心勃勃。孫策知道，如果硬攻，取勝的機會很小，他和眾將商議，定出了一條調虎離山的妙計。

孫策知曉劉勳極其貪財，便派人送給劉勳一份厚禮，並在信中大肆吹捧劉勳一番。信中說劉勳功名遠播，令人仰慕，並表示要與劉勳交好，同時以弱者的身份向劉勳求救。孫策提到：「上饒經常派兵侵擾我們，我們力弱，無法遠征，請求將軍發兵降服上饒，我們感激不盡。」劉勳見孫策極力討好他，萬分得意。

上饒一帶十分富庶，劉勳早想奪取，今見孫策軟弱無能，免去了後顧之憂，決定發兵上饒。部將劉曄極力勸阻，但劉勳哪裡聽得進去，他已被孫策的厚禮甜言迷惑了。孫策見劉勳親自率領幾萬兵馬攻打上饒，盧江城內空虛，心中大喜，說：「老虎已被我調出山了，我們趕

快去占據牠的巢穴吧！」隨即率領人馬，水陸並進，襲擊盧江，過程中幾乎沒遇到什麼頑強抵抗，十分順利地控制盧江。劉勳猛攻上饒，但一直無法取勝，突然得報孫策已取盧江，情知中計，但後悔已經來不及了，只能灰溜溜地投奔曹操。

16 放長線釣大魚 ▶
欲擒故縱

　　逼則反兵，走則減勢，緊隨勿迫。累其氣力，消其鬥志，散而後擒。兵不血刃。需，有孚，光。

　　按：所謂縱者，非放之也，隨之，而稍鬆之耳。「窮寇勿追」，亦即此意。蓋不追者，非不隨也，不迫之而已。武侯之七縱七擒，即縱而躡之，故輾轉推進，至於不毛之地。武侯之七縱，其意在拓地，在借孟獲以服諸蠻，非兵法也。若論戰，則擒者不可復縱。

➡ 譯 文 ➡

　　直接緊逼敵方，敵方就會猛烈反攻；迴避敵方，敵方就會自然減勢。既不能放開敵方，又要避免直接逼近，這樣既能夠削弱敵方的體力，又可以瓦解敵方的鬥志，待敵方實力耗盡後，我方再一舉擒獲，就可以不費一兵一卒，取得勝利。這是從《易經》「需卦」的卦辭中所領悟的道理。

　　按：「縱」，並不是說要將敵人放走，而是稍微放鬆一點，但還是一直跟隨著他。《孫子兵法》中提到：「對於陷入絕境的敵人，不

要再繼續將他逼上死路。」其所謂「勿追」，並不是說不必追趕，而是說不要把敵人逼得太緊之意。諸葛亮使用七擒七縱的計謀擒得孟獲，就是採用放了又追的方法。其用意在於擴展領土，利用孟獲的地方勢力，使南方蠻族全部服從於蜀國。嚴格來說，這已經不屬於兵法的範疇。若從戰爭角度而言，既然已抓住敵人，就不能輕易放走。

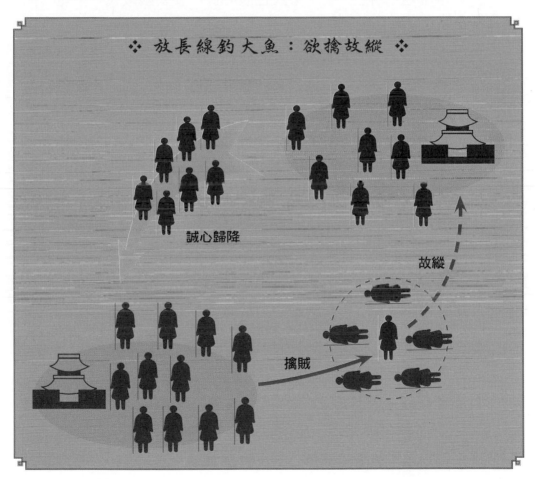

❖ 放長線釣大魚：欲擒故縱 ❖

誠心歸降

故縱

擒賊

本計可解讀為以下幾種意涵：

1. **抓牢手中的線，莫讓風箏跑丟。**當我們放風箏時，無論風箏飛得多高，離我們多遠，它都跑不出我們的手掌心，因為我們的手中有一條長線牢牢地牽著它。對待敵人也該如此，要緊跟敵人，不能讓他跑掉，但可以適時放鬆。

2. **待敵人疲累之時再捉拿。**只要覺得還有一點逃脫生還的機會，已落入掌心的敵人就會拼命逃走。在驚慌恐懼中拼命逃跑，既是體力上的消耗，也是精神上的消耗，若我方給敵人施加死之威脅，但又留給他可逃脫的幻覺，為了避害，他就會一直拼命跑下去。人的體力和精力是有限的，最後跑累的時候，他就會自然停頓，這時他也就喪失了反抗能力，我方便可手到擒來。若在他還未跑累的時候擒拿他，因為他仍有反抗能力，很可能會魚死網破。那麼，己方既無法捉到敵人，又會被敵人猛烈反攻，損失在所難免。

3. **故意放縱敵人，使其喪失警惕。**在敵人面前可故意退讓，放縱敵人，使其自我膨脹，士氣鬆懈，喪失警惕。讓敵人以為我方勢力弱小，根本不是他們的對手，為我方提供可乘之機。

當敵人利用此計時，應採取以下幾種防範措施：

1. **重整旗鼓，絕不氣餒，化被動為主動，化撤退為反擊。**一旦戰爭失利，我方不能灰心喪氣，消極逃遁，因為這還不是最終的勝負。應反過來利用敵人放縱的機會，盡快重整旗鼓，恢復並壯大己方的力量，或選擇有利的地勢對抗敵人，或設好埋伏誘騙敵人，或反擊敵人，絕不能讓敵人的企圖得逞，也不能讓敵人的欲擒故縱之計順利實施。

2. **見機行事，絕不戀戰，快速脫離危險之地。**在與敵人戰鬥的過

程中，一旦發現自己已處於被動位置，有被敵人包圍的危險時，就應及時脫離險境，主動撤退。因為這時的敵人尚未形成嚴密包圍圈，我方可根據自己的判斷，任意選擇突圍的方向和路線，而這時的敵人也不會立即反應過來追蹤我們，即使追蹤，我方也早已脫離危險之地。若我們繼續戀戰、不知逃脫，敵人就會趕上來包圍我們，到那時我們再想突出重圍就十分困難了。

3. **隱藏行跡，迅速擺脫敵人跟蹤**。在戰爭中，總是免不了被敵人跟蹤，所以應速戰速決，不能長時間拖著隊伍，因為這樣很容易就會被拖垮。一旦衝出重圍，選定撤退方向時，就應快速隱密地行動，採取「金蟬脫殼」或「瞞天過海」之計，擺脫敵人的跟蹤，這樣才能順利脫離危險。

4. **故縱而不縱，絕不放鬆警惕，時刻保持清醒**。當敵人採取暫且放縱我們的計策時，其真正意圖就是消磨我們的鬥志，鬆懈我們的士氣，然後再乘機突襲。為了不讓敵人的企圖得逞，無論何時何地，都應保持高度警惕和旺盛鬥志，不能因敵人的暫時放鬆而大意，否則後果不堪設想。

｜ 實 戰 ｜

西元 225 年，蠻王孟獲起兵十萬反蜀，建郡太守雍闓、群舸郡太守朱褒、越嶲郡太守高定相繼投降，聲勢甚大。蜀丞相諸葛亮奉旨起兵五十萬南征，在智破三郡叛軍之後，大軍繼續向瀘水挺進，適逢馬謖奉後主之命前來勞軍。

諸葛亮久聞馬謖才智超群，便虛心問計。馬謖說：「愚有片言，望丞相察之。南蠻恃其地遠山險，不服久矣。雖今日破之，明日復叛。

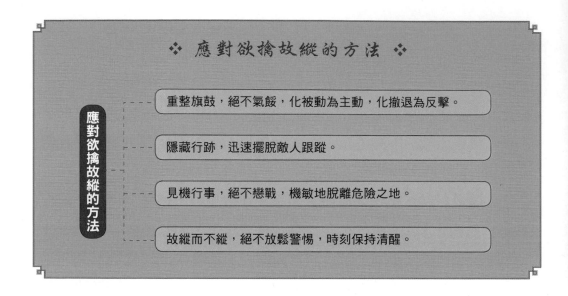

❖ 應對欲擒故縱的方法 ❖

應對欲擒故縱的方法

- 重整旗鼓，絕不氣餒，化被動為主動，化撤退為反擊。
- 隱藏行跡，迅速擺脫敵人跟蹤。
- 見機行事，絕不戀戰，機敏地脫離危險之地。
- 故縱而不縱，絕不放鬆警惕，時刻保持清醒。

丞相大軍到彼，必然平服；但班師之日，必北伐曹丕；蠻兵若知內虛，其反必速。夫用兵之道，攻心為上，攻城為下；心戰為上，兵戰為下。願丞相但服其心足矣。」諸葛亮很贊同馬謖的見地，更堅定了心服蠻王的決心。第一次兩軍對陣，孟獲戰敗，蜀將魏延將其活捉。諸葛亮問他是否心服？孟獲說：「山僻路狹，誤遭汝手，如何肯服？你放我回去，整軍再戰，若再被擒，我便肯服。」諸葛亮當即下令放了他，並給他衣服、鞍馬、酒食，派人送他上路。第二次諸葛亮派馬岱夜渡瀘水，斷了蠻軍糧道，孟獲被部將董荼那、阿會喃等縛送蜀營。諸葛亮對孟獲說：「你前次說，若再被擒，便肯降服。今日如何？」孟獲說：「這次是我手下自相殘殺，如何肯服？」

諸葛亮便又再次將他放了，並領他參觀蜀軍營寨，親自送至瀘水邊，派船送回。孟獲第二次被放回本寨後，首先斬殺部將董荼那、阿會喃，然後與其弟孟優商議以假降方式夜襲蜀營，諸葛亮將計就計，第三次活捉孟獲。但孟獲仍然不服，他說：「這是因為我弟貪杯，誤

吃了你們的毒酒，並非我沒有能耐，如何肯服？如果你放我回去，我收拾兵馬和你大戰一場，若再被擒，方肯死心塌地歸降。」諸葛亮第三次又將他放了。孟獲憤憤回歸本營，派人帶上金銀珠寶借得精健蠻兵數十萬，一路殺氣騰騰，來戰蜀軍。諸葛亮避其鋒芒，領軍退至西洱河北岸紮營，然後派精兵暗渡至西洱河南岸，包抄蠻軍後路，第四次活捉孟獲。諸葛亮怒斥孟獲：「這次又被我擒了，還有何話可說？」孟獲說：「我誤中詭計，死不瞑目。」

　　諸葛亮聲言要斬，孟獲全無懼色，要求再戰，諸葛亮只得第四次將他放了。孟獲回去後，又聚集數千蠻兵躲入禿龍洞，與該洞洞主朵思憑藉險山惡水，據守不出。諸葛亮走訪當地老人，尋得解毒甘泉和可避瘴氣的薤葉芸香，避過毒泉惡瘴，引軍由險徑直取禿龍洞，第五次擒得孟獲。但孟獲仍不服，並說：「我祖居銀坑山，有三江之險，重關之固，你若能到那裡擒我，我便子子孫孫傾心服侍。」諸葛亮遠慮深謀，第五次又將他和孟優、朵思等人放了。

　　孟獲連夜奔回銀坑山老巢，又請來八納洞洞主木鹿三萬驅獸兵助戰。諸葛亮破了孟獲之妻祝融夫子的飛刀，布假獸戰勝木鹿的獸兵，識破孟獲妻弟帶來洞主假縛孟獲夫妻獻降詭計，第六次生擒孟獲。但孟獲又說：「這次是我等自來送死，不是你們的本領，如第七次被擒，則傾心歸服，誓不再反。」

　　諸葛亮又將其放了。孟獲回洞後，從烏戈國請來三萬刀劍不入、渡水不沉的藤甲兵，屯於桃花渡口。諸葛亮設疑兵，一步一步地將藤甲兵誘入預伏乾柴、火藥、地雷的盤蛇谷，堵住前後谷口，縱烈火將烏戈國的三萬藤甲兵燒了，第七次生擒孟獲。諸葛亮令人設酒食招待孟獲夫婦及其宗室，叫孟獲回去再招人馬來決戰。這一次，孟獲卻不

走了，並說：「七擒七縱，自古未有。我等雖然是化外之人，也懂得禮義，難道就如此沒有羞恥嗎？」於是率領部眾誠心歸順。

孟獲歸順後，諸葛亮命其繼續為蠻王，所奪之地，盡皆退還；蜀軍班師時，孟獲也親自護送諸葛亮渡過瀘水。後來孟獲仕蜀，官至禦史中丞；終蜀之世，南方一直太平無事。諸葛亮七擒七縱，「縱」的是孟獲其人，而最終「擒」得的是蠻王及蠻方百姓的心。精誠所至，金石為開，從此蜀國有了一個鞏固的南方，諸葛亮便可全心致力於伐魏了。

17 拋小利換大利 ▶
拋磚引玉

類以誘之，擊蒙也。

按：誘敵之法甚多，歸妙之法，不在疑似之間，而在類同，以固其惑。以旌旗金鼓誘敵者，疑似也；以老弱糧草誘敵者，則類同也。如楚伐絞，軍其南門。屈瑕曰：「絞小而輕，輕則寡謀，請勿捍採樵者以誘之。」從之，絞人獲利。明日，絞人爭出，驅楚役徒於山中。楚人坐守其北門，而伏諸山下，大敗之，為城下之盟而還。又如孫臏減灶而誘殺龐涓。

━━ 譯 文 →

用相類似的事物引誘敵人，乘其懵懂迷惑之時攻打他。

按：迷惑敵人的方法很多，最絕妙的方法不是以模糊近似、使人

覺得似像非像的疑似之物，而是利用類同的東西使敵人深信不疑。用旗旗招展、擊鼓鳴鑼誘敵，就屬於令人生疑的一類；出示老弱殘兵，或製造有糧草、無糧草的假象誘敵，就是相類似、不生疑的事物。例如，春秋時代，楚國征伐絞國，兩軍在絞國都城南門相對峙，僵持不下。楚國大將屈瑕向楚武王獻策：「絞國弱小，國人輕浮，輕浮則寡謀。我們可以派一些樵夫引誘絞軍，故意讓楚國樵夫上山打柴，而且不派兵保護，絞軍便會出城掠奪。」楚武王從其計。果然，絞人追捕了不少楚國的樵夫作為戰功；第二天，楚軍又如法炮製，絞人食髓知味，爭相出城追趕，楚國樵夫紛紛往山上奔逃。而楚軍主力除了列陣於絞國北門外，又設伏兵於山上，這時乘機發起突襲，大敗絞軍，迫使絞國簽訂城下之盟。孫臏減灶而誘殺龐涓的典故，亦屬於此計之列。

賞析

本計可解讀為以下幾種意涵：

1. 以「磚」引「玉」。也就是拿出自己沒有價值的東西，示範並暗示，有目的地誘使對方拿出有價值的東西。

2. 以「磚」抵「玉」。在得不到敵人之玉的情況下，我們拋出磚，引誘敵人拋出玉，然後再用我們的磚砸他的玉。我們損失的是磚，而敵人損失的卻是玉。

3. 以「磚」易「玉」。即用價值較小的東西換取價值較大的東西，或用無價值的東西換取有價值的東西。這就如同撒下誘餌釣金鱉一樣，鱉的價值不知道比魚餌的價值大多少倍。

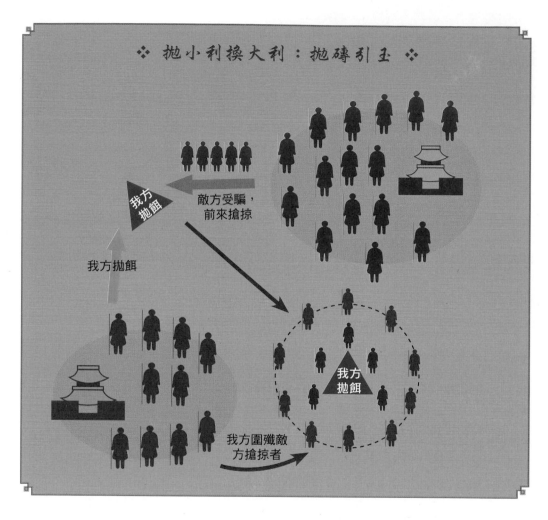

❖ 拋小利換大利：拋磚引玉 ❖

我方拋餌

敵方受騙，
前來搶掠

我方拋餌

我方拋餌

我方圍殲敵
方搶掠者

當敵人利用此計時，應採取以下幾種防範措施：

1. **眼觀六路，耳聽八方**。依據敵情相應調整我方的戰略部署，絕不可呆頭呆腦，任憑敵人愚弄和擺布。一切以時間、地點、條件轉移，又稱為「踐墨隨敵」。所謂踐墨隨敵，就是指作戰的方向、方針、策略等都要根據敵情變化而變化，唯有隨機應變，才能防止誤入敵人為我方設計的圈套。另外，應善於觀察，一旦發現可疑之跡，及時審察，分辨真假。

2. **看清形勢，不要被敵人的小恩小惠所誘惑**。不要為了貪占小便宜，而誤入賊船。前述的順手牽羊之計主張，小利必得、小隙必乘，但其只在敵人無力控制的範圍內適用。若在敵人嚴防死守、控制有力的區域內，看到微利或微隙，應審慎研究其是否為誘餌，因為敵人在有能力保護自己利益的情況下，是絕不會拱手送利的。

3. **堅持自己觀點，不讓敵人左右我方，克服從眾心理**。易受暗示和從眾心理是拋磚引玉的心理基礎，別人暗示以利，你則去取；別人都去做的事，你也跟著去做，就難免上當受騙。所以，一定要有自己的思想和獨立見解，不能人云亦云，毫無主見。

總之，在敵人運用拋磚引玉之計時，應採取審慎態度，一旦發現敵人的陰謀，便及時採取應對之策，絕不能讓敵人拿「破磚」換走我方的「美玉」。

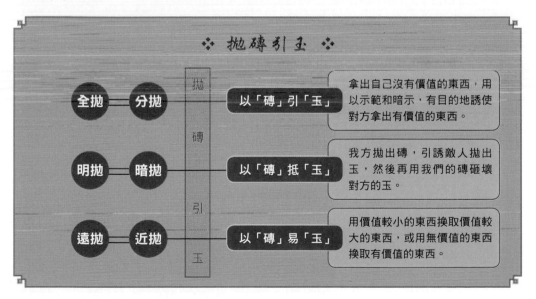

｜ 實戰 ｜

曹操在收復濮陽的戰役中，屢戰受挫，但又攻城心切，便揮軍強攻硬打。

當時輔佐呂布的一位謀士見此情景曾對呂布說：「曹操現在正苦於無計攻城，我們可以利用他的這種心理，運用拋磚引玉之計誘他入城，中我埋伏。城內有一戶姓田的富豪，頗有名望，如果令他詐為內應，曹操必定不會懷疑。」呂布一聽，便依計而行。

這天，曹操正在營中為無計破城而煩躁，突然由城裡傳來一封密書。書中說：「呂布殘暴不仁，民心大怨。現在他已帶兵前往黎陽，城內只有高沛守城。若連夜起兵攻城，我可以為內應，以城上插白旗大書『義』字為號，我乘機開門迎候。」

曹操看罷，高興地說：「這是天賜我收回濮陽啊！」隨即準備起兵攻城。左右軍將提醒曹操：「這其中是否有詐，丞相不可不察。」曹操說：「我已經想過，這個田氏是城中富豪，他若欺我，一旦我攻破城池，他能逃脫嗎？他一個人還有可能逃走，但其家業能與他一起逃走嗎？其人是勢利之眼，知我定取濮陽，先來討好於我，我怎能不信其言呢？」眾將聽後，深服其論。

當晚，曹操見城門之上有一面白旗，上書「義」字，便令軍兵在門外候伏，將近三更，果見該門大開。曹操率先引兵衝入城中，一直衝到州衙，路上也未見一人，這時曹操方知中計，急忙下令退兵，卻見四面城門已被烈焰封鎖。

曹操東撞西碰，尋不到退路，最後才在大將典韋的掩護下，冒火拼死衝出城外。

18 打蛇打七寸 ▶

擒賊擒王

摧其堅，奪其魁，以解其體。龍戰於野，其道窮也。

按：攻勝，則利不勝取。取小遺大，卒之利、將之累、帥之害、功之虧也。全勝而不摧堅擒王，是縱虎歸山也。擒王之法，不可圖辨旌旗，而當察其陣中之首動。昔張巡與尹子奇戰，直衝敵營，至子奇麾下，營中大亂，斬賊將五十餘人，殺士卒五千餘人。巡欲射子奇而不識，剡蒿為矢。中者喜，謂巡矢盡，走白子奇，乃得其狀。使霽雲射之，中其左目，幾獲之，子奇乃收軍退還。

譯文 ➡

摧毀敵人主力，抓獲其首領，便可瓦解其部隊。好比群龍無首，並且離開大海戰於郊野，必然陷於窮途末路。

按：取得進攻的勝利後，就應順勢擴大戰果。若滿足於局部的勝利，儘管有利於減少士兵傷亡，但由於敵人的主力尚未被摧毀，敵方仍然會成為戰將的累贅、主帥的禍害，甚至因此前功盡棄。若取得全勝，但卻不摧毀敵人的主力、擒住敵人的首領，就如同放虎歸山一般，後患無窮。擒拿敵人首領時，不能單從旌旗在何處辨認首領在何方，而應實際察看究竟是誰在陣地上一呼百應。唐肅宗時，張巡和尹子奇作戰，張巡指揮的部隊一直衝到敵營的帥旗下。當時敵營大亂，張巡指揮衝殺，斬將五十餘人、士兵五千餘人。但當張巡想用箭射死敵人首領尹子奇時，卻發現自己不認識他，因此無從射起。張巡便命士兵用削尖的蒿稈當箭射敵，被射中的敵人發現是蒿稈後很高興，以為張

巡軍的箭已射完，急忙跑去稟告尹子奇。由此，張巡便清楚看見尹子奇的容貌，立即命令南霽雲放箭射他，一箭射去，正中尹子奇的左眼。最後，尹子奇只好鳴金退兵。

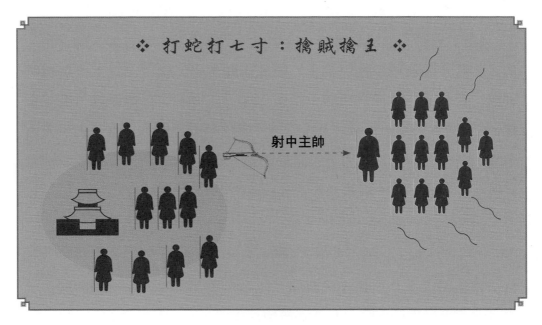

❖ 打蛇打七寸：擒賊擒王 ❖

射中主帥

賞析

　　此計謀運用在商場上時，常用的戰法是「獵人頭」，也就是將對手的重要戰將拉攏為自己所用；將對手的首腦、主管或排擠，或取而代之。而擒賊擒王之計也不排除以各種好處左右政府官員或主管機關，其目的是讓他們為企業獲取厚利，提供便利和保護。

　　本計可解讀為以下幾種意涵：

　　1. **捉其首領後再及其餘**。首領在一個組織中的引導和凝聚作用不可小覷。若一個團隊失去首領，就會「樹倒猢猻散」，因此抓住其首領，便可以震懾其餘。一個組織失去首領，就如同一個人失去主心骨，

不知該何去何從，這種局面是極其危險的。

2. **掌握重點，抓住關鍵。**任何事物都有「綱」和「領」，只要我們能抓住要領，就可以以簡馭繁，以少制多。如果想要貪心地一把抓，難免費力而不討好。俗話說：「打蛇打七寸。」七寸處是蛇的關鍵部位，也是蛇的心臟所在，若打壞了蛇的心臟，蛇自然會死亡。否則，就算把蛇斬為兩段，其仍有反撲能力，無法從根本解決問題。任何事物皆存在如「七寸」一般的關鍵要害，只要解決了主要問題，其他小問題也就自然迎刃而解，甚至不解自開。掌握關鍵和要害，就可以事半功倍。

當敵人利用此計時，應採取以下幾種防範措施：

1. **防備重點敵人，不可貪心一把抓。**對於敵人的進攻必須小心防範，但也不可能處處防範，所謂「無所不備，則無所不寡」，要把防範重點放在「王」的身上。正如拳擊運動員要戴上頭盔，足球運動員要穿上護膝一樣，頭和膝都是易受攻擊，又是運動員不可受傷的部位。在防備敵人時，也應分清輕重緩急，重點保護自己的「王」，不要被敵人擒住。

2. **具備充足的後備力量，以防不測。**在用電腦辦公時，常常會備份保存重要檔案，以防檔案丟失後，還有挽回的餘地。在工程技術中有一種「多餘技術」，它是為了保證機器正常運轉，而事先安裝一些暫時不用的備用部件，一旦某些關鍵易損零件突然失效，備用部件就會自動頂替。在競爭中也應有「多餘技術」的準備，若一個「王」不幸被擒，還有一個新的「王」可以隨時替補，使「王」位永不空缺，組織永不鬆散，始終保持旺盛的生命力。如此一來，敵人也就無可奈何，只得望「王」興嘆了。

3. 不為敵人的小利所誘惑。在戰爭中，應有堅強的意志，做到「威武不能屈」、「愈窮彌堅，不改鴻鵠之志」。敵人的糖衣炮彈往往只能對意志薄弱者產生作用，若我方擁有堅強的意志，「富貴不能淫，貧賤不能移，威武不能屈」，那無論敵人多麼狡猾陰險，我們也都不會中計，敵人的企圖也就泡湯了。

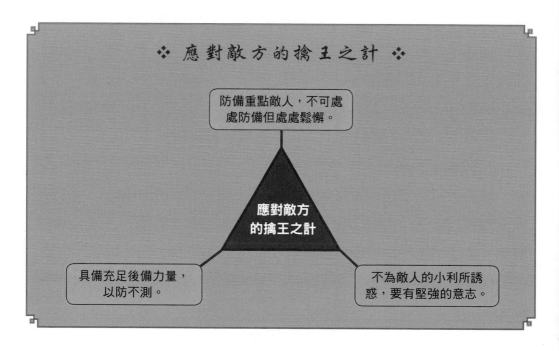

❖ 應對敵方的擒王之計 ❖

防備重點敵人，不可處處防備但處處鬆懈。

應對敵方的擒王之計

具備充足後備力量，以防不測。

不為敵人的小利所誘惑，要有堅強的意志。

｜ 實戰 ｜

唐代安史之亂後，安祿山自命「大燕皇帝」，不久被殺。而後，他的兒子安慶緒掌握大權，為了擴大地盤，安慶緒派大將尹子奇率領一支十三萬人的大軍向淮陽進犯，企圖奪取淮陽。淮陽守將許遠一看形勢危急，立即快馬加鞭，向當時擔任河南節度副使的大將張巡送來一封十萬火急的軍情報告，請求火速支援。張巡得到報告後，隨即帶領三千兵馬從寧陵趕赴淮陽救援，但與許遠的人馬會合後，總共只有

不足七千人，與尹子奇的十三萬人相比，顯然處於劣勢。

　　但是，張巡大智大勇，毫無懼色，他指揮全軍士兵頑強抵抗，在半個多月裡率部下擒獲叛軍將領六十名、殺敵兩萬餘，尹子奇損兵折將，只得暫時退兵。不久之後，尹子奇調整部署再次向淮陽發動大規模進攻，張巡則宰牛犒賞三軍將士，並親自執掌令旗，率部衝鋒陷陣，一鼓作氣，再次大敗叛軍。

　　雖然連續取得兩次勝利，但形勢依然十分嚴峻。尹子奇麾下的十三萬人還有近十萬，而張巡的七千兵馬經過兩次作戰亦消耗不少，若尹子奇捲土重來，那該怎麼辦呢？這次作戰後，張巡開始考慮下一步退敵之計。

　　張巡召開軍事會議，分析形勢，他對將領們說：「如今叛軍已被我打退兩次，雖然損兵折將，但元氣未受大挫。我方守城將士雖然士氣高昂，但畢竟人數相差懸殊，短期內援軍恐怕難以到達，就這麼消耗下去總不是辦法，各位有何良策，說來聽聽。」聽主帥這麼一說，大家這才感覺問題的嚴重性。有的將領流露畏懼情緒，說：「眼下敵軍糧草已經不多，若尹子奇與我背水一戰，作困獸之鬥，發動強攻，我方恐怕難以抵擋，我看應趕快再請援兵為好。」有的將領則說：「敵軍糧草不濟，正是我們攻擊的好時機，不如派兵主動出城迎敵，火燒敵糧草補給地，這樣或許可以解除危機。」出城迎敵之計很快遭到反對：「不行，敵軍糧草早有重兵把守，況且當前之敵已有數萬，我們根本殺不出去。」這時，淮陽守將許遠說：「這些日子跟著節度使大人奮力廝殺，連連克敵，將士們群情激昂，倒是沒有多想下一步如何，我們聽大人的，你說怎麼辦就怎麼辦！」

　　張巡見大家七嘴八舌議論一番，也沒有什麼計策，於是說：「叛

軍固然糧草將盡，但據報又有新的補給，援軍剛剛出發，還需數月左右才能抵達。如果叛軍眼下發動進攻，雖然未必能攻下淮陽，但守城兵馬必然又將遭受損失。依我之見，我有個退敵計策，或許可解當前之圍。常言說：『捉姦要捉雙，擒賊先擒王，打蛇打七寸。』敵眾我寡，硬拼不行，若能先除掉敵方主帥尹子奇，亂其指揮，動其軍心，豈不事半功倍？」眾人連稱好計。許遠說：「大人不愧智勇兼備，只是我們都不認識尹子奇，如何擒他？」張巡說：「我們可命士兵用蒿草稈削成箭，向敵陣射去，中箭的叛軍一定以為我們已經無箭可射了，如此重要的軍情必然要向尹子奇報告，我們派人緊盯中箭之人，只要他向誰報告，誰就是尹子奇。」

之後就如同在前述章節曾提到的，尹子奇果然發兵攻打。張巡依計行事，他命士兵向衝在前線的敵方校尉射出用蒿草稈做的箭，校尉自然未被射死，拔出箭一看竟是蒿稈所製，大喜過望，急忙向尹子奇報告：「恭喜主帥，張巡已經糧盡箭絕，你看，他們現在用蒿草稈做箭了。」尹子奇一聽，非常高興，隨即命令攻擊。正在得意忘形之時，忽然一支利箭直射而來，尹子奇躲閃不及，箭頭射入左眼，鮮血直流。同時，張巡指揮幾千精兵殺將過來，尹子奇一看不好，急忙逃走，險些被生擒。叛軍一看主帥受傷，落荒而逃，頓時亂作一團，哄散而去。

張巡在敵我兵力懸殊的情況下，採用擒賊擒王之計，傷其主帥，亂其陣腳，使其前功盡棄，打退敵軍。

如何以靜制動，在混亂中靜而不亂？動為陽，靜為陰；亂為陽，制為陰。陰陽共存，互為制約。這就是克敵制勝的關鍵。

19 以柔克剛之計 ▶

釜底抽薪

不敵其力，而消其勢，兌下乾上之象。

按：水沸者，力也，火之力也，陽中之陽也，銳不可當；薪者，火之魄也，即力之勢也，陽中之陰也，近而無害；故力不可當而勢猶可消。尉繚子曰：「氣實則鬥，氣奪則走。」而奪氣之法，則在攻心。

昔吳漢為大司馬，有寇夜攻漢營，軍中驚擾，漢堅臥不動，軍中聞漢不動，有傾乃定，乃選精兵反擊，大破之；此即不直當其力而撲消其勢也。宋薛長儒為漢、湖、滑三州通判。州兵數百叛，開營門，謀殺知州、兵馬監押，燒營以為亂，有來告者，知州、監押皆不敢出，長儒挺身出營，諭之曰：「汝輩皆有父母妻子，何故做此？然不與謀者，各在一邊。」於是不敢動。唯主謀者八人突門而出，散於諸村野，尋捕獲。時謂非長儒，則一城塗炭矣，此即攻心奪氣之用也。或曰，敵與敵對，搗強敵之虛以敗其將成之功。

⇒ 譯 文 →

不要迎著敵人的鋒芒與其硬拼硬打，應想方設法削弱敵人氣勢，採用以柔克剛的策略征服對方。

按：水可以翻滾沸騰，是靠火的力量，是火使它產生這股強猛的

力量。烈火燒沸水，其銳氣自然無法抵擋；而柴草，正是烈火產生火力的原料，是強大力量的根源。然而，柴草本身卻是柔弱而溫和的，所以，我們雖然無法抵擋兇猛的火力，但卻可以削弱它的氣勢，清除此種力量的源泉。尉繚子說：「力量有來源時，就可以攻打；力量失去依靠根源時，就應迴避逃走。」瓦解敵人氣勢的辦法就是，在精神上征服他。

東漢時期，吳漢被任命為大司馬，有一次敵人夜襲軍營，營內士兵驚慌失措，唯獨吳漢依然靜臥在床，從容自若，毫不慌亂。官兵聽說吳漢這般鎮定自若，情緒頓時也穩定了下來，不一會兒，軍營也都安靜下來。這時，吳漢便挑選了數名精銳勇士連夜反擊，把敵人打得落花流水、潰不成軍。這就是不直接抵擋敵人的猛勢，而是消滅其鋒銳根源的策略。北宋薛長儒擔任漢州通判時，數百名守衛士兵叛變，他們打開營門，殺人放火，妄圖殺害知州和兵馬監押。有人前來稟報，知州、兵馬監押嚇得都不敢露面。這時，薛長儒挺身出營，勸告叛兵說：「你們都有父母妻子，為什麼要鋌而走險呢？凡是沒有參加謀反的，站到另一邊去！」於是隨從叛亂的都站在一邊不動，唯有首惡的八個人衝出營門逃跑，分散躲藏到野外的村莊裡，但不久都被捕獲歸案。當時人們說，若不是有薛長儒，那全城人就要遭殃了。這裡用的就是從士氣心理上瓦解敵人勢力的計謀。當兩軍對壘時，應搗毀強敵的虛弱之處，以破壞對方即將取得的成功。

賞析

在使用這一計策時，應掌握以下兩點：一是要善於發現敵人的「釜底之薪」，這亦是實行「釜底抽薪」之計的前提。這裡要特別注意的是，

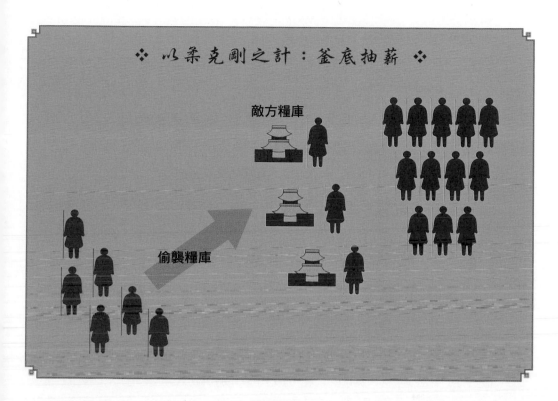

❖ 以柔克剛之計：釜底抽薪 ❖

敵方糧庫

偷襲糧庫

戰爭情況不同，「抽薪」的目標也不同。一般來說，凡是影響敵人的力量，皆是「抽薪」的目標。二是要善於運用「釜底抽薪」的手段和方法，針對敵人「釜底之薪」的具體情況，選擇和運用不同的「抽薪」手段和方法。

本計可解讀為以下幾種意涵：

1. **看清事情的根源。**事物都有「根源」和「表象」兩方面，表象就是事物的表面，根源就是事物的本質。一般問題都是反映在表象之上，但其最終原因都出在根源。所以，若想要解決問題，就應看透事情的根源，也就是找出事物的最基本原因，並且首先加以解決。唯有先斷其源，才能截其流。這樣做初看好像遠離要解決的問題，但實際上是從根本解決問題。

2. **剪除敵人所賴以生存的事物**。任何事情都並非孤立存在，而是互相關聯、互相影響、互相依賴的。每一個事物都必須借助於另一事物才能生存和發展，那後者便是前者的生存條件。一旦事物失去了存在的必要條件，它就會削弱或消亡。所以，若我們破壞敵人賴以存在的必要條件，也就可以達到削弱或戰勝敵人的目的。就如同把「薪」抽走，火就失去了賴以燃燒的根源，也就無所謂火了。

3. **削弱敵人銳氣，使其士氣低迷**。雙方交戰時，雖然士氣和態勢並不是實力，但它卻可以影響實力的放大和縮小。這是一種心理上的瓦解戰術，攻心正是戰爭中的關鍵。

4. **以柔制勝，轉弱為強**。當敵人比較強硬時，我們沒有與之抗衡的能力，或者說雖有這樣的能力，但以硬碰硬時，如同兩虎相鬥，將兩敗俱傷，我方也無法得到好的結果。如果我們反以軟制硬，使敵人之「硬」無用武之地，如此一來，既可以戰勝敵人，又可以不受損害，可謂一舉兩得。

當敵人利用此計時，應採取以下幾種防範措施：

1. **備足柴草，以防不測**。唯有準備足夠柴草，才能保證釜底之火綿延不絕。因為一旦釜底之薪被抽走，也可有再加之柴，否則，所備的積薪少，即使不被抽走，也會因柴草接濟不上而斷絕火勢。所以，應備足柴草，使己方有足夠力量應對複雜多變的形勢，而不至於彈盡糧絕，自取滅亡。

2. **嚴守鍋灶，防敵抽薪**。首先，應瞭解鍋下之火對鍋上之湯的重要性，這樣我們就會對鍋灶嚴密防守。在敵人動手抽薪之前，就攻擊敵方；或在薪被抽走時，立即發現，並及時採取相應措施，不使損失過大。另外，蓋緊鍋蓋也是非常重要的關鍵。在釜底之薪被敵人抽走

之後，蓋緊鍋蓋可以保溫，不使釜中之湯變涼，這樣便可贏得一定時間採取補救措施。

3. **及時添柴，永不言敗**。柴被抽出後，不能自暴自棄，消極等待。應及時添柴，「亡羊補牢」未為遲矣。即使湯已止沸，拾起柴草，重新燒開，也仍可扭轉被動局面。甚至在鍋灶被毀時，也可在別處另起鍋灶，重新燒火，將水煮沸。

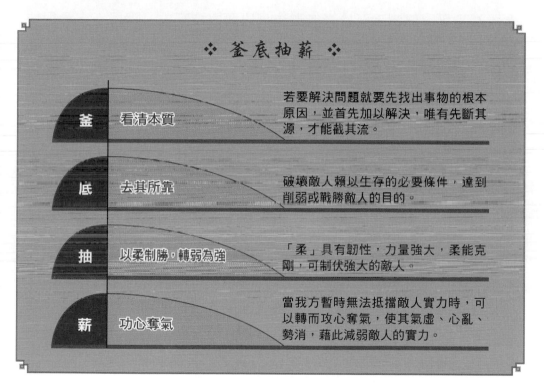

❖ 釜底抽薪 ❖

釜	看清本質	若要解決問題就要先找出事物的根本原因，並首先加以解決，唯有先斷其源，才能截其流。
底	去其所靠	破壞敵人賴以生存的必要條件，達到削弱或戰勝敵人的目的。
抽	以柔制勝，轉弱為強	「柔」具有韌性，力量強大，柔能克剛，可制伏強大的敵人。
薪	功心奪氣	當我方暫時無法抵擋敵人實力時，可以轉而攻心奪氣，使其氣虛、心亂、勢消，藉此減弱敵人的實力。

｜ 實戰 ｜

西元 200 年 7 月，曹操在成功伏擊袁紹後，退守至官渡。官渡是南北交通的咽喉，若官渡失守，許都就失去了屏障，因此曹操必須力保官渡。在袁紹兵力尚處於優勢的情況下，曹操跟荀攸等謀士研究後，

決定採取防禦策略：築起牢固的營壘，挖掘深長的壕溝，堅守不出，等待戰機。袁紹見曹操不肯出戰，便每天派人到曹操軍營外辱罵挑釁，但曹操的將士們皆不動聲色，全不理睬。就這樣，雙方相持了三個月。時間一長，曹操的軍糧供應出現了嚴重困難，曹操非常憂慮，因此他寫信與留守許都的荀彧商量，打算退守許都。兩天後，荀彧派人送來書信，告訴曹操：「當前是打敗袁紹、取得勝利的重要關鍵，曹軍糧食雖然不足，但還不至於毫無辦法，只要堅持下去，戰局一定會很快發生變化。」還勸曹操：「努力爭取最後勝利，千萬不要退兵。」曹操認為荀彧的見解很正確，於是下定決心與袁紹周旋到底。他一面命部隊繼續固守官渡，一面密切關注敵人動態，以便尋找有利時機進行最後決戰。

袁紹麾下有一個名為許攸的謀士，因與袁紹不合前去投奔曹操。許攸把袁紹屯糧地的情況詳細地告訴曹操，並說：「守將淳于瓊是個驕傲自大的人。他飲酒無度，防備不嚴，如果你用輕騎兵突襲，燒毀屯糧，袁軍便不攻自破了。」當晚，曹操便布置許攸、曹洪等人留守大營，自己帶著樂進、張遼及五百輕騎兵連夜出發。為了矇蔽敵人，曹操令部隊打著袁軍旗幟，從小路急速向屯糧地前進。戰馬的嘴都被包起來，不讓牠們發出一點聲音，每個兵士都隨身帶了硫磺、硝煙等引火物，準備放火。

而屯糧地的袁紹守軍，因為前段日子催促運糧，長途奔波，已疲勞不堪，再加上接連幾夜防守，並不見絲毫動靜，所以今夜懶於巡邏，呼呼入睡，就連將領淳于瓊也灌飽了酒，鑽入被窩裡做著好夢。曹操和將士在凌晨混進屯糧地，五百人馬四下散開，有的把住要道，有的將屯糧團團圍住，放起火來。袁軍從睡夢中驚醒，只見糧草周圍濃煙

四起，火光沖天，頓時亂作一團。袁紹聽說曹軍擊潰了袁軍的增援部隊，攻下袁軍營屯，殺死將領淳于瓊，燒了屯糧地的糧草後，惶恐不安，遂軍心大亂，全線崩潰。曹操乘勢領兵出擊，袁軍大敗，袁紹最後只率領八百名親兵逃回河北。官渡一戰，袁紹軍隊被殲滅，袁紹從此一蹶不振，於西元 202 年病死。

袁紹統兵十萬來取許都，曹操只有兵員三萬，力量對比懸殊。但曹操率先發現了袁紹的致命弱點——屯糧重地無重兵防守。糧草乃行軍作戰之本，斷之則軍心浮動，曹操遂採取「釜底抽薪」之計，引軍攻下袁軍屯糧地，燒毀糧倉，從而使袁紹十萬大軍喪失士氣，再一舉擊潰之。

 20 混亂之中取利 ▶

混水摸魚

乘其陰亂，利其弱而無主。隨，以向晦入宴息。

按：動盪之際，數力衝撞，弱者依違無主，敵蔽而不察，我隨而取之。《六韜》曰：「三軍數驚，士卒不齊，相恐以敵強，相語以不利，耳目相屬，妖言不止，眾口相惑，不畏法令，不重其將：此弱征也。」是魚，混戰之際，擇此而取之。如劉備之得荊州、取西川，皆此計也。

➤ 譯 文 →

乘著敵人內部混亂之時，利用其虛弱慌亂且沒有主見的片刻，因勢利導，使敵方順從跟隨於我方。這是從《易經》「隨卦」的卦辭中

所領悟的道理，像人隨著天時吃飯、睡覺一樣。

按：動盪不安時，就會存在許多互相衝突的勢力，當弱者舉棋不定、毫無主見，而敵人又被矇蔽沒有察覺他們時，我方即可乘機爭奪他們。《六韜》中寫道：「全軍心驚膽戰，隊伍混亂，又因高估敵人而心生畏懼，交頭接耳地說著洩氣的話，並且相互擠眉弄眼，謠言不斷，蠱惑人心，不畏懼軍令，不尊重將帥，以上這些都是怯弱的象徵啊！」這樣的「魚」，應該在混戰之時乘機捕捉。例如，劉備得荊州、取西川，用的都是這一計謀。

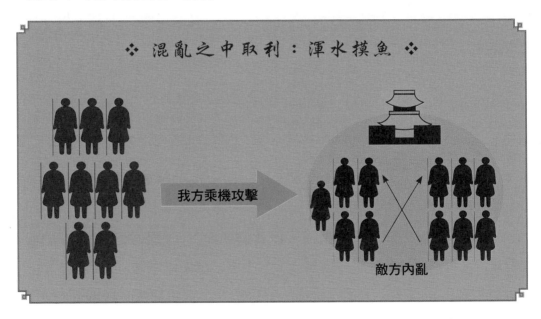

❖ 混亂之中取利：渾水摸魚 ❖

我方乘機攻擊

敵方內亂

賞析

本計可解讀為以下幾種意涵：

1. **利用混亂局面，從中得利**。也就是說應乘著混亂之機，大肆撈取好處。在競爭中有很多取利的方法，而亂中取利是最好的辦法之一。

不但可以輕易從中撈到好處，而且陷於混亂的各方都可成為取利的對象，因為眾人皆將注意力集中在互相爭奪，必然無暇顧及自身利益，所以就會暴露出很多可乘之隙。動盪混亂的局面是可遇而不可求的，因此要善於把握機遇，不能讓大好機會從手邊悄然溜走。

2. **利用渾水掩蓋虛假面目，以假亂真，混水摸魚。**當水被攪渾之後，能見度必然極低，魚在水中看不清方向，也就更難辨清真偽。這時，我方將假的偽裝成真的，並將其混入真的之中，在敵人「蔽而不察」之時，藉機行事，拉攏有利於自己的力量，據為己有。

3. **利用魚目混雜之機，濫竽充數，不懂裝懂。**當幾百人一起吹竽的時候，不會吹竽的人就可以混在樂隊中充數。但當一個人單獨演奏的時候，不會吹竽的人就很難再混水摸魚。眾人一起吹竽就如同「渾水」一樣，具有隱瞞掩蓋的作用。不懂裝懂是不應該的，但若能利用管理上的漏洞渡過難關或取得利益，皆是混水摸魚之計的關鍵。

當敵人利用此計時，應採取以下幾種防範措施：

1. **保證自身高潔品行，出淤泥而不染。**無論發生多混亂的局面，始終保持清醒，以防對方利用機會從中得利。只要自己不「混」，無論對方怎樣攪擾，都無濟於事。

2. **當陷入混亂之中時，應沉著冷靜，切不可慌忙亂了方寸。**不可不分青紅皂白隨意表態，這樣是很危險的。最恰當的做法是，尋找一個較安全的地方暫時隱藏起來，待風平浪靜、水清氣爽時再出現。

3. **迅疾逃離險境，以防被敵方「摸」去。**當我方因害怕被敵人捉去而隱藏起來的時候，不可一味閉眼躲避，而應認真仔細地觀察，一旦看清方向，發現較為安全的地方，就要果斷迅速地逃離險境。一味閉眼躲避，無異於掩耳盜鈴，一旦我方處於被摸之魚的地位時，「人

為刀俎，我為魚肉」，其被動局面是無法扭轉的，所以不逃走只有死路一條。

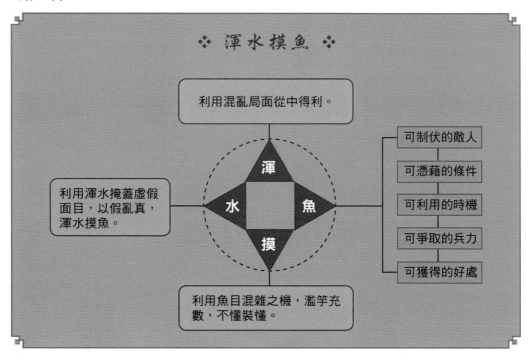

❖ 渾水摸魚 ❖

利用混亂局面從中得利。

利用渾水掩蓋虛假面目，以假亂真，渾水摸魚。

渾
水　魚
摸

利用魚目混雜之機，濫竽充數，不懂裝懂。

可制伏的敵人

可憑藉的條件

可利用的時機

可爭取的兵力

可獲得的好處

｜ 實戰 ｜

東漢時期，漢光武帝劉秀是一位胸懷韜略的政治家。在未登基前，曾在河北一帶與王朗大戰二十多日，最後攻破邯鄲，殺死王朗，大獲全勝。當時，王朗在邯鄲稱王，實力雄厚。劉秀不敢與王朗正面開戰，便帶著少數親信抵達薊州。當時薊州兵變，響應王朗捉拿劉秀。劉秀無法，只能衝出城門，倉皇南逃。待眾人逃到饒陽時，已是彈盡糧絕，劉秀忽然把大腿一拍，說出了一個虎口求食的辦法——冒充王朗的使者，前往驛站吃飯。

眾人裝扮一番後，就以王朗的名義大模大樣地走進驛站。驛站官

員信以為真，哪敢怠慢，急忙準備美味佳餚招待。劉秀等人好幾天沒吃過一頓飽飯，就狼吞虎咽地吃起來，他們的狼狽引起官員的疑心。為了辨其真假，驛站官員故意連敲數十下大鼓，高喊邯鄲王駕到。這一喊聲，非同小可，眾人驚得目瞪口呆，人人手心捏著一把汗。劉秀也驚得站起來，但很快又鎮定下來。他想，如果邯鄲王真的來了，也是逃不掉的，只能見機行事。他使給眾人一個眼色，讓大家沉住氣，自己則慢慢坐下，平靜地說：「請邯鄲王進入相見。」等了好一會兒，也不見邯鄲王的蹤影，這才知道是驛站官吏欺騙了他們。

在酒足飯飽之後，劉秀等人立即離開驛站。劉秀此次的成功，便得力於「混水摸魚」之計。

 21 巧妙的脫身之術 ▶ ——————————————

金蟬脫殼

存其形，完其勢；友不疑，敵不動。巽（ㄒㄩㄣˋ）而止，蠱（ㄍㄨˇ）。

按：共友擊敵，坐觀其勢。倘另有一敵，則須去而存勢。則金蟬脫殼者，非徒走也，蓋為分身之法也。故大軍轉動，而旌旗金鼓，儼然原陣，使敵不敢動，友不生疑。待已摧他敵而返，而友敵始知，或猶且不知。然則金蟬脫殼者，在對敵之際，而抽精銳以襲別陣也。如諸葛亮病卒於軍，司馬懿迫焉。姜維令儀反旗鳴鼓，若向懿者。懿退，於是儀結營而去。檀道濟被圍，乃命軍士悉甲，身白服，乘輿（ㄩˊ）徐出外圍。魏懼有伏，不敢逼，乃歸。

保存陣地原形，佯裝我軍還在原地防守的假象，使盟軍不懷疑，使敵人不敢輕舉妄動。若想隱密地轉移我方主力，必須先迷惑敵人。

按：與友軍聯合對敵作戰時，應冷靜觀察敵、我、友三方的態勢。如果還有另一股敵人需要分兵迎擊，則必須保持原來的陣容和氣勢。「金蟬脫殼」並不是一走了之，而是分身之法，所以當我方主力轉移後，依然要使原陣地旗幟招展，鑼鼓喧天，逼真地佯裝原來的陣容和氣勢。唯有這樣才可使敵人不敢輕舉妄動，友軍也才不會對我心生懷疑。應待我方消滅別處敵人返回時，友軍和敵軍才發覺，或者仍然沒有發覺，這才是最高超的「金蟬脫殼」之計。「金蟬脫殼」就是在對敵人作戰時，暗中抽調精銳主力襲擊他處敵人的奇謀。例如，三國時期，諸葛亮在北伐途中病死軍營，魏將司馬懿乘機追擊。蜀將姜維命楊儀將旌旗指向魏軍，擂鼓作勢反擊，司馬懿怕中計而退兵，楊儀因此全軍而退。還有，南北朝時期，檀道濟被敵人所困，便命軍士全副武裝，自己則一身白色服裝，悠閒地坐在車上，緩緩地走出敵人包圍。北魏軍怕有埋伏，不敢逼近，檀道濟因此得以順利脫險。

賞析

金蟬脫殼是一種積極主動的撤退和轉移之策，這種撤退和轉移是在十分危急的情況下進行的，稍有不慎，就有可能帶來滅頂之災。所以，應冷靜地觀察和分析形勢，然後堅決果斷地採取行動。而且，整個過程都應隱密進行，不能讓任何人發覺。

運用此計時，最重要的就是挑選時機。過早「脫殼」，將失去勝

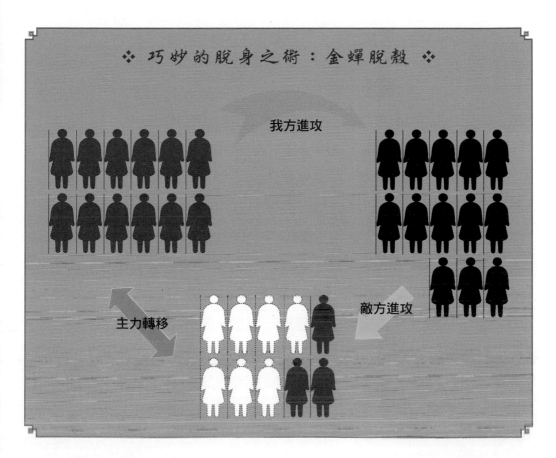

❖ 巧妙的脫身之術：金蟬脫殼 ❖

我方進攻

主力轉移

敵方進攻

利的機會；過晚「脫殼」，則會有生命危險。因此，把握時機便是此計謀成功的關鍵。

本計可解讀為以下幾種意涵：

1. **巧妙分身，以防敵人前後夾擊**。當與敵人作戰，又發現另一波敵人時，為避免腹背受敵，可以對原來的敵人虛張聲勢，使其不敢輕易來犯，並暗中調動主力部隊攻擊後來之敵，待後來之敵被消滅後，再返回進攻原來的敵人。但此過程必須在極其隱密的情況下進行，否則只會給敵人造成可乘之機，導致「脫殼」無法順利完成，甚至死於敵方之手。

2. **脫身而逃，製造假象，迷惑敵人**。為了擺脫困境，先把「外殼」留給敵人，然後再自己脫身而去。留給敵人的「外殼」只是一個虛假的外形，對我方的實力影響不大，卻能造成敵人的錯覺，使其喪失警惕。如此一來便保全了實力，為日後東山再起打下基礎。

當敵人利用此計時，應採取以下幾種防範措施：

1. **將蟬壓在牢籠裡，使其無法逃之夭夭**。若在晚間將一隻蟬蓋在紙杯下，第二天揭開紙杯會發現蟬不見了，只留下一個空殼。所以，應防止即將到手的敵人使用金蟬脫殼之計，而最好的辦法就是關門捉賊，速戰速決，即把敵人死死地關在牢籠裡，即便使出渾身解數也無法逃脫。如此一來，敵方便只能乖乖就範。

2. **不被敵人所偽裝的表像迷惑**。當敵人使用金蟬脫殼之計時，往往會故意製造虛假的「形」或「勢」迷惑我方眼睛。這時，我們就必須看穿這些表面的假象，發現敵人隱藏的真實意圖。當敵人在策畫陰謀時，或多或少都會有某些反常的表現，應善於觀察和分析，及時準確地掌握敵人動向，以免被敵人耍弄。

3. **絕不輕信敵人承諾，輕諾寡信便是脫身的慣用技倆**。對於敵人而言，承諾和信物往往是最廉價的脫身之物，千萬不要因為那些毫無約束力和控制力的諾言或信物，而輕易放過即將到手的敵人，即便是暫時的放鬆，也必須緊緊抓住可以隨時拉回的韁繩。相信敵人的諾言是最不明智，甚至是最愚蠢的。

| 實戰 |

宋朝開禧年間，金兵屢次進犯中原。宋將畢再遇與金軍作戰，一連打了數次勝仗，金兵又調集數萬精銳騎兵要與宋軍決戰。此時，宋

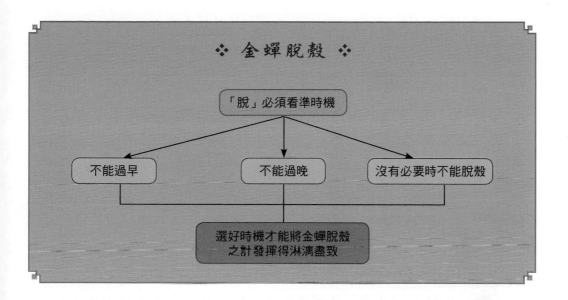

❖ 金蟬脫殼 ❖

「脫」必須看準時機

不能過早　　不能過晚　　沒有必要時不能脫殼

選好時機才能將金蟬脫殼
之計發揮得淋漓盡致

軍只有幾千人馬，若與金軍決戰，必敗無疑。畢再遇為了保存實力，準備暫時撤退，但金軍已經兵臨城下，若知道宋軍撤退，必定會追殺，宋軍將會損失慘重。畢再遇苦苦思索該如何矇騙金兵、轉移部隊的計策，這時，聽到帳外馬蹄聲響，畢再遇大受啟發，計上心來。

畢再遇暗中部署撤退事宜，當天半夜時分，下令士兵擂響戰鼓。金軍聽到擂鼓震天，以為宋軍乘夜劫營，急忙集合部隊，準備迎戰。哪裡料到只聽見宋營戰鼓隆隆，卻不見一個宋兵出城，宋軍連續不停地擊鼓，讓金兵整夜皆無法安眠。直到這個時候，金軍的將領才似有所悟：「原來宋軍採用的是疲兵之計，用戰鼓攪得我們不得安寧。既然這樣，你擂你的鼓，我睡我的覺，我不會再上你的當了。」宋營的鼓聲連續響了兩天兩夜，金兵根本不予理會，到了第三天，金軍發現宋營的鼓聲逐漸衰弱，金軍首領判斷宋軍也已經連日疲憊，便派遣軍隊分幾路包抄，小心翼翼地靠近宋營。金軍首領見宋營毫無反應，隨即一聲令下，金兵蜂擁而上，衝進宋營，這才發現宋軍已經全部安全撤離了。

原來畢再遇使出「金蟬脫殼」之計，他命令將士將數十隻羊的後腿捆好綁在樹上，使被倒懸著的羊用前腿拼命蹬踢，又在羊蹄下放了幾十面鼓。羊腿拼命蹬踢，便造成鼓聲隆隆不斷。畢再遇用「懸羊擊鼓」的計策巧妙迷惑敵軍，利用兩天的時間安全撤離。

 22 關門打狗不留情 ▶
關門捉賊

小敵困之。剝，不利有攸往。

按：捉賊而必關門，非恐其逸也，恐其逸而為他人所得也。且逸者不可復追，恐其誘也。賊者，奇兵也，遊兵也，所以勞我者也。《吳子》曰：「今使一死賊，伏於曠野，千人追之，莫不梟視狼顧，何者？恐其暴起而害己也。是以一人投命，足懼千夫。」追賊者，賊有脫逃之機，勢必死鬥；若斷其去路，則成擒矣。故小敵必困之，不能，則放之可也。

>> **譯 文 →**

對於小規模的敵人，應圍困、殲滅他。這是從《易經》「剝卦」的卦辭中所領悟的道理。

按：捉賊時之所以要關閉大門，不僅是因為怕他逃走，而且還怕他逃走後被他人所得而利用。況且，對於逃走的賊也不可再去追趕，以免中了敵方的誘兵之計。所謂軍事上的賊，就是指那些性情狡猾、善於奇襲、神出鬼沒、引得我方疲於奔命的敵人。《吳子》上提到：

「若讓一個亡命之徒隱藏在廣闊的原野中，就算讓千百人去追捕他，追捕者依然會左顧右盼，顧慮重重，甚至視而不見。這是為什麼呢？因為眾人皆害怕賊突然跳出來傷害自己。所以，只要有一個人不怕死，就足以抵擋千百人。」追擊盜賊時，只要盜賊認為有一絲脫逃的機會，他就必然會為了逃命而拼死戰鬥；若截斷他所有的脫逃之路，盜賊就必然會被捉住。所以，在對付小規模敵人時，必須徹底包圍並殲滅他；若辦不到，就暫時讓他逃走。

❖ 關門打狗不留情：關門捉賊 ❖

口袋陣形

敵方進入
我方包圍

賞析

此處所說的「賊」是指那些善於偷襲的小規模部隊，它的特點是行動詭祕、出沒不定、行蹤難測。它的數量不多，但破壞力驚人，經常會乘我方不備時侵擾我軍，所以千萬不可讓這種「賊」逃跑，應斷

其後路，聚而殲之。

當然，若將此計運用得當，可以殲滅的絕不只限於「小賊」，甚至可以圍殲敵方主力部隊。關門捉賊是實施殲滅戰時的重要策略，其目的是全部或大規模殺傷敵人，徹底剝奪敵人的戰鬥力。

運用本計時應注意以下幾個問題：

1. **抓住有利時機，該關即關，該捉即捉**。掌握正確時機便是取勝的關鍵。

2. **避強就弱**。也就是說，只關弱敵而不關強敵。這是因為，一旦將強敵圍在「屋」裡，一定會把「屋」鬧得天翻地覆、門破屋塌。一般來說，所關之敵都是弱敵，即小規模的弱小勢力。

3. **死守大門，防敵逃竄**。「賊」被關在「屋」裡時，一定不會老實、安靜、聽之任之，他必然會竭力反抗，衝出重圍，而大門一定會是其重點突破口，所以守好大門是此策略的關鍵。

當敵人利用此計時，應採取以下幾種防範措施：

1. **探清敵情，切勿盲動**。《孫子兵法》中提到：「故知戰之地，知戰之日，則可千里而會戰。不知戰地，不知戰日，則左不能救右，右不能救左，前不能救後，後不能救前，而況遠者數十里，近者數里乎？」

在與敵人作戰之前，應詳細準確地探明敵人虛實，然後再深入戰地，這樣才不致因情況不明而誤入敵人包圍。否則，就會落得被敵人關入門內的悲慘結局。

2. **以計攻計，金蟬脫殼**。我方一旦被敵人關入門內，切不能驚慌失措。在形勢危急的情況下，應冷靜地觀察敵人設下的包圍圈，一旦發現可乘之機，就果斷採取金蟬脫殼之計，逃離包圍。切不可被動應

戰，更不可固執戀戰。

3. **多備後路，以防不測**。狡兔有三窟，以便於逃避災禍。我方也應於面對狡猾善變的敵人時，為自己多準備幾條退路，一旦情況緊急，便可找到退逃之路。有備才能無患，無備則處處被動。

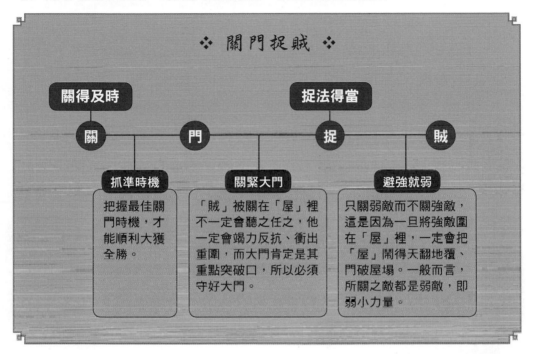

❖ 關門捉賊 ❖

關得及時		捉法得當	
關	門	捉	賊
抓準時機	關緊大門	避強就弱	
把握最佳關門時機，才能順利大獲全勝。	「賊」被關在「屋」裡不一定會聽之任之，他一定會竭力反抗、衝出重圍，而大門肯定是其重點突破口，所以必須守好大門。	只關弱敵而不關強敵，這是因為一旦將強敵圍在「屋」裡，一定會把「屋」鬧得天翻地覆、門破屋塌。一般而言，所關之敵都是弱敵，即弱小力量。	

｜ 實戰 ｜

西元 880 年，黃巢率領起義軍攻克唐朝都城長安。唐僖宗倉皇逃到四川成都，糾集殘部，並請沙陀李克出兵攻打黃巢反叛軍。第二年，唐軍部署已完成，企圖出兵收復長安，鳳翔一戰，叛軍將領尚讓中了敵方的埋伏之計，被唐軍擊敗。這時，唐軍聲勢浩大，乘勝進兵，直逼長安。

黃巢見形勢危急，召眾將商議對策。眾將分析了敵眾我寡的形勢，

認為不宜硬拼。黃巢當即決定：部隊全部退出長安，往東開拔。

唐朝大軍抵達長安，不見黃巢迎戰，感到非常奇怪。先鋒程宗楚下令攻城，氣勢洶洶殺進長安城內，這才發現黃巢的部隊早已全部撤走。唐軍毫不費力地就占領了長安，眾將欣喜若狂，縱容士兵搶劫百姓財物。

士兵們見叛軍敗退，紀律鬆弛，成天三五成群地騷擾百姓，長安城內一片混亂。唐軍將領也被勝利沖昏了頭，飲酒作樂，歡慶勝利。

而後，黃巢派人打聽城中情況，得知敵人已入甕中。當天半夜時分，急令部隊迅速回師長安。唐軍沉浸在勝利的喜悅中呼呼大睡，突然，神兵天降，叛軍以迅雷不及掩耳之勢，衝進長安城內，殺得毫無戒備的唐軍屍橫遍地。程宗楚從夢中醒來，只見黃巢叛軍已殺進城，唐軍大亂，最後他也在亂軍中被殺。

黃巢用「關門捉賊」之計，重新占據了長安。

23 縱橫術的妙用 ▶
遠交近攻

形禁勢格，利以近取，害以遠隔。上火下澤。

按：混戰之局，縱橫捭闔之中，各自取利。遠不可攻，而可以利相結；近者交之，反使變生肘腋。范雎之謀，為地理之定則，其理甚明。

譯文 →

　　若地理條件受限，形勢發展受阻，則應攻取較近的地方，較為有利；攻取較遠的地方就有害。這是從《易經》「睽卦」的卦辭中所領悟的道理。

　　按：在攻勢混亂的局面中，各種勢力聯合分裂、頻繁變換，都為了爭奪自己的利益與未來發展。不應進攻在遠處的國家，可以用利益與其友好相交；但若與鄰近國家交好，反而會使動亂發生在自己身邊。戰國時代范雎的謀略，就是以地理位置的遠近作為結交或攻擊的準則。

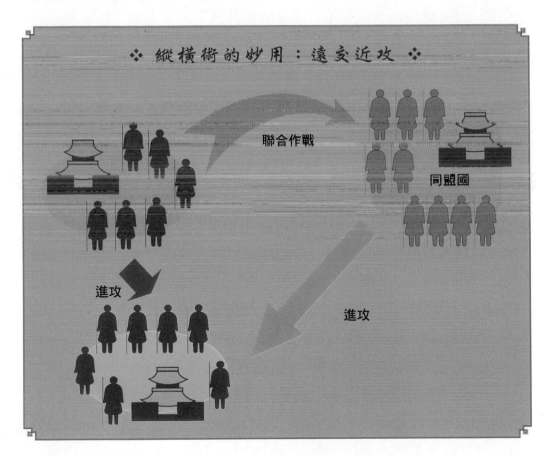

❖ 縱橫術的妙用：遠交近攻 ❖

聯合作戰

同盟國

進攻

進攻

賞析

本計可解讀為以下幾種意涵：

1. 對於不同的敵人應採取不同的應對策略。 由於敵人所處的地理位置、客觀條件不同，他們的價值觀念也會不同，他們對危險的感受亦不相同，因而對我方的用途也就不同。所以不能給敵人吃統一的菜色，而應對不同背景的敵人區別對待，採取不同對策。唯有這樣，才能使己方處於有利位置，而不至於讓敵人牽著鼻子走。對不同的敵人採取不同的應對策略，也是離間敵人的一種手段。

2. 從容易進攻之處入手，便能勢如破竹，事半功倍。 從容易進攻之處入手，可以盡快打開戰局，產生勢如破竹的效果。「從易者始」就容易取勝，在獲得勝利之後，就會激勵全軍士氣，在士兵被激勵後，又會反過來為全軍爭取更大的勝利，產生良性循環。相反的，若從難者始，久攻不下，久而不見其利，就會造成士氣大減。所以，對付敵人應從容易的開始，然後有次序地殲滅敵方。從地理位置上來說，最容易攻取的當然就是距離最近而又弱小的敵人。進攻這樣的敵人還有一個好處，就是「得寸，則王之寸也；得尺，亦王之尺也」。

3. 徹底瓦解敵人的聯盟，使其無力抵抗。 無論自身如何強大，都難以應付眾多敵人的聯合力量。在眾多敵人聯合的形勢下，首先應瓦解離間，破壞敵人之間的聯盟，使他們同床異夢。在敵人之間無法協同作戰且不能互相救助的情況下，殲滅各個敵人就變得輕而易舉了。

當敵人利用此計時，應採取以下幾種防範措施：

1. 及時識破敵人的陰謀，藉機利用敵人。 一旦發現敵人已把己方視為「遠敵」而結交時，可根據具體情況接受對方的交好。這樣做有益於我方贏得備戰的時間，在這段時間內，我方可以做好充分準備，

一旦敵人攻擊已方時，不致措手不及，這是一種以退為進的策略。另外，也可以藉機利用敵人，既然我們可以成為敵人的「遠者」，敵人也同樣可以作為我們的「遠者」而「交」之。利用其主動送上門的機會，穩住敵方，然後實施「遠交近攻」之策。「道高一尺，魔高一丈」，在被敵人利用的同時，藉機先行，巧妙地利用敵人，為自己創造勝利的契機。

2. **及時揭露敵人的陰謀，聯合對敵。**一旦發現敵人已經把我們視為「近敵」，難逃被攻擊的厄運時，與其消極等待、自取滅亡，不如針對敵人瓦解離間的策略，廣為結交，爭取同情和援助，進而重新建立被敵人所破壞的對敵同盟，唯有這樣才能防止被孤立、被擊破。爭取援助時，應曉之以利害，徹底對眾人公開敵方「遠交近攻」的離間陰謀，激起盟友激憤，聯合眾人形成堅固的城牆，共同對敵，使敵人的陰謀無法實施。

3. **依據敵情，伺機而動。**依敵我雙方的不同情況，爭取不同的防禦策略。若我方力量足夠強大，同時又有盟友的同情和援助，並且具有充分戰鬥準備，那不妨與敵人決戰到底；若我方力量較弱或敵人鋒芒畢露，那不妨「誘敵深入」；若敵人有機可乘，不妨「圍魏救趙」。這些防禦措施並非只能單獨使用，也非一成不變，應靈活運用，切忌生搬硬套。

｜ 實 戰 ｜

春秋初期，周天子的地位實際上已被架空，群雄並起，逐鹿中原。鄭莊公在此混亂局勢下，巧妙運用「遠交近攻」之計，取得當時稱霸的地位。當時，鄭國的近鄰宋國、衛國與鄭國積怨已深，不合日久，

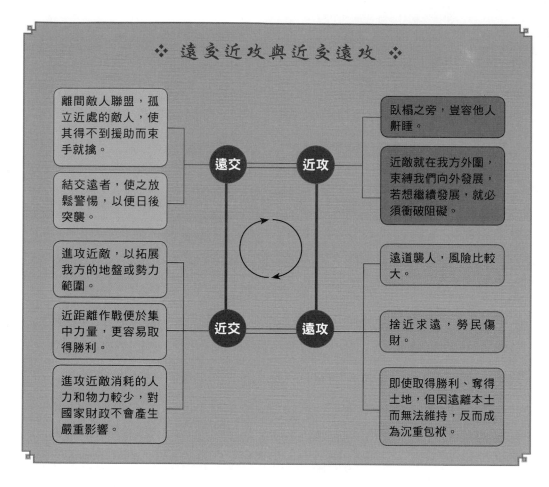

❖ 遠交近攻與近交遠攻 ❖

離間敵人聯盟，孤立近處的敵人，使其得不到援助而束手就擒。

結交遠者，使之放鬆警惕，以便日後突襲。

進攻近敵，以拓展我方的地盤或勢力範圍。

近距離作戰便於集中力量，更容易取得勝利。

進攻近敵消耗的人力和物力較少，對國家財政不會產生嚴重影響。

遠交　　近攻

近交　　遠攻

臥榻之旁，豈容他人鼾睡。

近敵就在我方外圍，束縛我們向外發展，若想繼續發展，就必須衝破阻礙。

遠道襲人，風險比較大。

捨近求遠，勞民傷財。

即使取得勝利、奪得土地，但因遠離本土而無法維持，反而成為沉重包袱。

鄭國隨時有被兩國夾擊的危險。於是，鄭國在外交上採取主動，接連與較遠的邾、魯等國結盟，不久又與更遠且實力強大的齊國簽訂盟約。

　　西元前 719 年，宋、衛聯合陳、蔡兩國共同攻打鄭國，魯國也派兵助戰，圍困鄭都東門五天五夜。最後雖未攻下，但鄭國已發覺本國與魯國的關係存在眾多問題，於是千方百計地想與魯國重修舊好，共同對付宋、衛。西元前 717 年，鄭國以幫鄒國雪恥為名，攻打宋國。同時，亦向魯國積極發動外交攻勢，主動派遣使臣到魯國，商議把鄭國在魯國境內的訪枋交歸魯國。果然，魯國決定與鄭國重修舊誼。當

時，齊國出面調停鄭國和宋國的關係，鄭莊公又表示尊重齊國的意見，暫時與宋國修好，齊國也因此加深了對鄭國的「感情」。

西元前714年，鄭莊公以宋國不朝拜周天子為由，代周天子發令攻打宋國。鄭、齊、魯三國大軍很快地攻占了宋國大片土地，宋、衛軍隊避開聯軍鋒芒，乘虛攻入鄭國。而後，鄭莊公將占領的宋國土地全部送與齊、魯兩國，迅速回兵，大敗宋、衛大軍。鄭國乘勝追擊，擊敗宋國，衛國被迫求和。就這樣，在鄭莊公的努力之下，鄭國在諸多強國之中順利生存。

24 藉機攻取的謀略 ▶
假道伐虢

兩大之間，敵脅以從，我假以勢。困，有言不信。

按：假地用兵之舉，非巧言可誆，必其勢不受一方之脅從，則將受雙方之夾擊，如此境況之際，敵必迫之以威，我則誆之以不害，利其倖存之心，速得全勢。彼將不能自陣，故不戰而滅之矣。如晉侯假道於虞以伐虢。晉滅虢，虢公丑奔京師。師還，襲虞滅之。

➤ 譯 文 →

處在敵我兩個大國中間的小國，當面臨大國脅迫而處於屈從的境地時，我國應立即出兵援救它，並藉機向該地擴張自己的勢力。但對於處在這種困境中的國家來說，只有空言而無實際行動，是難以令其信任的。

按：借道行軍的方法，不能僅靠花言巧語矇騙取得，而是必須有天時地利，這個中間勢力必須處於以下情勢：不單獨受一方勢力威脅，而是處於兩方強大勢力的夾擊。在這種情況下，敵方必然會以武力逼迫他屈服，而我方則可用不侵犯他的利益作為誘餌，利用對方僥倖圖存的心理，迅速於該地擴展我方勢力，控制大局。例如，春秋時代，晉國向虞國借道攻打虢國，虢公大敗，逃奔至周朝京都洛陽。晉軍滅

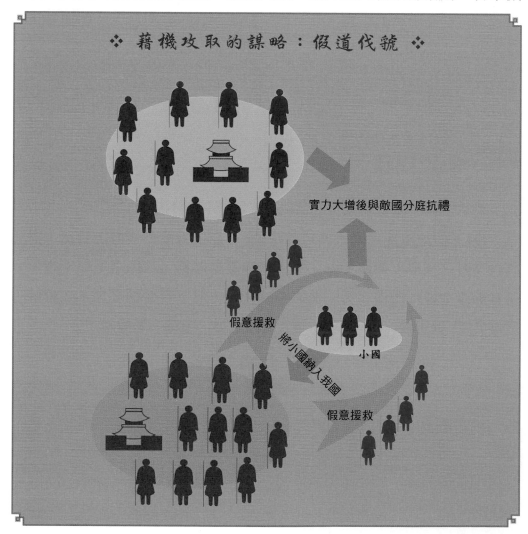

❖ 藉機攻取的謀略：假道伐虢 ❖

實力大增後與敵國分庭抗禮

假意援救

將小國納入我國

小國

假意援救

了虢國後，回師途中再度借道虞國，乘其失去戒心時突然襲擊，最終滅掉虞國。

本計可解讀為以下幾種意涵：

1. **過河拆橋，一舉兩得**。晉國假借虞國的道路，順利攻取虢國，這樣既使虞國放鬆警惕，又使虞國失去救援，所以在滅虢回師的路上，就可以輕而易舉地滅掉虞國。這就如同借他人的橋過河，過了河之後，又順手將橋毀掉一樣。只發動一次兵力便可滅掉兩個國家，可謂一舉兩得，收穫頗豐。

2. **借橋過河，輕易獲得**。借用他人所提供的條件，以達到自己的目的。做任何事情時，都有一些不能缺少的必要條件，就如同過河必須有橋或船一樣。在沒有橋的情況下，也可以利用自己的船，但我們通常不願意使用自己的船，一是怕磨損，二是怕費力。所以，還有一個有利的條件可以利用，那就是借別人的船。在開口借船的時候，必須有冠冕堂皇的理由，使他信以為真並且樂意出借。如此一來，我方便不用付出任何代價，或只要付出極小代價，就可以順利到達彼岸。

3. **瞄準時機，滲透勢力**。乘著對方有機可乘時，借用某種名義，巧妙地滲透己方勢力。在一般情況下，若想將己方勢力滲透至對方內部，並不是很容易，運用武力會遭到反抗，只有花言巧語、空頭許諾，沒有實際行動，又難以獲得信任。最好的時機就是在外來勢力相逼時，以不侵犯其利益為誘餌，利用其僥倖圖存的心理，以出兵援助為名，迅速擴展勢力。這樣就可以不費一兵一卒，全面控制對方。

當敵人利用此計時，應採取以下幾種防範措施：

1. **團結一致，不給敵人可乘之隙**。若自己的內部已分崩離析，就會給敵人留下乘隙進攻的機會，所以，內部團結一致共同對敵是非常重要的。

2. **建立良好外部關係，絕不可使己方陷入孤立無援之境**。敵人在採用此計謀時，經常會挑撥我們和盟友的關係，使我們陷入孤立無援之境，藉機將我們打敗。

3. **正確分析判斷**。如果一概不予理會敵人的請求，必會引起敵人的憎恨與憤怒，而惱羞成怒的敵人將會向我們發起猛烈攻勢，將我方置於死地。所以，在我們借路給敵人時，應弄清敵人的真正意圖，及時防範。

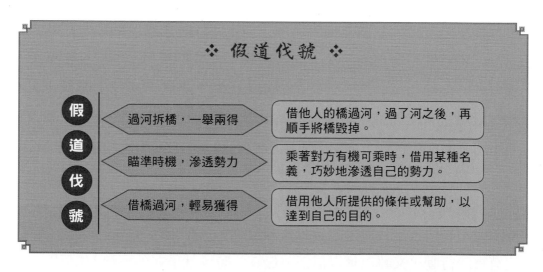

❖ 假道伐虢 ❖

假 道 伐 虢		
	過河拆橋，一舉兩得	借他人的橋過河，過了河之後，再順手將橋毀掉。
	瞄準時機，滲透勢力	乘著對方有機可乘時，借用某種名義，巧妙地滲透自己的勢力。
	借橋過河，輕易獲得	借用他人所提供的條件或幫助，以達到自己的目的。

｜ 實戰 ｜

西元前 659 年夏天，晉國興兵攻伐虢國。伐虢就必須經過虞國，但是如果虞國不借道給晉國，晉國就束手無策。於是，大臣荀息建議

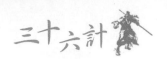

晉獻公把自己國家的兩件國寶——千里馬和玉璧，送給虞國國君虞公。晉獻公接受了荀息的建議，派人將千里馬和玉璧送給虞公，虞公不聽謀臣宮之奇的勸告，借路給晉國。晉軍經虞國抵達虢國，攻占虢國都城，迫使虢國遷都到上陽。

西元前 655 年，晉國聚集精兵良將，再次向虞國借路攻伐已遷都上陽的虢國。宮之奇勸說虞公：「虢、虞兩國相互依存，虢國滅亡了，虞國也就日薄西山了。所謂『輔車相依，唇亡齒寒』，說的正是虢、虞兩國今天的形勢，還請大王三思而行。」

但虞公依然拒絕了宮之奇的勸告，借路給晉國。宮之奇知道大難不久將會來臨，只好攜帶家眷，帶領族人，逃離虞國。八月，晉國大軍經虞國進入虢國，迅速攻克虢國國都上陽，虢國滅亡。凱旋途中，晉軍乘虞公毫無防備之際，又一舉消滅虞國，虞公成為晉軍俘虜，千里馬和玉璧也都重新回到晉獻公手中。

荀息掌握虞國國君愛財的弱點，投其所好，使其放鬆警惕，從而達到借道的目的。而虞公在助紂為虐的同時，也葬送了自己的國家，實在可悲。

第5章

並 戰 計

在戰爭中，盟友與敵人別無二致，正所謂戰場上沒有絕對的朋友。與盟友共同作戰時，最終目的只有一個——凡為敵者均要力克摧之。

25 矇混欺騙的策略 ▶
偷樑換柱

頻更其陣，抽其勁旅，待其自敗，而後乘之，曳其輪也。

按：陣有縱橫，天衡為樑，地軸為柱。樑柱以精兵為之，故觀其陣，則知其精兵之所在。共戰他敵時，頻更其陣，暗中抽換其精兵，或竟代其為樑柱；勢成陣塌，遂兼其兵。並此敵以擊他敵之首策也。

⇒ 譯 文 →

多次變動盟軍的陣勢，藉此暗中調換其主力部隊，等待對方自然而然混亂後，再乘機制伏它。就如同《周易》所言：「若想控制車子運行的方向，就必須先控制車輪。」

按：陣勢有縱橫之位，按首尾相對列隊的天衡是陣勢的大樑，列隊處於全陣中央的地軸是陣勢的支柱，大樑與支柱都必須用精兵鎮守。因此，察看敵人的陣勢，就可以知道他的精兵主力所在。與盟軍布陣共同攻擊敵人時，可暗中替換敵人天衡、地軸位置上的主力部隊，或以我軍取而代之，從而形成對我軍有利的形勢，擾亂友軍陣勢，這樣就可以將友軍兼併，歸我所有。偷樑換柱之計是兼併控制此敵，再擊敗他敵的首要良策。

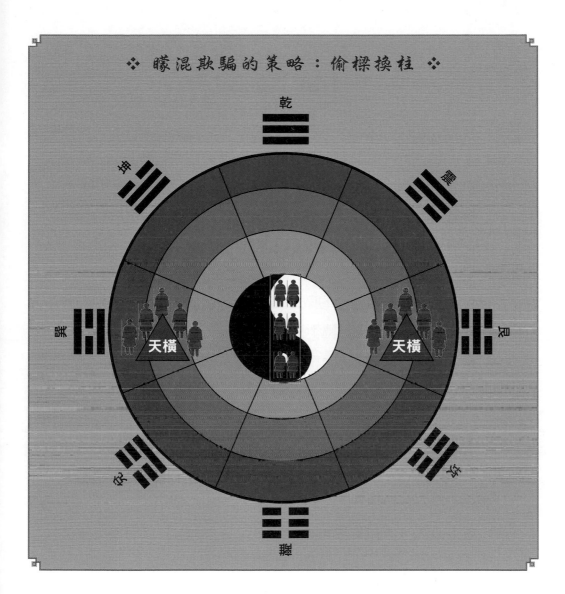

❖ 朦混欺騙的策略：偷樑換柱 ❖

賞析

　　本計可解讀為以下幾種意涵：

　　1. **以壞換好，暗中調包。** 即神不知鬼不覺地用自己的東西換走敵人的東西。一般而言，都是用假的換掉真的，用壞的換掉好的，用次

要的換掉主要的。調換不外乎是為了自己獲利，使他人受損，或兩者兼而有之。

「調包計」一定要在暗中進行，唯有在敵人尚未發現任何破綻的時候，才會把假的、壞的當成真的、好的。一旦敵人發現已被調包，那在使用計策之前，他就會把換過的東西再換回來，也就達不到我們原本的目的了。所以，隱蔽進行、不露馬腳是本計謀成功的關鍵。

2.**換敵主力，分散敵勢**。當我方勢力較弱小，而敵方力量較強大時，直接與其對抗無異於自投虎口，聰明的做法是使用各種隱藏欺騙的虛假行為，調開敵人的主力，也就是偷偷換掉敵人的「樑」與「柱」。如此一來，就會使勢力強大的敵人分散為各個局部的弱小敵人，我方便可乘機控制敵人，徹底扭轉不利局面。

3.**兼併盟友，一致對敵**。當我們與盟友共同對抗敵人時，雖然眾人目標皆一致，但因為並非同一組織，所以難免步調不一致，缺乏統一指揮和行動，這樣不但不能給敵人帶來致命的打擊，還很容易被敵方各個擊破。為了形成強大勢力，在盟友還未與我方聯合時，我們就應暗中將其合併，統一雙方意志和行動。

當敵人利用此計時，應採取以下幾種防範措施：

1.**處處設防，不給他人可乘之機**。除了與眼前的對手針鋒相對之外，對於中立者、盟友等其他勢力，也要時時處處加以必要防備，不要輕信於人，更不能輕易將重要部隊託付於人，以防被他人吞併或徹底消滅。另外，還要不斷地補充自己的實力，從而使自己有獨立競爭的能力和反抗能力，以防止被他人吞併。總之，應小心謹慎、處處警覺，這些都是必不可少的。

2.**嚴守「樑」和「柱」，及時發現補救**。樑和柱具有非同尋常的

作用，應使敵人無法接近或無法偷換。還應事先準備應急措施，一旦發現樑柱被偷換，就要立即補救以挽回損失。在這個策略中，各部屬的回饋顯得尤其重要，應與己方所屬的各個部屬保持資訊溝通和緊密聯繫，一旦自己的樑柱被偷換，才可以立即通報，立即採取有效的補救措施，將損失減到最小。

3. **觀點明確、表達清晰，不給他人可乘之隙。** 一旦思想觀點不明確或語言表達不清晰時，會給人造成含混不清、似是而非的感覺，很容易被他人故意曲解或斷章取義，這也就給他人留下偷樑換柱的機會和把柄。因而，在應該表達清楚的時候，務必加以解釋和說明，使其無機可乘。

❖ 偷樑換柱 ❖

| 偷 | 樑 | 換 | 柱 |

以壞換好，暗中調包
以假的換掉真的，用壞的換掉好的，用次要的換掉主要的。

換敵主力，分散敵勢
當敵強我弱時，應調開敵人主力，這樣就可以將其強大的整體轉化為局部的弱小，便可徹底扭轉不利局面。

兼併盟友，一致對敵
為了形成強大勢力，應暗中合併眾多盟友。

| 實戰 |

雍正是清朝康熙皇帝的兒子，排行第四，名為胤禛。四皇子天資

聰穎，而且文武雙全，但生性刻薄凶殘，絕情寡義。康熙有三十多個兒子，他覺得能成氣候的也只有三人：太子胤礽、四皇子胤禛、八皇子胤禩。因此，朝中的王公大臣們也分成了三派，各保其主。太子派以索額圖為首，胤禛派是由隆科多、年羹堯暗中支持，胤禩派的首領則是佟國維與馬齊。在三派之中，八皇子胤禩的性情溫和，而太子與胤禛則水火不容，明爭暗鬥，互相傾軋。胤禛利用自己的心腹喇嘛僧，以給太子獻藥為名，給太子吃了有毒的藥，使其成為癲子。康熙無奈，只得把太子廢為庶人，並恨言不再冊立太子，又得悉太子之所以至此乃四皇子所為，對胤禛更加憎恨。

某天，邊關傳來戰報，報奏青海地方有人作亂，康熙即刻升殿，問：「邊關吃緊，朕近來身體有恙，哪位皇子可以代朕出征？」十四皇子奏曰：「父皇龍體要緊，兒臣願前往征戰，以絕後患。」康熙大喜，即命十四皇子領兵赴青海。幾個月後，十四皇子剿平叛亂，康熙對十四皇子更加寵愛，心中已定下主意。

康熙六十八歲那年，身患重病，自知來日無多，乃傳旨命隆科多、年羹堯入宮，託付後事。康熙說：「朕身體日漸不支，恐不日去矣。朕已有詔書在此，爾等要按朕意行事才是。」隆科多、年羹堯跪地叩首：「願龍體早安。」康熙取出一黃綾，說：「朕意已決，爾等照辦。」隆科多接過黃綾一看，上面用朱筆御寫：「朕如有不測，可即傳位十四皇子。」隆科多臉色大變，知胤禛已即位無望。康熙發現隆科多臉色有異樣，順手將詔書取回，塞入枕底。隆科多從宮中出來後，連夜來到四皇子住處，和年羹堯一起將康熙的傳位遺詔向胤禛稟報。胤禛急得來回踱步：「這下可完了，等十四皇子即位，我們全都完蛋了！」隆科多小眼一眯：「若能把詔書取出，改一下，豈不就……。」

年羹堯獻計：「把詔書上傳位十四皇子的十加上一橫一鉤，不就變成傳位於四皇子了嗎？」胤禛說：「好！事到如今，也顧不得許多了。」商議停當，三人趕緊祕密進宮。

此時，康熙皇帝壽限已近，奄奄一息地躺在床上，眼睛緊閉。隆科多來到龍床邊，並將侍立在旁的太監全都趕了出去。胤禛伸手到康熙枕下，慢慢將詔書抽出，稍微一動，康熙驚醒，見胤禛站在床前，叱曰：「誰准許你入內！」胤禛趕緊跪下，說：「臣兒是奉父皇旨意進宮參見。」康熙大聲問：「十四皇子何在？」隆科多趕快上前，說：「十四皇子正在進京途中。」康熙一驚，忙翻枕底，發現詔書已不見了。此時，康熙氣急，把套在臂上的佛珠拔下朝胤禛砸過去。胤禛順手一接，玉珠在手，忙跪下說：「多謝父皇立兒臣登位，以玉珠為賜。」康熙聞言，氣得兩腿一伸，歸西去了。隆科多連忙將詔書上的「十」字改為「于」字，然後走出寢宮，向各皇子宣讀康熙遺詔：「先皇遺詔在此，四阿哥奉詔即位，有先帝佛珠為證。」而後，四皇子胤禛便登基為皇帝，號為雍正。

事實上，更改遺詔只是民間傳說。第一，清朝的遺詔是由漢、滿兩種文字書寫，漢文可以改，但滿文卻無法更改。而且，在書寫遺詔時為了表示尊重，通常會在阿哥前加上「皇」字，例如：皇四阿哥。所以，將十改為于這種說法自然不攻自破。第二，康熙將皇位傳給四阿哥也是有其原因的，因為康熙在位時就非常喜歡雍正的四兒子弘曆，也經常將弘曆帶在身邊親自教育，所以，康熙將皇位傳給雍正很有可能也是因為弘曆。也就是說，康熙暗中培養了兩代皇帝。

26 殺雞給猴看 ▶
指桑罵槐

大凌小者，警以誘之。剛中而應，行險而順。

按：率數未服者以對敵，若策之不行，而利誘之，又反啟其疑；於是故為自誤，責他人之失，以暗警之。警之者，反誘之也：此蓋以剛險驅之也。或曰：此遣將之法也。

譯 文 →

強大者若想懾服弱小者，需用警戒的方法誘導其就範。這是從《易經》「師卦」的卦辭中所領悟的道理：適當的強硬可以獲得眾人擁護；施用險詐能使人們順從，從而獲得最後的勝利。

按：若統率一個尚未順服於己方的軍隊與敵作戰，當調遣他們時，他們違抗命令，這時用金錢收買他們，反而會引起兵卒懷疑。在這種情況下，可以故意製造事端，懲罰某人過錯，藉以警惕那些不服從命令的人。所謂警告，就是從另一個角度誘導制伏他們，這是一種以剛猛險毒的手段驅使他們服從管理的方法，或者說，也是一種調兵遣將的方法。

賞 析

本計可解讀為以下幾種意涵：

1. **殺雞給猴看，殺人給人看，使其警覺，從而乖乖就範。** 猴子是一種很頑皮的動物，經常不服調教，馴猴人無可奈何，便當其面殺雞，

用鮮血淋漓的慘相威脅恐嚇，猴子便乖乖地被馴服了。這種透過處理
小事以警惕大事，有時在士難誅盡、法不責眾的情況下，也可以透過
處理一個人以警惕眾人，這就是殺一儆百的方法。殺雞儆猴和殺一儆
百都是間接警告、使其懾服的策略，其中一個是殺其異類，一個是殺
其同類，都不對真正的事物直接動手。

2. **旁敲側擊，無情責罵**。在不便公開責罵時，就要繞個彎子，迂
迴地表達自己的責難或不滿，而不直接了當地指明意思。其實，旁敲
側擊的責罵更具殺傷力和震懾力。

3. **敲山震虎，警戒呈威**。以敲擊山梁的方式彰顯威風，進而震懾
老虎。在這裡，敲山只是一種擺出來的架勢，是在向老虎展示自己的
威力和強硬態度，使老虎意識到對手非常強大，不可小覷，若不老老
實實、規規矩矩地順從或降服，就會被殺掉甚至吃掉。

當敵人利用此計時，應採取以下幾種防範措施：

1. 探清對方真實情況，不能為假象所迷惑。一旦己方處於弱者地位時，探清對方的虛實便極為重要。因為如果對方表面虛張聲勢，實則色厲內荏，但我方卻誤以為那些都是真的，被其虛假的強硬嚇倒，那就會失去難得的機會而吃虧上當。相反的，若在對方確有實力的情況之下，我方低估他們的力量，沒有盡快知難而逃，那只會自投羅網，後悔莫及。

2. 聯合眾人力量，絕不能將自己陷入孤立無援之境。若對方的力量確實很強大，而自己一時無法與之對抗時，擺脫困境的辦法之一就是聯合眾小以抗一強。當聯合眾多弱小者進攻時，會形成「好虎抵不住一群狼」之勢；如果聯合眾多弱小者防守時，則會形成「法不治眾」之勢。

3. 救助「桑」樹，使敵方之企圖無法得逞。劈竹子的時候，前幾節比較困難，但只要劈開前幾節，無論竹子多粗多長，都會「迎刃而解」。指桑罵槐之計也會產生這種破竹之勢，儘管我方暫時沒有被當做「桑」，但若不及時遏制其「罵槐」之勢，我們也將難以自保。所以，在「槐」樹被罵時，不能袖手旁觀，應千方百計地給予支援，使它能與對方的氣勢抗衡。如此一來，敵方指桑罵槐的陰謀也就無法繼續，只得半途而廢，無功而返。

| 實戰 |

五代十國時，後漢爆發了李守貞、趙思綰、王景崇沆瀣一氣的「三鎮之亂」，後漢派遣大將郭威統兵征伐。郭威在出征前曾向老太師馮道請教治軍之策，馮道說：「李守貞是名老將，他依靠的是士卒歸心，

❖ 指桑罵槐 ❖

殺雞給猴看

當著猴子的面殺雞，用鮮血淋漓的慘相威脅恐嚇猴子，這樣猴子便會乖乖地馴服。

旁敲側擊

不直接指明問題，而是迂迴地表達自己的責難或不滿。

指桑罵槐

製造事端

在不便直接指明錯誤的情況下，故意製造事端和錯誤，然後指責某個人進而警示其他人。

敲山震虎

以敲擊山梁彰顯自己的威風，進而震懾老虎，向老虎表明自己強硬的態度。

若你能重賞將士，定然能打敗他。」郭威連連點頭。

郭威率兵進抵李守貞盤踞的河中城外，斷絕河中城與外界的聯繫，以長期圍困的方式逼迫李守貞投降。按照馮道的教誨，郭威對部下有功即賞，將士受傷患病即去探望，犯了錯誤也不加懲罰。過了一段時間後，馮道之法果然贏得軍心，但卻也滋長了姑息養奸之風。

李守貞陷入重圍，幾次想向西突圍與趙思綰取得聯繫，都被郭威擊退，幾乎一籌莫展。某一天，李守貞聽到將士們正在議論郭威的治軍風格，眉頭一皺，想出一條計策：他讓一批精明的將士扮成平民百姓，潛出河中城，在郭威駐軍營地附近開設數家酒店，酒店不僅價格低廉，甚至可以賒欠。郭威的士卒們三五成群地到酒店喝酒，經常喝得酩酊大醉，將領們也不加約束。李守貞見妙計奏效，悄悄地派遣部將王繼勳率千餘精兵乘夜色潛入河西後漢軍大營，發起突襲。後漢軍毫無戒備，巡邏騎兵都喝得不省人事，王繼勳一度得手。

這時，郭威從夢中驚醒，急忙遣將增援，但將士們皆畏縮不前。在危急之中，部將李韜捨命衝出，眾將士才鼓足勇氣，跟了上去。王繼勳兵力太少，功虧一簣，退回河中城。這一次突襲使得郭威心生警戒，痛感軍紀鬆弛的危險，於是下令：「若不是犒賞宴飲，所有將士不得私自飲酒，違者軍法論處。」誰知就在軍令頒布的第二天，郭威的愛將李審就違令飲酒。郭威又氣又恨，思索再三，還是令人將李審推出營門，斬首示眾，以正軍法。

眾將士見郭威斬殺愛將李審，放縱之心才有所收斂，軍紀得以維護。不久之後，郭威向河中城發起攻勢，一舉平定李守貞，又平定了趙思綰和王景崇，「三鎮之亂」最終順利平息。

27 大智若愚，大巧若拙 ▶

假痴不癲

寧偽作不知不為，不偽作假知妄為。靜不露機，雲雷屯也。

按：假作不知而實知，假作不為而實不可為，或將有所為。司馬懿之假病昏以誅曹爽，受巾幗假請命以老蜀兵，所以成功；姜維九伐中原，明知不可為而妄為之，則似痴矣，所以破滅。兵書曰：「故善戰者之勝也，無智名，無勇功。」當其機未發時，靜屯似痴；若假癲，則不但露機，且亂動而群疑。故假痴者勝，假癲者敗。或曰：「假痴可以對敵，並可以用兵。」宋代，南俗尚鬼。狄青征儂智高時，大兵始出桂林之南，因佯祝曰：「勝負無以為據。」乃取百錢自持，與神約，果大捷，則投此錢盡錢面也。左右諫止，倘不如意，恐沮軍，青不聽。

萬眾方聳視，已而揮手一擲，百錢皆面。於是舉兵歡呼，聲震林野，青亦大喜；顧左右，取百釘來，即隨錢疏密，布地而帖釘之，加以青紗籠，手自封焉。曰：「俟⊿凱旋，當酬神取錢。」其後平邑⊿州還師，如言取錢，幕府士大夫共視，乃兩面錢也。

➤ 譯文 →

　　寧可假裝不知道而不採取行動，也不可假裝知道而輕舉妄動，應冷靜沉著，藏而不露玄機。這是從《易經》「屯卦」的卦辭中所領悟的道理。

　　按：假裝不知，但其實清晰明瞭；假裝不做，但其實是時機不成熟不能做，或是待條件具備、時機成熟後再行動。三國時期，司馬懿稱病，藉口神志不清殺死曹爽；他接到諸葛亮「饋贈」的婦女首飾，也並不為此侮辱而惱怒，而是上表假裝請戰，卻堅持不出，藉以疲勞蜀軍，因此大獲全勝。姜維九次率兵討伐中原，明知這樣做不行，卻偏要輕舉妄動，所以理所當然地失敗。《孫子兵法》提到：「善於用兵且取得勝利者，並不彰顯自己的智謀和名聲，也不炫耀自己的勇敢與戰功。」當他們的計謀尚未實行時，他們會像屯卦所說的那樣，沉著冷靜就像個呆子；如果假裝癲狂，不僅暴露戰機，而且還會因混亂而引起三軍猜疑。所以，裝作呆子必取勝，裝作癲狂必失敗。有人說：「假裝糊塗發呆既可以用以對敵，又可以用以治軍。」

　　宋代，狄青率軍征伐儂智高時，大軍剛到桂林以南，狄青便假裝拜神：「天神啊！這次打仗勝負難料呀！」說完就拿了一百文銅錢向神許願：「若能取勝，請讓丟在地上的錢幣正面朝天吧！」左右隨從

部將勸他：「這樣做不行啊，如果這些錢沒有正面朝天，恐怕影響全軍士氣！」狄青依然不聽從勸說，在眾人的注視之下，大手一拋，百個銅錢落在地上，且全是面朝上。這時，全軍舉手歡呼，聲音響徹山林和曠野。狄青也很興奮，並命令左右隨從取來一百根釘子，在銅錢散落的位置用釘子釘牢，並親手用青紗蓋上，說：「待取得勝利後，我一定會回來酬謝神靈，取回銅錢。」後來，狄青率軍平定邕州，凱

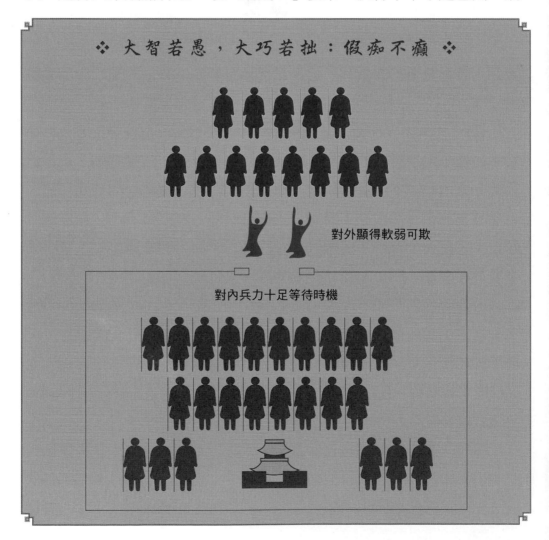

❖ 大智若愚，大巧若拙：假痴不癲 ❖

對外顯得軟弱可欺

對內兵力十足等待時機

旋而回，按原先說的回去取那些錢，他的士兵們都虔誠地蹲在周圍觀看。這時才發現，原來那些銅錢兩面都是一樣的，都是正面。

賞析

本計可解讀為以下幾種意涵：

1. **難得糊塗**。清代書畫家鄭板橋有著名的「難得糊塗」一語，意思是說糊塗是很難做到的。所謂的難，就難在本不是真糊塗，卻要裝成糊塗使人完全相信，並將自己當成真糊塗對待。

2. **大智若愚**。真正聰明的人表面上看似愚笨、痴呆，其實這只是韜晦之計，也就是暫時隱藏自己的鋒芒或才能。在條件不利的情況下，為了保護自己，常常以裝瘋賣傻、裝聾作啞矇騙對方，這種假作不知、假作不為、假作不是的做法，會給人與世無爭、弱而無能的印象，這樣就可避免引起注意。

3. **不露玄機**。也就是靜不露機、蓄勢待發。之所以要把所擁有的東西深藏起來，不讓人知道，是因為要等待時機成熟。在時機不成熟的情況下，過早暴露自己的意圖，一定會失敗。

4. **深藏若虛**。也就是本來很有秩序卻表現出混亂的樣子；本來很飽暖卻表現出饑寒的樣子；本來人很多卻表現出人很少的樣子；本來很勇猛卻表現出很怯弱的樣子；本來準備充分卻表現出毫無防備的樣子，藉此使對手產生錯覺，進而獲取成功。

另外，此計謀還可以用作愚兵之計來治理自己的軍隊。其主要方法是「愚士卒之耳目，使之無知」，也就是矇蔽士卒的視聽，不讓他們知道計畫謀略的真實意圖。之所以要「愚士卒之耳目」，一是為了保護軍事機密，因為絕密的軍事情報不可能「廣而告知」，若打算對

敵人保密，就要在一定範圍內對自己的軍隊保密。二是為了統一行動，沒有軍紀就沒有軍隊，服從命令、遵守紀律是一個士兵的天職，若連在緊急情況下，都要讓士兵瞭解一切之後才能執行命令，那就什麼事情都做不成。三是為了穩定軍心，在非常困難的情況下，特別是在非常危險的情況下，若讓士兵們知道詳情，可能會引起恐慌驚懼，造成行動混亂，直接影響部隊戰鬥力，甚至使軍隊無法約束。

當敵人利用此計時，應採取以下幾種防範措施：

1. **一旦發現真相，當面揭穿敵人真面目**。觀察敵方情況，有利於發現敵人「假痴」的蛛絲馬跡。《孫子兵法》中提到：「辭卑而益備者，進也。」當敵人的使者言辭謙遜，但卻拖延時間，加緊戰備，就是準備向我軍進攻的徵兆。又說：「辭強而進驅者，退也。」當敵軍來使措詞強硬且擺出進攻架勢，實際上是準備撤退的徵兆。還說：「無約而請和者，謀也。」當沒有約定即來講和，就是另有陰謀。因此，在對方「假痴不癲」的時候，應當面揭露其真面目，因為他們事先毫無準備，遇到這種突發狀況時，一時很難應付，只能處於被動、尷尬的境地。如此一來，他們為此所煞費的苦心也就付之東流了。若想當面揭穿對方的騙局，一定要先掌握證據，必須立即擊中要害，不給對方留下狡辯的把柄和反擊的機會。

2. **以「假」當真，將計就計，引誘敵人進入圈套**。一旦發現敵方正在對己方使用「假痴不癲」之計時，我方雖已識破其計，但卻可暫時不揭破。同時將計就計，假裝糊塗，故意把「假」當做真，使其相信我們已經上當，便放心大膽地繼續演他的「假痴」之戲，卻不知我方早已為他又布了一層圈套。敵人不但沒能欺騙我們，反而中了我們的圈套，害人不成，反害自己。

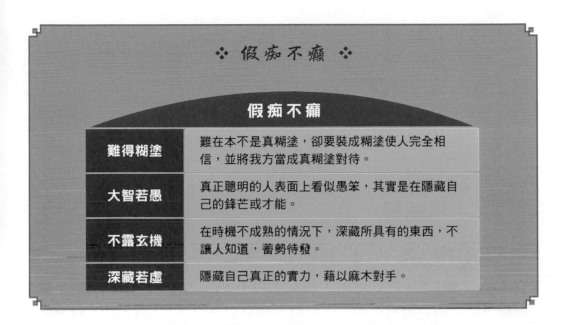

❖ 假痴不癲 ❖

假痴不癲

難得糊塗	難在本不是真糊塗，卻要裝成糊塗使人完全相信，並將我方當成真糊塗對待。
大智若愚	真正聰明的人表面上看似愚笨，其實是在隱藏自己的鋒芒或才能。
不露玄機	在時機不成熟的情況下，深藏所具有的東西，不讓人知道，蓄勢待發。
深藏若虛	隱藏自己真正的實力，藉以麻木對手。

｜ 實戰 ｜

東晉書法家王羲之被人譽為「神筆」。

有一次，朝廷中一位名為王敦的大將軍把王羲之帶到軍帳中表演書法，天色晚了，就讓他在自己的床上睡覺。王羲之一覺醒來，聽到房間裡有人說話，仔細一聽，原來是王敦和他的心腹謀士正在悄悄商量謀反之事，但一時忘記睡在帳中的王羲之。

聽到談話內容後，王羲之擔心會被殺人滅口，非常著急。當晚他恰巧喝了點酒，於是便假裝酩酊大醉，把床上吐得到處都是，接著蒙頭蓋臉地睡去。

王敦和謀士密謀多時，忽然想起王羲之，不由得心驚肉跳，臉色驟變。他們越想越害怕，最後竟手提尖刀來到內室，打算殺人滅口。

這時，王羲之立即說起了夢話，王敦和謀士再看到床上吐滿了飯菜，散發一股酒味。王敦和謀士被假象所迷惑，認為王羲之酒後酣睡，

便放棄了原來殺人滅口的打算。

王羲之臨危不懼，急中生智，利用酒醉的假象，躲過一場意外的殺身之禍。

28 截斷敵軍退路 ▶
上屋抽梯

假之以便，唆之使前，斷其援應，陷之死地。遇毒，位不當也。

按：唆（ㄙㄨㄛ）者，利使之也。利使之而不先為之便，或猶且不行。故抽梯之局，須先置梯，或示之以梯。如慕容垂、姚萇（ㄔㄤ）諸人慫秦苻堅侵晉，以乘機自起。

➡ 譯 文 ➡

故意借給敵人便利的條件，以誘導敵人盲目向前衝，然後再乘機切斷他的前應和後援，使他陷入死地。這是從《易經》「噬嗑卦」的卦辭中所領悟的道理。

按：所謂唆，就是用利益引誘敵人進入圈套。然而，如果只用利益引誘而不給以方便，那麼敵人就會猶豫不前。所以，若要採用「上屋抽梯」之計，就必須先為敵人設置梯子，或讓敵人知道有上屋的梯子。前秦權臣慕容垂、姚萇皆懷二心，他們慫恿苻堅攻晉，苻堅為之心動，大軍傾巢而出，結果大敗於淝水。慕容垂、姚萇乘機而起，稱帝立國。他們設了一座險梯讓苻堅去爬，然後再扯下苻堅。

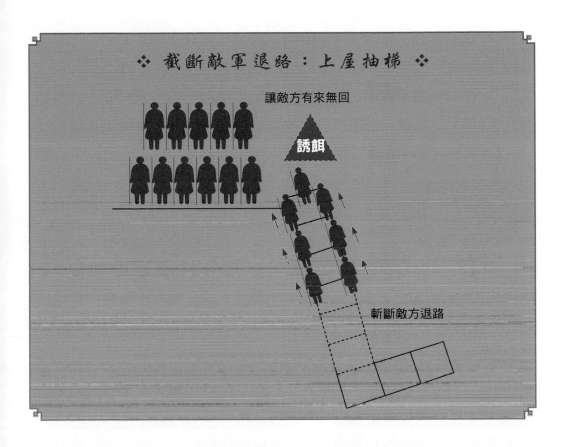

截斷敵軍退路：上屋抽梯

讓敵方有來無回

誘餌

斬斷敵方退路

賞析

本計可解讀為以下幾種意涵：

1. **誘敵深入**。根據敵人的特質，採用恰到好處的利誘措施，也就是給其「梯子」，使其無法抵擋誘惑，進而深入我方內部。在進入我方內部後，就等於進入我方預先設置的「口袋」或「死巷」，最終必然只有死路一條。

2. **斷其退路**。當我們把敵人引入包圍後，應迅速切斷敵人的來路，使其無法脫逃、有來無回。斷絕敵人退路的主要目的是使其「不可脫」，唯有「不可脫」，才能將敵人斬草除根。

3. **以勢壓敵**。乘敵人無路可退之機，巧妙地利用敵人「不可脫」的危險形勢，給敵人造成心理上的巨大壓力，使其被迫就範。

4. **斷其後援**。在敵人落入陷阱之後，抽掉他們的「梯子」無異於致其於死地，如此一來便可以使敵人無力堅持而不攻自破。這種策略也稱為圍敵打援，圍敵打援之「援」也可理解為「後勤補給」，將敵人推到戰場之後，再切斷後勤補給，也就等於「抽掉」其保持戰鬥力的「梯子」，使他們陷入進退兩難。

5. **勢可壓敵**。敵人在瀕臨滅亡之前，很可能會狗急跳牆。所以使用此計時，我方力量應勝於敵方的力量，或者我方應在地理位置上占據絕對優勢。否則將被敵人掙得魚死網破，不但無法實現我方目的，還有可能使己方大傷元氣。

當敵人利用此計時，應採取以下幾種防範措施：

1. **探明虛實以防落入陷阱**。在對敵方兵力、情勢皆不清楚的情況下，先不要冒險行事，可先投石問路，探明虛實，在確定前方沒有陷阱的情況下，再摸著石頭過河。而用以作為探路的石頭，可以是虛假的動作，也可以是小部分部隊，更可以是偵察人員。但不管採用什麼樣的方式探明情況，我方都應該採取審慎的態度。

2. **靈活應變以脫離僵局**。一旦不慎被敵人騙「上屋」，並且敵人已將梯子抽掉時，切不可驚慌失措、聽之任之，從此一蹶不振，也不可魯莽蠻幹、忘乎所以。最理智的方法就是另尋「下屋」之路，解決問題的辦法有千千萬萬種，此路不通應另找出路，不要執而不化，不知變通。

3. **善於觀察分析，以防上當受騙**。防止受騙上當的有效措施就是要隨機應變，如果反應遲鈍，固執己見，剛愎自用，就很容易被人利

用。若想做到隨機應變，最重要的就是眼觀六路，耳聽八方；善於觀察，善於分析，對於任何微小的可疑情況也不放過。

4. **預備數套解決問題的方案，針對不同問題提出不同解決方案。** 應準備多套行動方案，並且經常變化以迷惑敵人，使敵人無法摸清我方規律。另外，遇到事情應沉著冷靜，不要驚慌失措，針對不同情況拿出不同應對策略。

5. **不為小利所動。** 敵人在使用本計謀時往往會拿出一些小利作為誘餌，所以當一些小利出現在眼前時，不要見利就取，而應先仔細研究其是否為可取之利。特別是在對方也同樣可取，但卻不取的情況下，這種「利」就有可能是釣魚之餌，我們就更應謹防上當。只有在判斷其萬無一失時，才可動手取利；如果判斷不清，那我們寧可放棄，也絕不冒風險，特別是對那些取之無大益，失之無大損的小利，絕對不能貪圖。

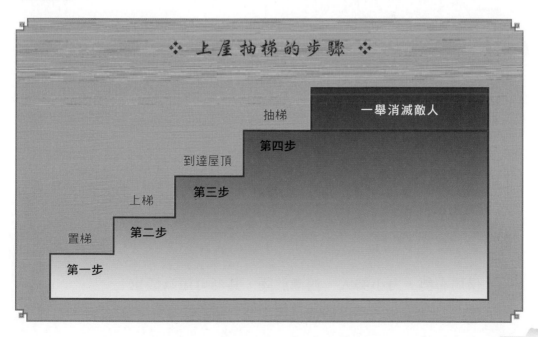

❖ 上屋抽梯的步驟 ❖

抽梯　一舉消滅敵人

到達屋頂　第四步

上梯　第三步

置梯　第二步

第一步

西元 417 年，晉將王鎮惡帶領水軍從黃河進入渭水，直逼長安。這天清晨，晉軍全體將士奉命吃飽喝足，船隊靠近長安的東渭橋，在河面狹窄、水流湍急之處，王鎮惡突然下令，全體將士攜帶武器，披甲上岸，行動遲緩者斬。當時將士們以為發生緊急軍情，急忙上岸，連兵船都來不及拴住。當他們來到岸上列隊成行時，兵船早已被河水沖得無影無蹤了。

此時，王鎮惡大聲號令全體將士：「你們遠離家鄉萬里之外，兵船、衣食全被急流沖走，而長安就在眼前，只要奮力殺敵就會衣食無憂，否則就連屍骨都難以回到家中！」將士們聽到這一番話，都爭先恐後衝向東渭橋。而後，秦軍來不及抵擋這突如其來的陣勢，不戰而潰，王鎮惡率軍順利攻入長安。

王鎮惡驅兵萬里深入敵境攻打長安，取勝的難度可想而知。但是發兵萬里克敵，勞民傷財，一旦戰爭失利，對國家和百姓所造成的損失將不可估量。王鎮惡深知這一點，因此決定斷絕士兵們的後路，採取「上屋抽梯」這一計策，令將士們置之死地而後生，最終一舉攻下了長安。

29 巧借外力壯氣勢 ▶
樹上開花

借局布勢，力小勢大。鴻漸於陸，其羽可用為儀也。

按：**此樹本無花，而樹則可以有花，剪綵黏之，不細察者不易覺。**

使花與樹交相輝映，而成玲瓏全域也。此蓋布精兵於友軍之陣，完其
勢以威敵也。

➤ 譯 文 →

　　借助其他勢力布成有利的陣勢，雖然兵力弱小但陣勢卻顯得強大。
鴻雁高飛，橫空列陣，全憑著羽毛豐滿的雙翼助長自己的氣勢。

　　按：這棵樹的枝幹本來沒有花朵，然而卻可以故意使它有花。把

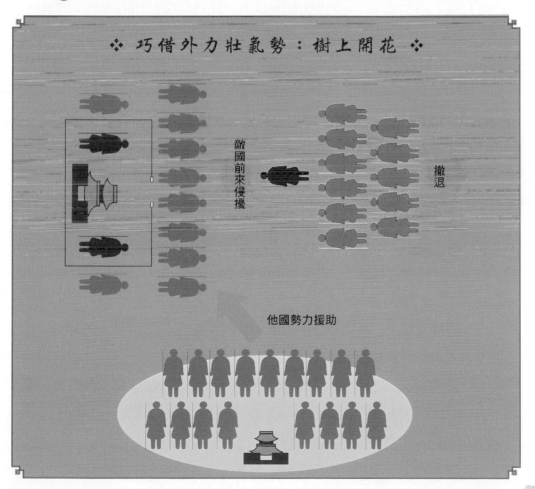

❖ 巧借外力壯氣勢：樹上開花 ❖

敵國前來侵擾

撤退

他國勢力援助

彩色綢絹剪成花朵黏在枝上，不仔細察看的人就不容易發覺。讓美麗的假花和樹幹交相輝映，造就一棵精巧逼真的完整花樹。意思是指將精銳兵力布置到友軍陣地，形成一個完整的陣勢以震懾敵人。

運用此計謀的關鍵在於，善於借助某種因素製造假象。樹上開花中的「樹」指的是那些被借來張勢的因素，它可以是別人的聲勢或別人的力量，也可以是一種客觀的勢。「樹」是「花」的依傍，「樹」是否適當，關係到此計謀能否成功，所以，在選擇「樹」時應採取審慎態度。其次，「花」的巧妙設置、精心偽裝也很重要，否則再好的樹也無法掩飾假花，一旦對方看穿真樹假花的騙局，我方以弱示強的目的也就泡湯了。因此，在使用本計謀時要特別注意。

本計可解讀為以下幾種意涵：

1. **借樹開花**。也就是借助別人提供的有利條件因利乘便，在別人的樹上開花結果。之所以要借樹開花，主要是因為自己的樹太弱小，無法開花。此計謀用於軍事，也就是借用別人現成的局面，布成有利於自己的新陣勢，或是利用別人的力量為自己服務，增強自己的勢力，擴大自己的影響。

2. **借雞生蛋**。借用別人的力量，在不增加己方資源投入的情況下，實現自己原來所不能實現的目的。

3. **狐假虎威**。自己的力量本較弱小，但為了嚇唬或迷惑對方，便千方百計地假裝出強大的氣勢。這可以使本來並不強大的力量，在對方面前顯現出非常強大的聲威氣勢。

4. **虛張聲勢**。它所造成的聲威氣勢，只是一種虛假的力量，是一

種虛幻的假象，它不會對敵人產生真正的威脅，但會對敵人產生心理上的威懾效果。

5. **巧妙偽裝**。在運用本計謀時，必須偽裝得完整逼真，不露出半點破綻，否則吃虧的必然是自己。

當敵人利用此計時，應採取以下幾種防範措施：

1. **探明真偽，以防上當**。《孫子兵法》中提到：「角之而知有餘不足之處。」也就是應仔細偵察，以探明敵兵部署的虛實強弱。雖然擺開了爭鬥的架勢，但並不要真的打起來，只是一種試探，此種較量可以獲得較全面的情報資料。當使用這種辦法時，不但可以不冒風險，而且可以靈活機動地變化戰略戰術。如果發現對方只是虛張聲勢，我方即可就勢開戰，打得敵方苟延殘喘，直至一敗塗地。但若發現敵方確有實力，那便可以迅疾撤退，不損一兵一卒。

2. **離間破勢，各個擊敗**。一旦發現敵方與其友軍互相利用或互相聯合形成一種強大的威力，這時應想辦法離間他們之間的關係，然後再採用各個擊破的辦法，便可破解對方聲勢，絕不可消極逃跑，更不可死打硬拼。另外，在實行離間分化的同時，也可以尋找我方可利用的可借之局，變被動為主動。

3. **以牙還牙，將計就計**。當敵人以「樹上開花」之計對付我們，企圖嚇倒我們時，不可消極應戰，而應「以其人之道，還治其人之身」，將計就計，也使用「樹上開花」迷惑他們。如此一來，雖然我方無法分清對方虛實，但也使對方無法辨清我方虛實，將原來只有我方擔心的被動局面，改變為兩方都緊張的主動形勢。

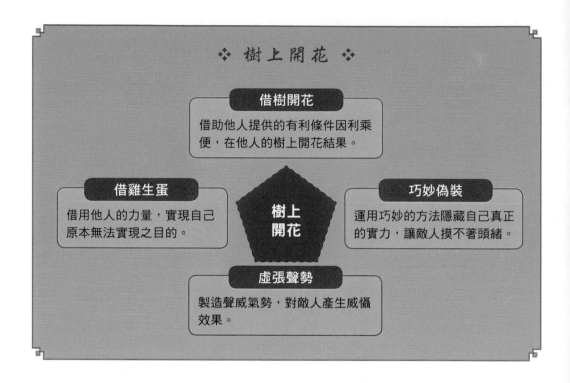

❖ 樹上開花 ❖

借樹開花
借助他人提供的有利條件因利乘便，在他人的樹上開花結果。

借雞生蛋
借用他人的力量，實現自己原本無法實現之目的。

樹上開花

巧妙偽裝
運用巧妙的方法隱藏自己真正的實力，讓敵人摸不著頭緒。

虛張聲勢
製造聲威氣勢，對敵人產生威懾效果。

| 實戰 |

西元 208 年 8 月，曹操率三十萬大軍由許昌出發，經新野、樊城向江陵進發，荊州牧劉琮聞訊投降。而屯駐樊城的劉備因兵力單薄，急忙向南撤退。曹操恐江陵有失，親率精騎晝夜兼行，追趕劉備至長阪坡，雙方交火，劉備大敗，只得繼續後退，令張飛斷後設法阻截追兵。

張飛只有二、三十個騎兵，怎敢與曹操的精騎硬拼？面對危境，張飛臨陣不慌，不僅勇猛而且有計有謀。他命令所率騎兵到長阪坡樹林裡，砍下樹枝，綁在馬後，然後騎馬在林中飛跑打轉，鬧得坡上塵土瀰漫，顯然是一個迷魂陣。而張飛則自己一人騎著黑馬，手持丈八長矛，英姿颯爽地站在長阪坡的獨木橋上。

曹軍追兵趕到時，見張飛獨自立馬橫矛站在橋上，覺得奇怪，又

見樹林裡塵土飛揚，追擊的曹兵疑惑地停下馬來，以為林中定有伏兵。此時，張飛大吼一聲，吼聲震天響：「曹賊拿命來！」曹軍一看以為中了埋伏，慌忙掉轉馬頭後撤三十里。就這樣，張飛和數十名騎兵阻止了曹兵的猛追，為劉備率部順利後撤贏得了時間。

　　樹上開花是指樹上本來沒有開花，但可以用彩色的綢緞剪成花朵黏在樹上，做得和真花一樣，不仔細去看，真假難辨。此計在軍事上是指，應善於借助各種因素為自己壯大聲勢。長阪坡之戰靠的就是樹上開花之計。

 30 化被動為主動 ▶ ────────────

反客為主

乘隙插足，扼其主機，漸之進也。

　按：為人驅使者為奴，為人尊處者為客，不能立足者為暫客，能立足者為久客；客久而不能主事者為賤客；能主事則可漸握機要，而為主矣。故反客為主之局，第一步須爭客位；第二步須乘隙；第三步須插足；第四步須握機；第五步乃成為主，為主，則並人之軍矣，此漸之陰謀也。如李淵書尊李密，密卒以敗。漢高祖視勢未敵項羽之先，卑事項羽，使其見信，而漸以侵其勢，至垓《"》下一役，一舉亡之。

═ 譯 文 →

　　乘著敵人的間隙插足其內部，以至掌握其重要機關，循序漸進地反客為主，順利攻占敵方內部。

按：受他人驅使的是奴僕，受他人尊重的是貴客；到他人家做客，無法站穩腳跟的是暫時的客人，能夠長久立足的是長久的貴客；雖然可以站穩腳跟成為長期客人，但無法主事的就只是地位卑下的客人，可以主事並且漸漸掌握其重要機關的人，就成為主人。所以「反客為主」的過程為：第一步要爭得客位；第二步要善於發現有利機會；第三步要乘機插足；第四步須掌握對方的重要機關；第五步大功告成，

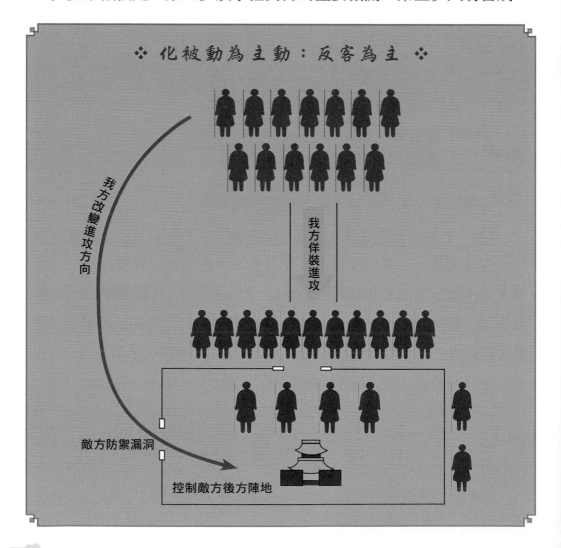

❖ 化被動為主動：反客為主 ❖

我方改變進攻方向

我方佯裝進攻

敵方防禦漏洞

控制敵方後方陣地

成為主人。若成為主人，就可以兼併他人的軍隊為自己所有，這是一個循序漸進的陰謀。隋末李淵打天下，在尚未立足之前，採低姿態，致書尊崇稱霸一方的李密，李密因此對李淵疏於防備，讓李淵有乘隙插足之機。而劉邦評估自己尚難與項羽抗衡時，也謙卑地侍奉項羽，取得項羽的信任，爭取保全實力的契機，然後逐漸坐大，在垓下一役一舉消滅項羽。

本計可解讀為以下幾種意涵：

1. **先發制人，化被動為主動**。當我方處於被動或弱小的情況下，應採取首先發動進攻的方法爭取主動，制服對方。在軍事上，一般情況都是「先發制人，後發制於人」，只有先下手，壓制對手，才能化被動為主動。

2. **轉攻為守，化主動為被動**。首先發動進攻，深入對方陣前挑戰的被稱為「客」；而在自己的陣地上進行防禦的則稱為「主」。為「客」者遠道而來，不僅會因長途跋涉而疲勞不堪，還會因遠離根據地而補給困難。而被稱為「主」的一方因為以逸待勞，則「飽有餘」。如果我方原本是「客」方，為了改變這種不利的局面，就要變客為主。其方法是挑釁敵人向我進攻，而我們則轉攻為守。如此一來，既達到與敵人交戰的目的，又將有利的條件留給我們自己，將不利的條件轉給對方。另外，反客為主、轉攻為守不僅具有選擇地利的主動權，也增加了戰勝敵人的有利因素。

3. **喧賓奪主，取代主人位置**。喧賓奪主的原意是大聲說話的客人搶占了主人的位置，後用以比喻外來者占據了原有事物的位置。意思

就是，當對方有機可乘的時候，先插進一隻腳，然後慢慢地用力把對方擠出去，自己取而代之，成為其主人。

4. **兼併盟軍，為自己所用**。一般是藉著援助盟軍的機會，打入盟軍內部，待站穩腳步後，再步步為營，逐漸地支配並控制盟軍，最後再逐漸奪走其大權，本計所使用的是逐步蠶食的方法，是一個逐漸推進的過程。

當敵人利用此計時，應採取以下幾種防範措施：

1. **不給對方可乘之隙**。反客為主的關鍵就是「乘隙插足」。敵人之所以能插足，主要是因為我方為其提供可「插」的間隙，也就是可供利用的條件。所以若要不使敵人插足，就不能給對方可乘之隙。不給敵人可乘之間隙，應做到以下：做事小心謹慎，防患於未然，或在出現某些問題時，及時發現，及時彌補；有了問題也應隱蔽掩蓋，不使敵方輕易發現，「家醜不可外揚」。只要漏洞不被發現，對方也就無法利用。

2. **不讓對方掌握重要權力**。一旦發現敵人已經插足我方內部，成為常客，那他必然會要求「掌握重要機關」，這時我們絕不能輕易相信，過分信任，不能隨便將機要大權相托，更不可相讓。

3. **不要礙於情面留客入住**。對於那些不請自來的「客人」，我們往往礙於情面，無法驅逐，最後必然貽害無窮。因為這些不速之客大多懷有不可告人的目的，他們為了能爭得客位，常常不擇手段，什麼樣的招數都能施展。而我們很容易被其迷惑，將他們認作朋友，熱情款待，使其久而不去；或雖有所察覺，但礙於情面，不好意思驅逐他們。其結果必然是他們變「客」為「主」，掌控大權，無情地擊潰我方。

4. **將計就計，轉敗為勝**。當己方被敵人以反客為主之計所取代，

若我們自暴自棄，任其所為，只會助長敵人的囂張氣焰，使自己陷入一敗塗地。應採取理智的做法：重整旗鼓，準備東山再起。應將計就計，「以其人之道反治其人之身」，重新奪回主人之位。

❖ 反客為主 ❖

先發制人
當我方處於被動或弱小時，應積極率先發動進攻爭取主動，以制服對方。

轉守為攻
發動進攻後，應想盡一切辦法轉客為主。轉攻為守不僅具有選擇地利的主導權，也增加了戰勝敵人的有利因素。

喧賓奪主
在對方有機可乘時，先插進一隻腳，然後再慢慢把對方用力擠出去，取而代之，成為其主人。

兼併盟軍
藉著援助盟軍的機會，打入盟軍內部，再步步為營，逐漸支配控制盟軍，最後順手奪過盟軍的內部大權。

｜ 實戰 ｜

　　隋煬帝大業三年，李淵聯合突厥，率兵三萬從太原出發，打著尊立代王的旗號，向關中進軍。大隊人馬行至賈湖堡處，因遇大雨滂沱，無法行軍，只能暫時駐紮。這時，李淵接到軍報，說魏公李密領數眾十萬，歷數隋煬帝十大罪惡，布告天下，起兵反隋。李淵得知這一消息，不禁大吃一驚，隨即與兒子李世民商量對策。李世民說：「李密兵多勢大，不宜與之對敵，不如暫且與他聯絡，也可使我軍免除後顧之憂。」李淵同意李世民的獻策。即命記室溫大雅寫信給李密，希望結成同盟，共圖大事。不久之後，便收到李密的回信。李密信中的言詞十分傲慢，雖然表示願意結為同盟，但李密自稱是盟主，並要李淵

親自去河內締結盟約。

李淵父子二人看了李密的回信，心中很是不滿。但李淵轉念一想，迫於勢力懸殊，還是忍讓為好，便又對李世民說：「李密狂妄自大，即便訂了盟約也未必實行，但我們現在正進軍關中，如果斷然拒絕結盟，與他交惡，只會又增加一個敵人，倒不如暫忍一時，先以卑謙之詞對他大大頌揚一番，讓他更加志氣驕盈，穩住他的心。這樣既可以利用他為我軍塞住河洛一線，牽制隋軍，又可以使我軍專意西征，豈不是兩全其美？待我軍平定關中後，便可『據險養威』，看著他與隋軍鷸蚌相爭，我軍坐收漁人之利，豈不更好？」

李世民非常贊成父親的用計，於是便命溫大雅寫信給李密，大意是說：「現在天下大亂，極須有統一之主，您功高望重，這統一之主自然非您莫屬。我李淵年事已高，對您表示誠心擁戴，只求您登位之後，仍然封我為唐王就可以了。」

李密收到李淵的回信後，心裡非常高興，滿口答應李淵的要求。而後，免除了後顧之憂的李淵，隨即揮軍西進。一路上，攻霍邑、臨汾，直取長安，擁立年僅十三歲的代王楊侑為傀儡皇帝，並且改元易年。至第二年，隋煬帝被弒，李淵又逼迫楊侑退位，自立為帝，稱唐高祖。

而李密自與李淵結盟後，率兵東進，所到之處，攻城掠地，節節勝利，除東都一地被隋將王世充堅守受阻外，其餘如永安、義陽、弋陽、齊郡等地，以及趙魏以南、江淮以北所有揭竿之軍都望風歸附。於是，李密繼續強攻東都，與王世充決一死戰。這時，唐高祖李淵也派李世民、李建成領兵來到東都，名為援兵，實際上是爭奪地盤。在李密與王世充打得如火如荼之時，李世民和其兄李建成不斷派兵從中阻撓，以致東都久攻不下。

　　正當李密躊躇滿志，決心攻下東都自立為王時，卻因他的驕傲自大、剛愎自用，不聽賈潤甫、裴仁基與魏征等人的再三忠言勸告，以致兩次中了王世充的詭計。東都城下之戰，李密竟然一敗塗地，走投無路之下，數十萬大軍僅剩的兩萬人馬只好跟隨李密惶惶退入關內，投奔唐王李淵。當時李密還妄想李淵會念昔日結盟之情和滅隋之功，給自己封以台閣之位，說不定有朝一日，還能東山再起呢！但是，這時已「反客為主」的唐主李淵卻僅封他一個光祿卿的閒職，另外還賜了一個邢國公的空頭爵號，使得李密大失所望。

　　李密降唐以後未得重用，心中很是不滿。這一切李淵都心中有數，但表面上卻格外加以攏絡，稱李密為弟弟，並把舅女孤獨氏嫁給李密為妻，希望穩住他的心，但這些並不能滿足李密的欲望。不久之後，他便與王伯當勾結，起兵反唐，結果被唐將彥師打敗，全軍覆沒，李密、王伯當也都被殺死。

第6章 敗戰計

勝敗乃兵家常事。此章即是戰敗或處於惡劣的情況下所用之計謀，關鍵為反敗為勝，轉劣為優。需要頑烈的鬥志和輕不言棄的決心，直至謀之算勝，再起東山。

31 英雄難過美人關 ▶
美人計

兵強者，攻其將；將智者，伐其情。將弱兵頹，其勢自萎。利用禦寇，順相保也。

按：兵強將智，不可以敵，勢必事之。事之以土地，以增其勢，如六國之事秦，策之最下者也。事之以幣帛，以增其富，如宋之事遼、金，策之下者也。唯事之以美人，以佚其志，以弱其體，以增其下之怨。如勾踐以西施、重寶取悅吳王夫差，乃可轉敗為勝。

=== 譯文 →

面對強大的敵軍，應攏絡、攻擊他們的將領。面對足智多謀的將領，就設法消磨他們的意志。一旦將領與士兵失去鬥志，戰鬥力自然下降。這是從《易經》「漸卦」的卦辭中所領悟的道理：將對方的弱點掌握在自己手中，那便可以順利地保全自己。

按：對於實力強大而將帥又明智的敵人，不能和他死拼硬打，應暫時侍奉、順應他。可以割讓領土的做法討好他，但這會使他的勢力更強大，這就如同六國割讓土地給秦國一樣，是最下下策了。可以金錢綢緞討好他，但會使他的財富增加，這就如同宋朝對待遼國、金國那樣，也是下策。唯有用美女討好他，藉以消磨他的意志，削弱他的體力，並且加深部下對將領的抱怨，這就如同越王勾踐以美女西施和

國內的貴重寶物獻給吳王夫差那樣，使其貪圖安逸，放鬆警惕，才能轉敗為勝，轉弱為強，這是比較好的策略。

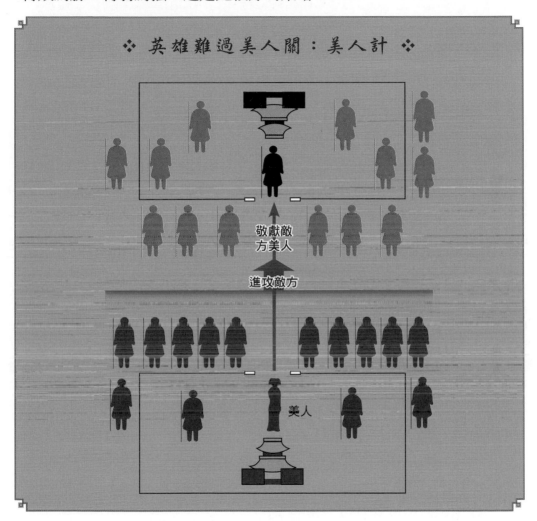

本計可解讀為以下幾種意涵：

1. **以柔克剛，克敵制勝**。也就是以柔和的辦法制服剛強的敵人。

依古代五行相生相剋的理論可以推斷：強和弱是矛盾的，強的可以克制弱的，弱的也可以戰勝強的。如果我們是強者，就可以用強硬的辦法制服弱小的敵人；如果我們是弱者，就應該用柔和的辦法制服剛強的敵人。強和弱是相對的，它們會隨時相互轉化，所以爭鬥的形式也應隨時變換。「以柔克剛」並不是消極地向敵人稱臣，而是使對方的剛銳融化在自己的柔情萬種裡，不要與其硬拼，導致慘敗。沒有硝煙的戰爭總勝過血流成河千倍萬倍。

2. **糖衣炮彈，殺敵無血**。在敵強我弱的情況下，如何才能轉敗為勝？關鍵是巧妙地制服強大的敵人，而採用糖衣炮彈正是攻擊敵人的上策。炮彈是致人於死地的殺人兇器，糖衣是包裹著炮彈、用糖做成的外殼。糖衣炮彈不帶火藥味，但它的威力強大，可以從根本擊倒敵人，又因其特殊形式常常為對方所主動接受，所以運用這種方式攻擊敵人，成功率極高。

3. **動心動情，消磨鬥志**。首先，從心理上干擾和打擊敵人；其次，再從意志上瓦解和摧毀敵人，這就是克敵制勝的關鍵。一支軍隊，無論其實力多麼強大，一旦喪失了勇氣和意志，必然不戰而敗。「用兵之道，攻心為上」，這是自古以來兵家作戰的原則，他們皆強調心理戰的重要性。在敵強我弱的情況下，動心動情的謀略正是取得成功的不二法寶。

運用本計時應注意以下幾種問題：

1. **根據對方喜好，巧選「美人」**。俗話說：「蘿蔔青菜各有所好。」講的是人的喜好各不相同，應依對方的好惡，選擇他樂於接受的「美人」。美人計中所用的「美人」，唯有在被對方接受的時候，才能產生威力。也就是說，「美人」只是外因，它還必須透過內因才能發揮作用。

如果對方不接受，「美人」也不具備強攻能力，那就只能算是自作多情的一廂情願罷了。

2. **巧設迷魂陣，引敵入圈套。**「美人」能否為對方所接受，我方所討好的方式也很重要。如果方式巧妙，一切順理成章，天衣無縫，那敵人就不會疑神疑鬼，便可放心大膽地接受「美人」。

3. **「美人」只是克敵制勝的工具，無法決定成敗。**美人計一般是作為達到最終目標的輔助手段，它的主要目標是摧毀敵方心理，但它無法達到徹底殲滅敵人之目的。若想達到徹底殲滅敵人的目的，常常還須進行武力決戰。所以在施用美人計的時候，應積極創造或尋找時機發動進攻。也就是說，僅有巧妙的方法是遠遠不夠的，還必須積極主動，該出手就出手，切不可僥倖依靠計謀。

當敵人利用此計時，應採取以下幾種防範措施：

1. **提高警覺，勿入圈套。**如果有人在不欠我方人情的情況下，突然主動地送「美人」上門，那就應認真分析在這「美人」之後，是否另有陰謀。如果發現有可疑之處，就應立即警覺，以防落入敵人設下的圈套。

2. **反其道而行之，巧妙運用反間計。**一旦發現敵人用美人計「竊取」我們的重要情報，可用反間計應對。所謂反間計，就是指收買或利用敵方派來的間諜為我效力。這裡所說的間諜就是「美人」，美人是一個廣泛的概念，它可以指人也可以指物。如果是人，就可以採取「攻心」之術，人是感情動物，「美人」也非冷血動物，我們可曉之以理，動之以情，收買感化「美人」。如果敵人送來的是物，我們可假裝中計而收下，再暗中實施反間計，給敵人來個措手不及。

3. **分析「美人」利害，果斷採取應對策略。**應善於分析，為採取

靈活的應對策略做準備。如果發現「美人」對壯大我方的實力是不可或缺的，那不妨先收下來，但必須嚴加防範。但若「美人」對我們並非至關重要，就要毫不猶豫地堅決拒之門外，以防其擠進門來施展妖法，難以降服。在已掌握一定的證據時，也可當場拆穿敵人的陰謀，絕不可手軟，更不可被其光怪陸離的表像所迷惑。

4.**鍛煉強韌意志，抵禦各種誘惑**。如果蛋完好，沒有變質和發臭，怎會引來蒼蠅呢？且不論蒼蠅追腥逐臭的本性，就蛋本身而言，它是變質發臭的，而不是完美的，所以被蒼蠅叮咬的悲慘命運是它自己一手造成的。人也是如此，若只要一點香餌就可引誘上鉤，那麼必然會被叮咬；如果心誠志堅，不貪聲色，築起一道鋼鐵的壁壘，那無論何種糖衣炮彈，都無法搖撼我方。所以，防範美人計的重要關鍵就是培養自己鋼鐵般的意志，使自己無縫可叮。

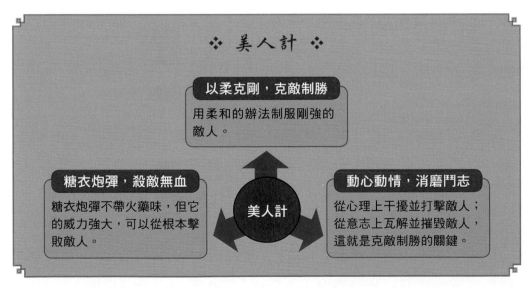

❖ 美人計 ❖

以柔克剛，克敵制勝
用柔和的辦法制服剛強的敵人。

美人計

糖衣炮彈，殺敵無血
糖衣炮彈不帶火藥味，但它的威力強大，可以從根本擊敗敵人。

動心動情，消磨鬥志
從心理上干擾並打擊敵人；從意志上瓦解並摧毀敵人，這就是克敵制勝的關鍵。

| 實戰 |

西元前 200 年,漢高祖劉邦率領大軍與匈奴交戰。劉邦求勝心切,帶領少部分騎兵追擊匈奴人,不料中了敵人的埋伏,被困在白登山。這時,漢軍的後續部隊已被匈奴人阻擋在各要路口,無法前去解圍,形勢萬分危急。第四天,被困漢軍的糧草越來越少,劉邦君臣急得就像熱鍋上的螞蟻,坐立不安。這時,謀士陳平靈機一動,從匈奴單于的夫人閼氏身上想出了一條計策。

在得到劉邦允許之後,陳平派遣一名使者帶著一批珍寶和一幅畫祕密會見閼氏。使者對閼氏說:「這些珍寶是大漢皇帝送給您的。大漢皇帝欲與匈奴交好,特送上這些珍寶,請您務必收下,望您在單于面前美言幾句。」接著,使者又獻上一幅美女圖,說道:「大漢皇帝怕單于不答應講和的要求,準備把中原的頭號美人獻給他。這是她的畫像,請您先過目。」

閼氏接過來一看,真是一個貌似天仙的美女:眉似初春柳葉,臉如三月桃花;玉纖纖蔥枝手,一撚撚楊柳腰;滿頭珠翠,引得蜂狂蝶浪;雙目含情,令人魂飛魄舞。閼氏心想:如果單于得到了她,還有心思寵愛自己嗎?於是,閼氏說:「珍寶留下吧,美女就不需要了,我請單于退兵就是。」閼氏打發走了漢軍使者後,立即去見單于,她說:「聽說漢朝的援軍即將抵達,到那時我們就處於被動了。不如現在接受漢朝皇帝的講和要求,乘機向他們多索要一些財物。」單于經反復考慮,覺得夫人的話很有道理。在雙方的代表經過多次談判後,終於達成協議。單于得到物質上的滿足後,釋放劉邦君臣。而陳平也因這次謀畫有功,後來被劉邦封為曲逆侯。

空城計

虛者虛之，疑中生疑，剛柔之際，奇而復奇。

按：虛虛實實，兵無常勢，虛而示虛，諸葛而後，不乏其人。如吐蕃陷瓜州，王君煥死，河西洶懼。以張守珪ㄍㄨㄟ為瓜州刺史，領餘眾，方復築州城。版幹裁立，敵又暴至。略無守禦之具，城中相顧失色，莫有鬥志。守珪曰：「彼眾我寡，又瘡痍之後，不可以矢石相持，須以權道制之。」乃於城上，置酒作樂，以會將士。敵疑城中有備，不敢攻而退。又如齊祖珽ㄊㄧㄥ為北徐州刺史，至州，會有陳寇，百姓多反，不關城門。守陴者，皆令下城，靜坐街巷，禁斷行人雞犬。賊無所見聞，不測所以。或疑人走城空，不設警備。珽復令大叫，鼓噪聒天。賊大驚，登時走散。

⟩⟩ **譯 文** ➔

本來兵力空虛卻故意顯示不加防守的樣子，使敵人難以揣摩；在敵眾我寡的情況下，這種用兵之法顯得更加奇妙。

按：虛中有實，實中有虛，用兵沒有固定不變的模式。本來兵力空虛，但卻擺出不加防範的樣子，自從諸葛亮以後，運用此計的人不在少數。例如唐玄宗時期，吐蕃人攻陷瓜州，守將王君煥戰死，河西的百姓十分驚慌。這時，朝廷任命張守珪為瓜州刺史，他率領一部分民眾重新修建城牆。但築牆夾板兩端的木樁才剛剛立好，吐蕃人又來突襲。當時沒有防禦的武器，城裡眾人面面相覷，不知所措，喪失了戰鬥勇氣。這時，張守珪對大家說：「敵眾我寡，而且戰亂的創傷尚

未平復，所以不能用弓箭、雷石等武器硬攻，必須用智謀制服敵人。」於是他在城牆上設置酒席，大宴眾將領和士兵。吐蕃人因此懷疑城中有埋伏，不敢進攻，反而撤退了。還有一例，北齊祖珽被任命為北徐州刺史，剛到任就遇南陳大軍侵入。祖珽下令不關城門，讓守城的士兵都到城內，靜坐在大街小巷，街道上禁止行人通行。全城頓時寂然無聲，就連雞鳴狗叫也沒有。南陳軍因此無法探聽城中情況，也無法摸清城中到底是什麼情形，懷疑這是一座空城。就在敵人疑惑不定之時，祖珽突然命令城中士兵大聲喊叫，同時鑼鼓喧天，南陳軍隊大吃一驚，紛紛逃散了。

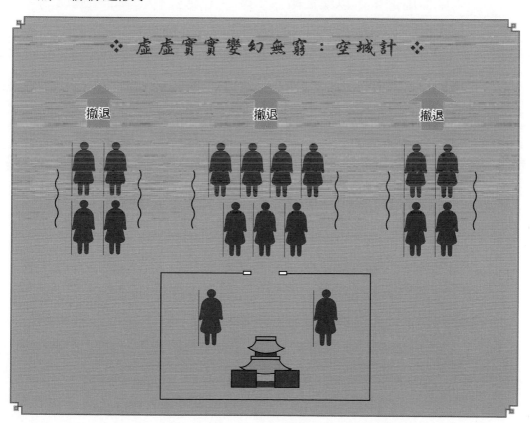

空城計是在形勢非常危急的情況下而布置的疑陣，藉以迷惑敵人，渡過險關。使用此計的關鍵是，應清楚瞭解並掌握敵方將帥的心理狀況和性格特徵，敵方指揮官越是小心謹慎多疑，所得的效果就越好。空城計多是在兵力不足的情況下所採取的一種應急措施，如果被敵人識破，那敵軍就會乘虛而入，十分危險。因而，這是一個懸而又懸的「險策」。

本計可解讀為以下幾種意涵：

1.**「虛而虛之」，以便使敵人「疑中生疑」**。本來是空虛的，偏偏顯現出更加空虛的樣子，其目的就是使敵人「疑中生疑」。何為「疑中生疑」呢？一般來說，雙方交戰時，總要互相隱瞞真實情況，所謂「兵不厭詐」。即使遇到正常情況，也要反復分析研究，不能完全憑自己的直覺，隨便做出判斷，這種不輕易相信對方的做法即為「疑」。在遇到反常用兵的情況時，除了要進行正面分析外，還應進行反面分析，也就是所謂的「疑中生疑」。心理學有一個專有名詞——「心理定勢」，表示人的心理有一種固定模式，一旦定勢被打破，往往心無定向，心有餘悸，惶惶然不知所措。

2.**「實而虛之」，以便迷惑敵人使其中計**。本來是強大的、準備充分的，卻偏偏裝出空虛無力的樣子，使敵人誤以為我方兵力空虛而且有空隙可乘。「實而虛之」主要有兩個目的：積蓄力量，以待時機。為了更大或更遠的目的，暫時隱藏自己的實力和鋒芒。這種暫時的隱藏是為了等待時機，積蓄力量，一旦時機成熟，就會發動進攻，使對方措手不及，防不勝防，這是其一。誘惑敵人，進入自己設計的圈套。在我方兵力強大並已設好埋伏的情況下，就希望敵人能進入我們的包

圍圈，如果這時我方不表現出弱小可欺的樣子，那敵人必然懼而遠之。唯有讓敵人覺得在我們身上有利可圖時，對方才有可能被引誘，這是其二。

當敵人利用此計時，應採取以下幾種防範措施：

1. **多次試探以明虛實**。無論多麼狡猾的兔子，牠都無法逃過獵人的眼睛。我們的敵人就如同狡猾的兔子，無論他使用什麼技倆，「虛而虛之」也罷，「實而虛之」也好，都無法逃過我方的反復試探。試探的方法很多，可以用打草驚蛇之法進行試探，所謂的「角之而知有餘不足之處」，也就是進行偵察，以求探明敵人兵力部署的虛實強弱。這種試探最好反復數次，因為一次、兩次敵人可能偽裝得很像，不會露出破綻，但絕對經不起多次來自各個方面的試探。如果敵人對我方試探一直沒有任何反應的話，那就說明他們已發現我們的意圖，我方便可將計就計，看準機會實施「無中生有」之計，使之措手不及，無力應對，只得乖乖束手就擒。

2. **與敵相持以定虛實**。若在經過多次試探之後，依然無法做出正確判斷的話，可以採用在「空城」之外耐心等候，以靜觀變化的方法探其虛實。凡採用「虛而虛之」的人，因自身的力量較弱，所以在心理上也是「虛」的，他時時刻刻都承受著強大的心理壓力。所以這就決定了敵人不可能偽裝太久，因為時間一長他便無法堅持了，難免露出馬腳。這時，我們可以守在敵人周圍，不攻不撤，打起無煙「持久戰」，敵人就會因堅持不住而暴露自己的真面目，這樣一來我們就可識破敵人，進而採取攻打的策略，敵人因兵力虛弱，自然不堪一擊。

3. **全面分析以辨虛實**。為了辨別敵人向我們展示的情況是真是假，我們應做全面的分析。所謂的「全面分析」，就是要既從時間上進行

縱向分析，又要從空間上進行橫向分析；既要根據各種情況分析其絕對力量，又要根據敵我對比分析其相對力量。

❖ 如何應對空城計 ❖

一	多次試探以明虛實	應反復多次試探，因為只有一次、兩次，敵人可能可以輕易偽裝，不會露出破綻，但絕對無法承受多次且來自各個方面的試探。
二	與敵相持以定虛實	若在經過多次試探後，依然無法做出正確判斷的話，可以採用在「空城」之外耐心等候，以靜觀變化的方法探其虛實。
三	全面分析以辨虛實	為了辨別敵人向我們展示的情況是真是假，應全面分析敵方。唯有全面分析後，我方才能做出正確判斷，才不至於被敵人所製造的假象矇騙。

| 實 戰 |

三國時期，蜀國丞相諸葛亮帶領五千名士兵前往西城，準備把存放在那裡的糧草運回漢中。這時，十幾個密探接二連三飛馬來報，說魏國統帥司馬懿正率領一支十五萬人的軍隊如黃蜂一般正向西城擁來。而此時，諸葛亮的身邊只有一些文官，連一名戰將都沒有，他率領的五千名士兵有一半以上已押運糧草離開了西城，現在城中只剩下不到兩千五百名士兵。隨行官員們得知這一消息後，都大驚失色。諸葛亮馬上登上城樓瞭望，只見天邊塵煙滾滾，司馬懿的大軍已離這裡不遠了。諸葛亮下令：「將城上旗幟落下藏好，士兵各就各位，不准擅自離位或大聲喊叫，否則斬首！城門大開，每門留下二十名士兵，穿上百姓服裝，清掃街道。如果司馬懿的軍隊來了，誰也不得擅自行

事，我自有計策。」

隨後諸葛亮身披鶴氅，頭戴綸巾，在兩個小僮的伴隨下，攜一張古琴登上城樓，在欄杆前坐定，又點燃了幾柱香，然後開始撫琴。

這時，司馬懿部隊的偵察兵已到達城下，看到這般情景，急忙回去向司馬懿報告。司馬懿聽了大笑，命令部隊停下，自己策馬向前，從遠處觀望城中情況。事情果然如偵察兵所報告的，但見諸葛亮面帶微笑，從容不迫地端坐在城樓上撫琴，座前香煙繚繞。他左邊的小僮雙手捧著一柄寶劍，右邊小僮手執拂塵，城門附近有二十幾個百姓正在默默地打掃街道。司馬懿看後，心中頓生疑團，隨即策馬而歸，急命後軍變前軍掉頭向北山方向退去。路上，他的次子司馬昭不解地問：「諸葛亮手中肯定無一兵一卒才設下這個圈套，父帥為何命令大軍撤退？」

司馬懿答道：「諸葛亮為人謹慎，凡事都是三思而行，從未冒過一次風險。今天城池四門大開，其中必有埋伏。一旦我軍進了城，就正中他的計，你還不明白啊！趕快撤退不會錯！」

司馬懿軍隊撤走後，諸葛亮撫掌大笑。官員們無不驚訝，連忙問道：「司馬懿是魏國著名將領，今日率十五萬大軍來犯，見了您就倉促而退，是何道理？」諸葛亮答道：「這個人認為我思維周密，辦事謹慎，不會冒險。他看到我城門大開，就以為有埋伏，於是便撤。我原本不願冒險，今日用此計，實是無奈。」在場的官員聽後都讚嘆不已，說道：「丞相真是神機妙算！若是我們遇到此事，恐怕早就棄城而逃了。」諸葛亮說：「我方只有不到兩千五百名士兵，若棄城而逃，那跑不了多遠，司馬懿就會將我們全部生擒了。」

反間計

疑中之疑。比之自內，不自失也。

按：間者，使敵自相疑忌也；反間者，因敵之間而間之也。如燕昭王薨，惠王自為太子時，不快於樂毅。田單乃縱反間曰：「樂毅與燕王有隙，畏誅，欲連兵王齊。齊人未附，故且緩攻即墨，以待其事。齊人唯恐他將來，即墨殘矣。」惠王聞之，即使騎劫代將，毅遂奔趙。又如周瑜利用曹操間諜，以間其將，亦疑中之疑之局也。

➤ **譯 文** →

在疑局中再設疑局，勾結敵人內部派來的間諜為我所用，可以有效地保全自己，擊敗敵人。

按：所謂間諜，就是使敵人內部互相懷疑和猜忌的人；所謂反間，就是利用敵人派來的間諜轉而離間敵人的計謀。如戰國燕昭王死後，其子惠王在太子時期就和大將樂毅有私仇。於是，齊國大將田單便乘機用反間計，故意派人到燕國散布謠言：「樂毅與燕惠王有私仇，怕惠王殺他，所以樂毅想聯合齊國軍隊，稱王於齊國。但是因為齊人還未投降於他，所以他才不肯馬上攻下即墨，目的是為了等待時機，成就大事。目前齊人最怕燕國改派其他大將取代樂毅，若真的如此，那即墨城早就陷落了！」燕惠王聽信謠言，於是派騎劫為大將，取代樂毅，樂毅被迫逃往趙國。又如三國時東吳大將周瑜，曾利用曹操派來的間諜進行反間，使曹操斬殺了大將蔡瑁、張允，同樣也是疑局中再設疑局的謀略。

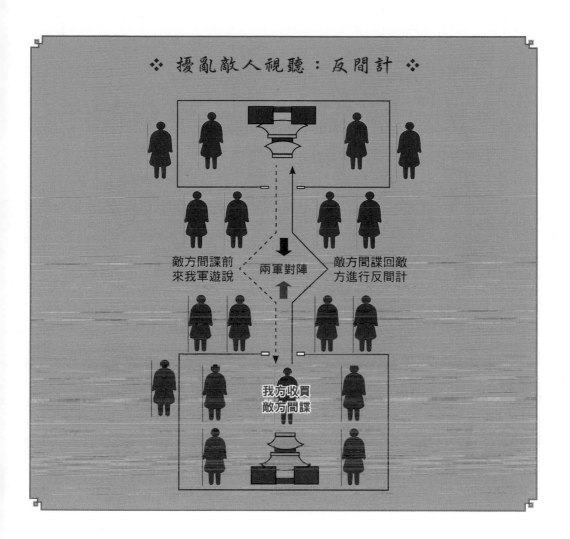

❖ 擾亂敵人視聽：反間計 ❖

敵方間諜前
來我軍遊說

兩軍對陣

敵方間諜回敵
方進行反間計

我方收買
敵方間諜

賞析

《孫子兵法》指出有五種間諜：利用敵方鄉里的普通人作為間諜，是因間；收買敵方官吏作為間諜，是內間；收買或利用敵方派來的間諜為我所用，是反間；故意製造和洩露假情況給敵方的間諜，是死間；派人去敵方偵察，再回來報告情況，是生間。

唐代杜牧於《十一家注孫子》解釋反間計：「敵有間來窺我，我

必先知之，或厚賂誘之，反為我用；或佯為不覺，示以偽情而縱之，則敵人之間，反為我用也。」「反間」是用間的最高境界。在商戰中，靈活地運用反間不僅可以節省用間成本，而且還可以極為有效地改變競爭對手的行為，從而更順利地達到用間的目的。

運用本計時應注意以下幾個問題：

1. **收買利誘，為己所用**。《孫子兵法》提到：「反間者，因其敵間而用之。」意思是所謂的反間，是誘使敵方間諜為我軍所利用。敵人派來的間諜是為了「竊取」我們的情報，是給我方設下疑陣的；我們再用敵人設下的疑陣反過來迷惑敵人，這就是用敵方的自己人迷惑敵人自己，是一種「以其人之道，還治其人之身」的謀略。也就是說，借敵人自己的手來打他自己的臉，使他自己殘害自己。

那該如何巧妙地利用敵人的間諜呢？這是我們必須注意的問題，因為利用敵人的間諜並非易事，巧妙地利用他們是解決問題的關鍵。我們應深入瞭解這些間諜的特點，根據他的喜好給以好處，或金錢，或權位，甚或美女，只要是他愛的，我們皆一一滿足。如此一來，他們就會在利益的誘惑下，忘記自己原來的立場，轉而站到對自己有利的一邊，為我方所用。

2. **挑撥敵人，使其力量分散，轉強為弱**。《孫子兵法》中提到：「我專為一，敵分為十，是以十攻其一也，則我眾而敵寡；能以眾擊寡者，則吾之所與戰者約矣。」意思是我軍兵力集中於一處，敵人兵力分散在十處，這就是用十倍於敵的兵力去攻擊敵人，這樣我軍就占了優勢，敵人就轉為劣勢。我方可以集中優勢兵力攻擊處在劣勢且分散的敵人，那麼與我軍當面作戰的敵人就少得多了。《孫子兵法》的這一段文字，十分具體地闡述了分散敵力的重要性。

那該如何徹底分散敵人的力量呢？這也是我們運用此計謀時應注意的問題。解決此問題行之有效的辦法就是分化離間。所謂「分化離間」就是從心理上，即從根本分散敵人，這時無論是哪部分遇到危難，其他部分都只能袖手旁觀，甚至幸災樂禍。這樣一來，無論敵人的實力多麼強大，都會因其內部分崩離析而導致失敗。

當敵人利用此計時，應採取以下幾種防範措施：

1. **選擇間諜時應慎重，及時發現疑點，及時淘汰出局。** 凡是我們派出的間諜，應進行全面審查，不但要求其具有做間諜的基本能力，更要有堅定的立場，「富貴不能淫，貧賤不能移，威武不能屈」，要能經得起各種考驗。除了派出間諜之時應對其考察，在以後的活動中也應反復考察，發現疑點要對其審問，甚至淘汰出局。唯有如此，才能防止自己人殘害自己人的悲劇發生。

2. **為防情報洩露，將間諜「矇在鼓裡」，以防被敵人利用。**《孫子兵法》提到：「三軍之事，莫親於間。」意思是在軍隊的關係中，沒有比將領對間諜更親密的了，但這並不等於什麼資訊都應該讓他知道。必要的時候還要「愚士卒之耳目，使之無知」，藉此以防萬一。凡屬重要資訊，特別是關鍵時刻的重要資訊，絕對不能隨便洩露出去，對所有無關人員都應嚴加封鎖，特別是對有可能接觸敵方人員的間諜更要嚴加保密。

3. **多方驗證，多處考究，以證實所獲情報的真實性及防止間諜被收買利用。** 我們可以多方位地派出若干間諜，讓他們從不同的側面獲取情報，這樣不但可以得到較全面的資訊，同時各方面的資訊也可互相印證。一旦有人叛變，我們馬上就可以發現，有虛假的情報也可以馬上核實，一個間諜出了問題，其餘的就可以立即補替空缺。需要特

別注意的是，就算我們派出的間諜沒有被收買，但他所獲取的情報也不一定就是可靠的。因為敵人很有可能已發現我方的間諜，但其假裝不知，故意向我方間諜透露虛假情報，我們應對獲取的情報反復推敲考究，並做出準確的判斷，以防上當受騙。

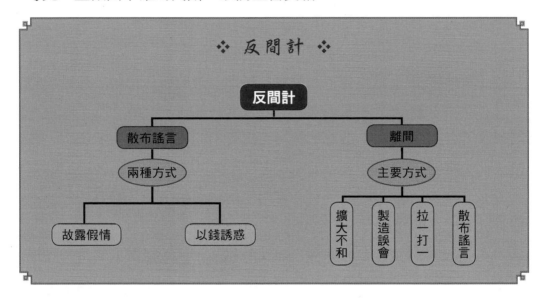

| 實 戰 |

　　南宋時期，金兀朮與劉豫一起包圍廬州。劉豫原是南宋將領，後來投降金國。南宋抗金將領岳飛得知金兀朮妒忌劉豫後，決定藉此用反間計除掉劉豫。當時，軍中恰好捉住了金兀朮的一個密探，岳飛決定藉著這位密探實施反間計。他命人把那位密探帶上大堂，沒有對其用刑，而是假裝認錯了人，責備密探：「你不就是我軍派到劉豫那裡去的王斌嗎？當時讓你去與劉豫商討用計誘捉金兀朮之策，怎麼遲遲不見你回來？我後來又派人到劉豫那裡探問情況，劉豫已經答應以與金兀朮共同進犯長江為誘餌，在清河將其活捉。你竟然一去沒有消息，

現在卻被人抓了回來，是何居心？還不快快從實招來！」

那密探聽了岳飛這一番話，如墜雲裡霧中，但他為了求生，慌忙假稱是王斌，並表示要戴罪立功，希望大將軍寬恕。岳飛於是寫了一封信，信中說同劉豫共謀活捉金兀朮之事，並且用蠟把信封好，再把信交給了那個密探，還囑咐他路上小心，要速去速回，不得延誤。那密探回去後立即把信交給金兀朮，他看後不禁大吃一驚，火速報告金主，廢掉劉豫。

這則例子在前述《孫子兵法》的用間篇曾提到，岳飛不費自己的一兵一卒，就順利除掉了金兀朮的得力幫手劉豫，手段實在高妙，這不僅節省了作戰的成本，而且也為打敗金兀朮掃清了一大障礙。

34 一個願打一個願挨 ▶
苦肉計

人不自害，受害必真。假真真假，間以得行。童蒙之吉，順以巽也。

按：間者，使敵人相疑也；反間者，因敵人之疑，而實其疑也。苦肉計者，蓋假作自間以間人也。凡遣與己有隙者以誘敵人，約為回應，或約為共力者，皆苦肉計之類也。如鄭武公伐胡，而先以女妻胡君，並戮關其思；韓信下齊而酈生遭烹。

═ 譯 文 →

人一般不會故意傷害自己，所以遭受別人傷害必然會被認為是真實的。若能以假亂真並使敵方深信不疑，那麼離間計就得以施行了。

這是從《易經》「蒙卦」的卦辭中所領悟的道理。

　　按：用間，就是利用矛盾，使敵人內部互相猜疑；反間，就是利用敵人的猜疑心理，以假亂真，造成他自己懷疑自己；苦肉計，就是裝作自己內部有矛盾，騙取敵人的信任，打入敵方內部離間敵人，或乘機進行間諜活動。凡是派遣與自己內部有矛盾的人去取信、誘騙敵人，約定裡應外合或約定協作行動，都屬於苦肉計一類。就像春秋時代，鄭武公想征伐胡國，他先把女兒嫁給胡君，又殺了主張征伐的大臣關其思。胡國對鄭武公毫無戒心，鄭國因此消滅了胡國。漢朝時期，劉邦派遣酈食其勸降齊王，使齊王鬆懈戰備，而韓信則乘機攻齊，齊王因而烹殺酈食其。

賞析

　　施行苦肉計一定要慎重，因為自我傷害是非常痛苦的事情，成功率較低，且敵人若是鐵石心腸或多謀善斷，就更不易上鉤。即使成功了，勝利果實中也包含著自己的血淚，付出的代價太慘重，而且苦肉計的危險性極高，一旦此計被識破，不但要白白忍受自我傷害之苦，甚至有可能連性命也保不住，落了個弄巧成拙的可悲結局。這是一個非常危險的謀略，一般不建議使用。

　　本計可解讀為以下幾種意涵：

　　1. **自我殘害以騙取敵人信任**。一般人都不會輕易傷害自己，當血淋淋的事實擺在敵人面前時，他怎麼也不會想到這是騙取信任的技倆。誰會捨得拿自己的身體開玩笑呢？這是人類自愛的本性使然。

　　2. **利用對方的同情心騙取信任**。人是情感動物，敵人也是人，他

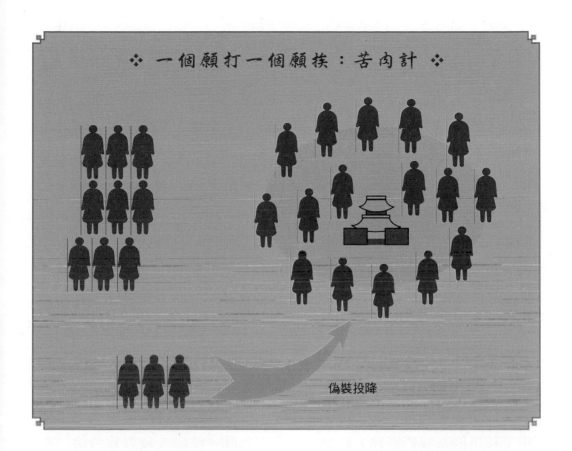

❖ 一個願打一個願挨：苦肉計 ❖

偽裝投降

也有情感，也有同情心。如果我們把自己傷害得非常痛苦和可憐，就有可能博得對方的同情，取得對方的信任，這是情理之中的事，正所謂「惻隱之心，人皆有之」。

3. **運用離間計，將敵人徹底擊毀**。這是苦肉計的第二個步驟，即騙取信任成功後實施的第二步——打入敵人內部後暗中進行離間分化，達到出奇制勝的目的，這也是實施苦肉計的關鍵一環。

4. **自我殘害以加害於人**。偷偷地傷害自己，然後再嫁禍於人，使人蒙辱或受到重重懲罰，甚至置人於死地，以達到自己的目的。這是一種卑鄙的陰謀，一般用於權位相爭者之間。

當敵人利用此計時，應採取以下幾種防範措施：

1. **莫做第二個「東郭先生」**。明代馬中錫《中山狼傳》中有一個故事，敘述一隻狼落難了，牠可憐兮兮地向東郭先生求救，好心的先生救了牠，但在狼逃離危險後，把自己的救命恩人吃掉了。這個故事告訴我們，在施與我們的同情和憐憫時，一定要看清對方，不可盲目施之以憐憫。在一般情況下，我們一時很難分辨真假，此時，寧可把真當成假，也絕不把假當成真而錯施憐憫，應避免東郭先生的可悲結局在我們身上重演。這是對付敵人苦肉計最直接了當的辦法。

2. **全面分析以辨別真偽**。敵人在運用此計謀時，常常會打著投降的幌子矇騙我們，這時我們一定要小心警惕，以防上當受騙。對那些以受迫害為名前來投降的人，應進行全面分析，看其是真降還是詐降，經過反覆分析判斷後，方可確定敵人的真實意圖。

3. **只可利用降敵，不可重用**。面對投降之人，如果對其真假一時無法把握，但其又有利用價值的時候，那麼我們只可利用他而不可重用。利用他為我們服務，這樣可以變害為利，使敵人反為我所用。對於投降之人不予重用，則使其無法找到可乘之機，使他的苦肉計無法實施，白流了血，白受了罪，白費了心機，最後只落個「竹籃打水一場空」，這是對付敵人苦肉計最有效的辦法。

| 實 戰 |

春秋時期，吳王闔閭殺了吳王僚，奪得王位。他十分懼怕吳王僚的兒子慶忌為父報仇，而慶忌正在衛國擴大勢力，準備攻打吳國，奪取王位。

闔閭整日提心吊膽，他命大臣伍子胥替他設法除掉慶忌。伍子胥

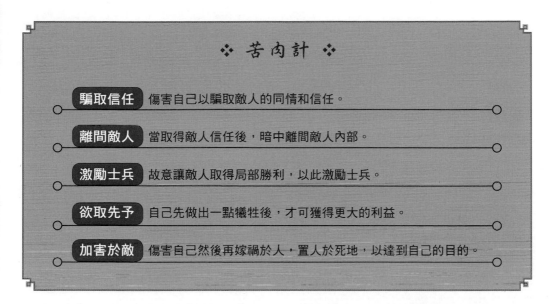

❖ 苦肉計 ❖

騙取信任 傷害自己以騙取敵人的同情和信任。

離間敵人 當取得敵人信任後,暗中離間敵人內部。

激勵士兵 故意讓敵人取得局部勝利,以此激勵士兵。

欲取先予 自己先做出一點犧牲後,才可獲得更大的利益。

加害於敵 傷害自己然後再嫁禍於人,置人於死地,以達到自己的目的。

向闔閭推薦了一個智勇雙全的勇士,名為要離。闔閭見要離矮小瘦弱,說道:「慶忌人高馬大,勇力過人,要離如何殺得了他?」要離說:「刺殺慶忌要靠智不靠力,只要能接近他,事情就好辦。」闔閭說:「慶忌對吳國防範最嚴,如何能夠接近他呢?」要離說:「只要大王砍斷我的右臂,殺掉我的妻子,我就能取信於慶忌。」闔閭不肯答應。要離說:「為國亡家,為主殘身,我心甘情願。」

而後,吳都忽然流言四起:闔閭弒君篡位,是無道昏君。吳王下令追查,原來流言是要離散布的。闔閭下令捉拿要離和他的妻子,要離當面大罵昏君。闔閭假借追查同謀,未殺要離,只是斬斷了他的右臂,把他們夫妻二人關進監獄。幾天後,伍子胥令獄卒放鬆看管,讓要離乘機逃出。闔閭聽說要離逃跑,就殺了他的妻子。這件事不久便傳遍吳國,鄰近的國家也都知道了。要離逃到衛國,求見慶忌,要求慶忌為他報斷臂殺妻之仇,慶忌接納了他。

要離果然成功接近慶忌,他勸說慶忌伐吳,要離成為了慶忌的貼

身親信。之後，慶忌乘船向吳國進發，要離乘慶忌沒有防備，從背後用矛盡力刺去，刺穿了他的胸膛。慶忌的衛士要捉拿要離，慶忌說：「敢殺我的也是個勇士，放他走吧！」慶忌因失血過多而死。要離完成了刺殺慶忌的任務，家毀身殘，也自刎而死。

35 環環相扣，計計相連 ▶

連環計

將多兵眾，不可以敵，使其自累，以殺其勢。在師中吉，承天寵也。

按：龐統使曹操戰艦勾連，而後縱火焚之，使不得脫。則連環計者，其法在使敵自累，而後圖之。蓋一計累敵，一計攻敵，兩計扣用，以摧強勢也。如宋畢再遇嘗引敵與戰，且前且卻，至於數四。視日已晚，乃以香料煮黑豆，布地上。復前搏戰，佯敗走。敵乘勝追逐。其馬已饑，聞豆香，乃就食，鞭之不前。遇率師反攻之，遂大勝。皆連環之計也。

➤ 譯 文 →

敵軍兵力強大，不可與之死打硬拼，應當想方設法使其自相箝制，藉以削弱其戰鬥力。將帥處於險象時，仍能剛而得中，指揮巧妙得當，用兵就如得天神相助一般。這是從《易經》「師卦」的卦辭中所領悟的道理。

按：龐統慫恿曹操用鐵鍊把大小船隻統統連接在一起，然後派人

縱火焚燒，使之無法逃散。所謂連環計，就是設法使敵人互相箝制，然後再去進攻敵人的計謀。前一計使敵人自己束縛自己，後一計配合進攻敵人，兩計謀一環扣一環，靈活運用，摧毀強敵的勢力。例如，宋代抗金將領畢再遇曾設計引誘敵人來戰，他時進時退，三番五次地引誘敵人。見天色已晚，他就把用香料煮過的黑豆撒在陣地上，又前去與敵人搏鬥，不多時，又假裝敗走。於是敵人乘勝追擊，戰馬又累又餓，聞到遍地豆子的香味，只顧爭搶食物，任憑鞭子抽打也不肯往前跑。這時，畢再遇率領大軍進行反攻，大獲全勝，這便是運用連環計得勝的例子。

賞析

此計的關鍵是要使敵人「自累」，就是指互相箝制，背上沉重包袱，使其行動不自由。如此一來，就為消滅敵人創造了良好的條件。一般來說，連環計不管是兩計相扣也好，還是多個計謀相配合，其好處無非有兩個：一個是讓敵人自相箝制；一個是更有效、更迅猛地攻擊敵人。二者相輔相成，用兵就如得天神相助一般。

戰場形勢複雜多變，在對敵作戰時，使用計謀應是每個優秀將領必須具備的本領。但若雙方將領皆是有經驗的老手，在並用一計時，往往容易被對方識破。而一計套一計，計計連環，不但能迷惑敵人，而且還能有很好的效果。

本計可解讀為以下幾種意涵：

1. **巧妙聯繫各環節**。連環計的基本特點就是相扣運用環環計謀，而不是單獨使用單一計謀。單一計謀往往無法達到自己預期的目標，

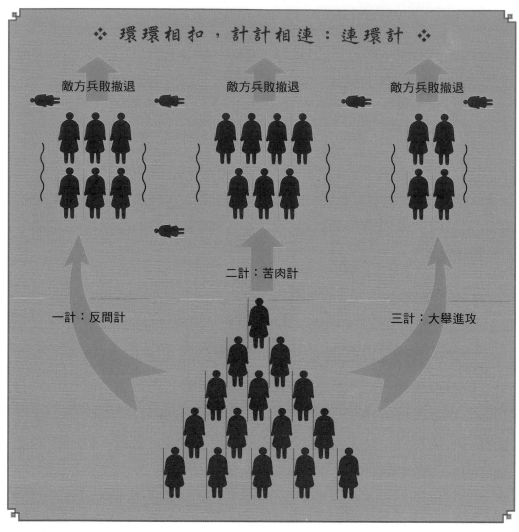

運用連環計則可以彌補這一缺憾，使得各計謀之間相輔相成。當一條
計策失敗時，另一條計策便可以馬上實施，一個計謀跟著一個計謀，
環環緊扣，不留任何漏洞。

　　2. 掌握各環節的特點。就算再神奇的謀略，也需要相應的條件才
得以成功，所以計謀應講究連貫，講究配套，有系統性和系列性。切
不可胡亂搭配，否則只會形成「驢頭不對馬嘴」的滑稽下場，甚或以

失敗告終，根本無法達到出奇制勝的效果。

3.**巧使敵人「自累」以耗其力**。使敵人「自累」是此計謀的關鍵，使敵「自累」就是運用計謀在敵人內部製造紛亂，並擴大或強化他們之間的矛盾，使其內部發生變亂，在內亂中內耗，進而削弱對方力量。使敵「自累」對我方而言是非常有利的，它不但方便省力而且對敵人的破壞性極強，效果極佳。

4.**以利誘敵，予以重負，使其無法發揮自身優勢**。當我們無法在敵人內部製造紛亂使其「自累」時，則應根據敵人貪利的心理特點，主動給敵人準備某些利益。當他們被這些利益所引誘時，為了撈取利益就會干擾和破壞其原來的計畫；或把這些「食之無味，棄之可惜」、沒有什麼價值的利益背在身上，形成一個難以卸下的大包袱。這就是「以利累敵」。

當敵人利用此計時，應採取以下幾種防範措施：

1.**「走為上」，逃離敵人環環相扣的計謀**。敵人在使用此計時，我們往往會因為一時無法察覺，而被敵人所施之相互扣用的多個計謀所困擾，陷於應接不暇的被動狀態，窮於應付，一旦陷入這種極端被動的局面，應及早逃離現場，以「走為上」保存自己的實力。如果和敵人一味蠻拼蠻幹，吃虧的不是敵人而是自己。陷入敵人的連環圈套在所難免，所以，見機逃走是保全己方實力的良策。

2.**團結一致，切不可內鬨耗費自己的實力**。《孫子兵法》中有一則故事：世代為仇的吳人和越人，當乘坐同一條船在江心遇到大風大浪的時候，也能像左右手那樣互相救援。這給了後人一個啟示：為了共同的敵人，懷有深仇大恨的人都能聯合起來共同對敵，更何況我們自己人呢？「鷸蚌相爭，漁翁得利」，我們不能自相殘害，而讓敵人

從中取利。所以在自己內部發生內鬨的時候，不要總是想著把對方置之死地而後快，而應看到雙方所共同面對的嚴峻形勢，想著互相之間的共同利益。在大敵當前的時候，我們矛盾的雙方誰也不會獨自倖存，只有聯合起來才能克敵制勝，而不至於被敵人利用，陷入敵人設置的陰謀裡無法脫身。

3. **不要貪圖小利，應抵抗各種誘惑，以防上當受騙，耽誤戰局。**當敵人使我們「自累」的企圖無法得逞時，他們就會換用別的技倆。例如抓住我們貪圖小利的心理加以利誘，如果我們意志薄弱，被一些小恩小惠所誘惑，而見利忘義，同室操戈，就會正中其下懷；或者，敵人利用小小恩惠迷惑我方內心，使我們一時糊塗做出錯誤決斷，甚或破壞我們的行動計畫和戰局，都將因小失大，得不償失。為了抵擋敵人的誘惑，我們應嚴格要求自己，「富貴不能淫，貧賤不能移，威武不能屈」，使敵人的計謀無法實現。

| 實戰 |

西元 211 年，馬超、韓遂舉兵反叛曹操，殺奔關中重鎮潼關。七月，曹操領兵前來平叛。曹操屯兵潼關附近，擺出一副強攻的架勢，暗地則派大將徐晃、朱靈乘夜偷渡蒲阪津，在西河紮起營寨。然後，曹操引兵渡河北上，占據渭口並多設疑兵，把兵力偷偷運過河集結於渭地。表面上，曹操令士兵挖掘甬道，設置鹿砦，擺出防守的樣子。而馬超多次挑戰未能成功，卻又不敢輕易發動進攻，不得不請求割地講和。曹操聽從賈詡之言，遂假裝同意馬超的求和條件。

這時，韓遂求見曹操。韓遂與曹操本是同年孝廉，又曾於京中一起供職。韓遂此行之目的是為了遊說曹操退兵，但曹操只與他言當年

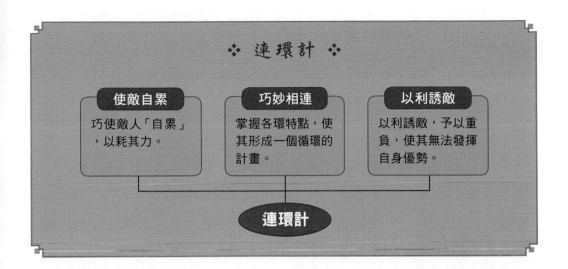

❖ 連環計 ❖

使敵自累
巧使敵人「自累」，以耗其力。

巧妙相連
掌握各環特點，使其形成一個循環的計畫。

以利誘敵
以利誘敵，予以重負，使其無法發揮自身優勢。

連環計

舊事，握手歡笑。馬超得知後，對韓遂起了疑心。幾天後，曹操送給韓遂一封多處塗改的書信，令馬超疑心加深。就在馬超處處防備韓遂時，曹操突然對馬超發動大規模進攻，先是輕兵挑戰，然後以重兵前後夾擊，終於大敗馬超、韓遂。

戰鬥勝利後，有人向曹操詢問作戰勝利的原由。曹操說：「敵人把守潼關，我若進入河東之地，敵人必然引軍把守各個渡口，那樣的話我們就無法渡過西河。因此，我先把重兵集合於潼關，吸引敵人全部兵力來守，這樣敵人在西河的守備就空虛無力，徐晃、朱靈得以輕易渡河。我再率軍北渡時，因徐晃、朱靈已占據有利地形，敵人便不敢與我爭西河了。過河之後挖掘甬道，設置鹿砦，堅守不出，不過是假裝示弱，以驕敵人之兵。待敵人求和時，我假意許之，使敵人不做防備。這時，我軍一旦發動進攻，敵人便只能丟盔卸甲，無力抵抗了。用兵講究變化，不能死守一道。」

從曹操的這段故事裡可知，在平定馬、韓之亂中，曹操用了暗度陳倉、反間計、調虎離山計等計謀，不愧是善用連環計的高手。

36 不拿雞蛋碰石頭 ▶
走為上

全師避敵。左次無咎ㄐㄡˋ，未失常也。

按：敵勢全勝，我不能戰，則必降、必和、必走。降則全敗，和則半敗，走則未敗。未敗者，勝之轉機也。如宋畢再遇與金人對壘，度金兵至者日眾，難與爭鋒。一夕拔營去，留旗幟於營，縛生羊懸之，置前二足於鼓上，羊不堪倒懸，則足擊鼓有聲。金人不覺為空營。相持數日，乃覺，欲追之，則已遠矣。可謂善走者矣！

⟹ 譯 文 ➝

應為了保全全軍實力而避開強敵。實行全軍撤退並沒有罪過，因為這並不違背用兵的常理。

按：當敵人的兵力處於絕對優勢的情況時，我方不能與之死拼硬打，而應採取投降、媾和或撤退三條謀略。投降就是徹底的失敗，媾和是失敗一半，撤退不等於失敗。沒有失敗，就還會有轉勝的機會。例如，宋代畢再遇和金兵對抗，因為金兵強大，宋營兵少，他便在一天傍晚把隊伍全部撤走，只留下旗幟飄揚在營房前，並預先把羊吊起來，把羊的前腿放在鼓面上，羊不堪倒懸，兩腿亂蹬，就把鼓敲得咚咚作響。金兵沒能察覺，就這樣相持了好幾天，當金兵發覺情況異常時，宋兵早已走遠了。這可稱得上是善於撤退的戰例。

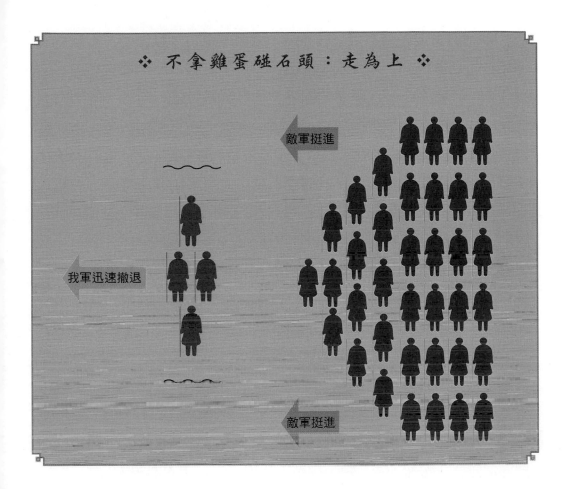

❖ 不拿雞蛋碰石頭：走為上 ❖

敵軍挺進

我軍迅速撤退

敵軍挺進

賞 析

本計可解讀為以下幾種意涵：

1. **不要拿雞蛋和石頭碰**。敵人實力強大而我方實力弱小，敵人就如同石頭，而我方如同雞蛋，如果與之死拼，必然會弄得自己頭破血流，敵人卻不會受太大損失。我們何苦要損兵折將、以失敗告終呢？何不一走了之？「留得青山在，不怕沒柴燒」，不妨來個大撤退，保留實力，以備東山再起。

2. **知難而退，絕不可一味莽撞**。這裡所說的知難而退，不是主張消極，不是讓我們一遇到困難就退卻，縮手縮腳，前怕狼後怕虎。這裡所說的困難是指一定限度的困難，一旦超過了這一極限，就如同上面說的以卵擊石，最後必然以「蛋破」收場。必須強調的是，一旦發現事情實在無法完成，就不要硬著頭皮去做，應見機而動，盡早放棄，不要白白浪費時間和精力。我們應「見可而進，知難而退」，「知其不可為」而不為，也就是按客觀規律行事，不能盲目蠻幹，「實則鬥，虛則走」，見機行事，不可不顧實際情況，一味亂闖。

3. **把握時機，急流勇退**。在與敵人作戰時，應善於觀察戰機，進退自如，不可盲目和被動，否則只會落個身敗名裂。戰場如此，官場亦如此，許多正面例子都向我們證實急流勇退的重要性。例如越王手下的范蠡，他寧願捨棄榮華富貴，「走」到鄉間去生活，為什麼呢？因為那裡沒有謀害，沒有鉤心鬥角。他是明智的，是懂得急流勇退的典範。然而，急流勇退並非易事，它不但要求我們果斷行事，而且要有勇氣和魄力，更重要的是能夠克服自身的弱點，割捨既得利益，選擇適當時機，匆匆「走」掉，讓敵人捕捉不到我們的影子。

4. **分散敵人力量，以退為進，各個擊破**。我們應清楚瞭解撤退不是目的，退卻是在為下一輪的進攻準備，「走」分兩種情況，一種是如前面所述，敵人強大，我方沒有能力與之對抗，以「走」以避之，保全實力。另一種情況下的「走」，並不是因為力不可支，而是出於引誘和調動敵人的需要。這是一種以迂為直的迂迴戰術，透過偽裝退卻，誘敵深入，使其誤入我們事先設計的包圍之中；透過偽裝退卻，可以誘進分敵，我們便能各個擊破，以少勝多。這種退卻還能製造一種我方懼怕敵人的假象，迷惑敵人。

當敵人利用此計時，應採取以下幾種防範措施：

1. **嚴加看管，不讓敵人逃脫**。對於敵人，我們應嚴加看管，絕不能有絲毫鬆懈，一丁點的大意都會留下禍患。對於到手的敵人，我們應立即就地處決，不給他留下任何喘息的機會，更不能讓其逃走。

2. **截堵敵人，切斷敵人退路**。如果我們不小心讓狡猾的敵人溜走，千萬不要一味急於追趕，而是要趕到其前，在敵人的必經之路上堵截，在其前面消滅他們，或趕回原來的地方。如果我們只是跟在敵人的後面追趕，就會處於被動的地位，儘管我們是強者，但卻因此受制於人。因為敵人可能會在撤退的路上設下埋伏，把我們拖垮；也可能轉移至對敵人有利的環境中；還可能與他們的援軍會合，那時我們就會自取滅亡。在影視作品中，常常看到這樣的鏡頭：在一個員警追趕一個小偷時，他不會採取直接追趕的方式，而是迅疾跑到另一個巷弄裡，此小偷必然從此處經過和員警撞個正著，我們應像員警一樣抄近路以攔截敵人。

3. **放縱敵人，任其天馬行空，最後再一次殲滅**。我們一旦發現阻截已遲，追也追不上時，就乾脆讓敵方逃跑。因為當他逃跑後，必然心存僥倖，直至放鬆警惕，這時再來個「大掃蕩」，可謂最好的時機。如果我們一味跟在敵人後面拼命追趕，一定會被敵人拖累拖垮，甚至陷入敵人為我們設計的圈套之中。當然，任敵人逃跑並不是徹底放棄，而是選擇良機一舉擒獲敵人。

｜ 實戰 ｜

建安三年，劉備被呂布打敗，在不得已的情況下率眾投靠曹操。曹操表奏漢獻帝，封劉備為左將軍，讓他留在許都。劉備表面上得了

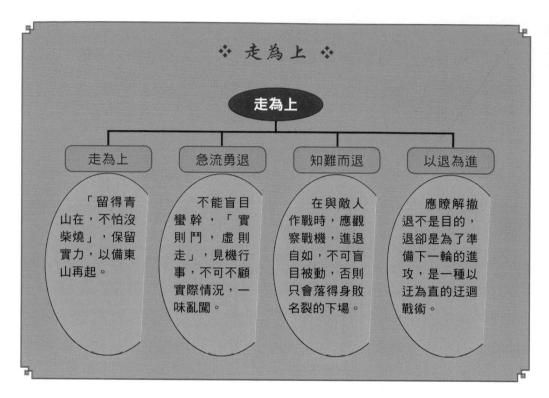

❖ 走為上 ❖

走為上

| 走為上 | 急流勇退 | 知難而退 | 以退為進 |

「留得青山在，不怕沒柴燒」，保留實力，以備東山再起。

不能盲目蠻幹，「實則鬥，虛則走」，見機行事，不可不顧實際情況，一味亂闖。

在與敵人作戰時，應觀察戰機，進退自如，不可盲目被動，否則只會落得身敗名裂的下場。

應瞭解撤退不是目的，退卻是為了準備下一輪的進攻，是一種以迂為直的迂迴戰術。

官職，實際上無權無勢，時時處處受曹操控制。劉備深為自己壯志難酬而苦惱，恨不能生出翅膀飛出許都。為迷惑曹操，劉備故意學習種菜，讓曹操覺得自己胸無大志，漸漸地失去戒心。

某天，劉備與曹操閒坐，軍兵報告說術欲棄淮南而投河北。劉備聽罷暗想：曹操欲滅袁術已久，我何不以此為藉口逃離許都呢？於是，劉備對曹操說：「袁術北上必然經過徐州。我打算率一隊軍馬在半路截擊他，置袁術於死地。」曹操猶豫了一下，說：「明日奏請天子後再起兵吧！」次日，劉備恐曹操中途變卦，親自奏請獻帝，要求率兵討伐袁術。獻帝應允後，曹操令劉備總督五萬兵馬出征。

劉備回府後連夜收拾鞍馬，掛上將軍印，催促關羽、張飛立即起程。關、張二人問其故，劉備答道：「吾在許都乃籠中之鳥、網中之

魚，這次出征乃魚入大海，鳥上雲霄，再也不受籠網的羈絆了。」關、
張聽罷，如夢初醒，隨劉備率兵馬疾行而去。劉備剛出許都，謀士郭
嘉就得到消息，他向曹操進言：「丞相為何遣劉備去討袁術？劉備一
去可就不復返了。此乃放龍入海，縱虎歸山啊！」曹操遂起後悔之心，
急令許褚率五百精兵截回劉備。但劉備在出師前為防止曹操變卦，不
僅得到曹操的將令，更獲得獻帝的鈞旨。此刻許褚攔截，劉備三言兩
語便把許褚說得無言以對。許褚無奈，只得率眾回許都向曹操覆命。

劉備這一走，如同籠中之鳥重返山林。此後，他招兵買馬，禮賢
下士，請諸葛亮出山，聯合東吳，在赤壁之戰中大勝曹操。後來，曹
操每每想起劉備的出走，便嗟然長嘆，悔之不已。走為上，指敵我力
量懸殊的不利形勢下，採取有計畫地主動撤退，避開強敵，尋找戰機，
以退為進，這在謀略中也屬上策。

國家圖書館出版品預行編目資料

圖解孫子兵法與三十六計 / 王晴天 著 . --初版
．--新北市：典藏閣，采舍國際有限公司發行
, 2019.03 面；公分．--（經典人文04）
ISBN 978-986-271-854-4 （平裝）

1.兵法　2.謀略　3.中國

592.092　　　　　　　　　107022990

 典藏閣

圖解孫子兵法與三十六計

出版者 ▗ 典藏閣
編著 ▗ 王晴天　　　　　　　　出版總監 ▗ 王寶玲
總編輯 ▗ 歐綾纖　　　　　　　文字編輯 ▗ Helen
企畫編輯 ▗ 李剛　　　　　　　美術設計 ▗ Maya

台灣出版中心 ▗ 新北市中和區中山路2段366巷10號10樓
電話 ▗（02）2248-7896　　　　　　傳真 ▗（02）2248-7758
ISBN ▗ 978-986-271-854-4
出版年度 ▗ 2023年最新版

全球華文市場總代理/采舍國際
地址 ▗ 新北市中和區中山路2段366巷10號3樓
電話 ▗（02）8245-8786　　　　　　傳真 ▗（02）8245-8718

全系列書系特約展示
新絲路網路書店
地址 ▗ 新北市中和區中山路2段366巷10號10樓
電話 ▗（02）8245-9896
網址 ▗ www.silkbook.com

線上pbook&ebook總代理：全球華文聯合出版平台
地址：新北市中和區中山路2段366巷10號10樓
新絲路電子書城 www.silkbook.com/ebookstore/
華文網雲端書城 www.book4u.com.tw
新絲路網路書店 www.silkbook.com